Wasserbehandlung durch Flockungsprozesse

— Ergebnisse neuerer Grundlagenuntersuchungen —

WASSERBEHANDLUNG DURCH FLOCKUNGSPROZESSE

— Ergebnisse neuerer Grundlagenuntersuchungen —

von

Dr. sc. nat. HANS-JOACHIM WALTHER
Dresden

und

Dr. sc. nat. FRIEDRICH WINKLER
Merseburg

Mit 58 Abbildungen und 47 Tabellen

AKADEMIE-VERLAG · BERLIN
1981

Erschienen im Akademie-Verlag, DDR - 1080 Berlin, Leipziger Straße 3—4
Lektor: Fritz Schulz

Lizenznummer: 202 · 100/462/81
Gesamtherstellung: VEB Druckhaus „Maxim Gorki", 7400 Altenburg
Bestellnummer: 762 363 5 (6392) · LSV 1235
Printed in GDR
DDR 32,— M

Zum Geleit

Die ständig steigende Inanspruchnahme des begrenzten Wasserdargebotes und die zunehmende Mehrfachnutzung des Wassers verlangen einerseits neue wirksame Technologien der Wasserbehandlung und andererseits die Weiterentwicklung bekannter Verfahren.

Zur Entfernung kolloidaler, grobdisperser und einer Reihe echt gelöster Wasserinhaltsstoffe hat sich die Flockungsbehandlung bewährt. In der Praxis wird dieses Verfahren häufig noch weitgehend ohne Beachtung der Ergebnisse naturwissenschaftlich orientierter Grundlagenuntersuchungen angewendet. Die Ergebnisse solcher Untersuchungen, wie sie interpretiert werden, erschließen nicht selten neue Einsatzmöglichkeiten der Flockung, zeigen Wege der Prozeßoptimierung, gestatten aber auch, a priori die Grenzen der Leistung eines Flockungsverfahrens zu erkennen.

Das vorliegende Buch vermittelt insbesondere umfangreiche Aussagen und Daten über die Elimination von Humin- und Ligninstoffen, die Behandlung von kommunalem Abwasser unter Einsatz von Polymeren und die Anwendung von Tonmineral-Polymer-Kombinationen. Der überwiegende Teil der dargestellten Forschungsergebnisse basiert auf Untersuchungen, die unter Leitung der Autoren durchgeführt wurden. Zu wünschen ist, daß die auf dem Gebiet der Flockungsbehandlung tätigen und andere interessierte Kollegen Anregungen zur Lösung ihrer speziellen Aufgaben entnehmen können.

J. Kaeding

Vorwort

In den hochindustrialisierten und dichtbesiedelten Ländern nimmt der Wasserbedarf ständig zu. Oft ist in diesen Ländern das natürliche Wasserdargebot außerordentlich begrenzt.

In der DDR erfordert die weitere sozialpolitische und wirtschaftliche Entwicklung, steigende Mengen an Trink- und Betriebswasser bereitzustellen. Bekanntlich ist in der DDR seit langem der Nutzungsgrad des Wassers besonders hoch. Der sich erhöhende Wasserbedarf bzw. Nutzungsgrad bedingt, daß neben der Durchsetzung einer sparsamen Wasserbewirtschaftung in zunehmendem Maße Wasseraufbereitungs- und Abwasserbehandlungsverfahren angewandt werden müssen. Die Intensivierung der Abwasserreinigung dient zugleich dem Umweltschutz.

Ein Wasserbehandlungsverfahren mit großem Einsatzbereich ist die Flockung, der u. a. im Rahmen der Einführung der Kreislauf- und Mehrfachnutzung des Wassers einschließlich der weitergehenden Abwasserbehandlung große Bedeutung zukommt. Beispielsweise wird eingeschätzt, daß in der DDR im Jahre 2000 bei der weitergehenden Abwasserbehandlung 200 Millionen Kubikmeter Wasser durch Flockung zu reinigen sind. Nach Prognosen sowjetischer Wissenschaftler beträgt im Jahre 2000 auf dem Sektor der Industrieabwasserbehandlung der Anteil der Flockungs- und Fällungsverfahren mehr als 90%.

Die zu erwartende steigende Anwendung der Flockung löste in mehreren Ländern eine verstärkte Forschung auf diesem Gebiet aus, so auch in der DDR und zahlreichen anderen RGW-Ländern. Mehrere dieser Länder bearbeiteten ein gemeinsames Forschungsprogramm.

Die Forschung über die Wasserbehandlung durch Flockung befaßte sich sowohl mit der Technologie dieses Verfahrens als auch mit naturwissenschaftlich orientierten Untersuchungen, die eine wichtige Voraussetzung für die Optimierung von Flockungsprozessen sind.

Im vorliegenden Buch (Kap. 3.—6.) werden insbesondere Ergebnisse hydrochemischer Grundlagenuntersuchungen dargelegt; besondere Berücksichtigung finden die Versuche über die Einsatzmöglichkeiten organischer Polymere (Flockulanten).

Das Kapitel 1. dient dem besseren Verständnis der folgenden Abschnitte und enthält einige grundlegende Ausführungen über das Prinzip der Flockung, die Prozeßkriterien sowie die Struktur und Eigenschaften von organischen polymeren Flockungsmitteln.

Im Kapitel 2. wird kurz auf die Modellierung von Prozessen der Sedimentationsflockung eingegangen. Mit der Planung, Auswertung und Durchführung von Laborflockungsversuchen befaßt sich das Schlußkapitel.

Besonderer Dank gebührt Herren *Prof. Dr. rer. nat. habil. J. Kaeding*, der auch die Anregung zu dieser Publikation gab. Ferner ist für wertvolle Unterstützung zu danken den Herrn *Prof. Dr.-Ing. habil. Dr.-Ing. E. h. K.-F. Busch* und *Prof. Dr. rer. nat. H. Hoppe*.

Die Autoren

Inhalt

Kapitel 1:

Prinzip der Flockung — Kriterien für den Flockungsprozeß — Struktur und Eigenschaften der organischen polymeren Flockungsmittel

1.1. Prinzip der Flockung

Dieser Wasserbehandlungsprozeß ist dadurch gekennzeichnet, daß in seinem Verlauf aus dem zugesetzten Flockungsmittel und Verschmutzungsstoffen des Wassers Partikel entstehen, die eine mehr oder weniger stark ausgeprägte Flockenform aufweisen und sich auf Grund ihres guten Absetzvermögens verhältnismäßig schnell als Schlamm abtrennen lassen (*Sedimentationsflockung*). Beim Verfahren der *Flockungsfiltration* erfolgt die Abtrennung der Flocken durch Filtration des Wassers über gekörntes Material, das als Raumfilter wirken soll; die Bildung von Flocken mit möglichst hoher Absetzgeschwindigkeit ist nicht erforderlich.

Die Wasserinhaltsstoffe, die durch Flockungsbehandlung reduziert werden, sind in erster Linie *kolloidale* organische und anorganische Verbindungen, ferner *grobdisperse*, aber wegen ihrer Kleinheit nur sehr langsam sedimentierende Teilchen anorganischer oder organischer Natur. Darüber hinaus kann bei der Flockung auch eine Elimination *echt gelöster Substanzen* eintreten. Durch Flockung lassen sich aus Wasser bzw. Abwasser beispielsweise mehr oder weniger gut entfernen: silicatische Trübstoffe, Eiweißstoffe, Kohlenhydrate, Fette, Huminstoffe(-säuren), Ligninsulfosäuren, Mineralöle, Tenside.

Als *Flockungsmittel* kommen in erster Linie in Frage:

- *Der Hydrolyse unterliegende Metallsalze* (im folgenden kurz als *Metallsalze* bezeichnet), insbesondere Aluminium- und Eisensalze, von denen am meisten das Aluminiumsulfat sowie das Eisen(III)-chlorid und Eisen(II)-sulfat eingesetzt werden. In welchem Ausmaß die Flockung durch Metallsalze mit der Ausfällung von Aluminium- oder Eisenhydroxid bzw. Oxidhydrat verbunden ist, hängt von der Art des Entstabilisierungsprozesses ab. Bei ungenügender Pufferkapazität des Rohwassers verursachen die Metallsalze eine pH-Wert-Abnahme.
- Synthetische, modifizierte natürliche und unveränderte natürliche *organische Polymere*. Diese Polymere werden entsprechend der Art des zu behandelnden Wassers und dem zu erzielenden Flockungseffekt allein oder in Kombination mit Metallsalzen eingesetzt.

- Das anorganische anionische Polymer „*aktivierte Kieselsäure*“, die stets in Kombination mit Metallsalzen benutzt wird.
- *Kalkhydrat* (*Calciumhydroxid*)
  Diese Substanz kann wie die Metallsalze allein oder in Kombination mit Polymeren angewandt werden und bewirkt eine erhebliche Zunahme des pH-Wertes.

Bei geeigneten Wässern lassen sich auch Bentonite, bestimmte Tone oder Abprodukte (z. B. Asche) in Kombination mit organischen synthetischen Polymeren als Flockungsmittel benutzen (Flockung mit *speziellen Adsorbenzien*).

Im allgemeinen wird die Flockungsbehandlung so durchgeführt, daß zunächst eine kurzzeitige intensive Vermischung des zugegebenen Flockungsmittels mit dem Rohwasser stattfindet und danach längere Zeit eine weniger intensive Rührenergiezufuhr erfolgt. Demgemäß unterscheidet man im Fall der „klassischen Flockung“ zwischen der Misch- oder Schnellrührphase und der Langsam- oder Kontaktrührphase. Die klassische Anlage besteht aus Misch-, Flockungs- und Absetzbecken.

Die Bildung absetzfähiger Flocken wird durch den *Entstabilisierungsprozeß* und die sogenannten *Transportvorgänge* herbeigeführt.

Der chemisch-physikalische *Entstabilisierungsprozeß* bewirkt die Beseitigung der durch eine negative elektrostatische Aufladung bedingten Stabilität der Kolloide. Die Entstabilisierung kann durch verschiedene Mechanismen erfolgen:

- *spezifische Koagulation:* Beseitigung der elektrostatischen Abstoßungskräfte der Kolloidteilchen durch Adsorption oder chemische Bindung von positiv geladenen Gegenionen bzw. Gegenkolloiden, die sich aus dem Flockungsmittel bilden und das NERNST-Potential der kolloidalen Wasserinhaltsstoffe abbauen.

  Bei der Flockung mit Aluminium- oder Eisensalzen bestehen die Gegenionen aus Isopolykationen (vgl. 3.3.1.).
- *unspezifische Koagulation:* Verminderung der elektrostatischen Abstoßungskräfte der Kolloidpartikel auf Grund der Kompression ihrer elektrischen Doppelschicht durch das Flockungsmittel. Die unspezifische Koagulation spielt im Vergleich zur spezifischen Koagulation nur eine untergeordnete Rolle.
- *Einschlußflockung:* Abbau der Wirkung der Abstoßungskräfte durch vorwiegend mechanischen Einschluß der Kolloide in nach Metallsalzzusatz ausfallendes Aluminium- oder Eisenhydroxid.
- *Flockulation:* Überwindung der Abstoßungskräfte durch Anlagerung von brückenbildenden Polymerflockungsmitteln.

In Abb. 1 sind die typischen Merkmale der Entstabilisierung durch spezifische Koagulation, Einschlußflockung und Flockulation dargestellt.

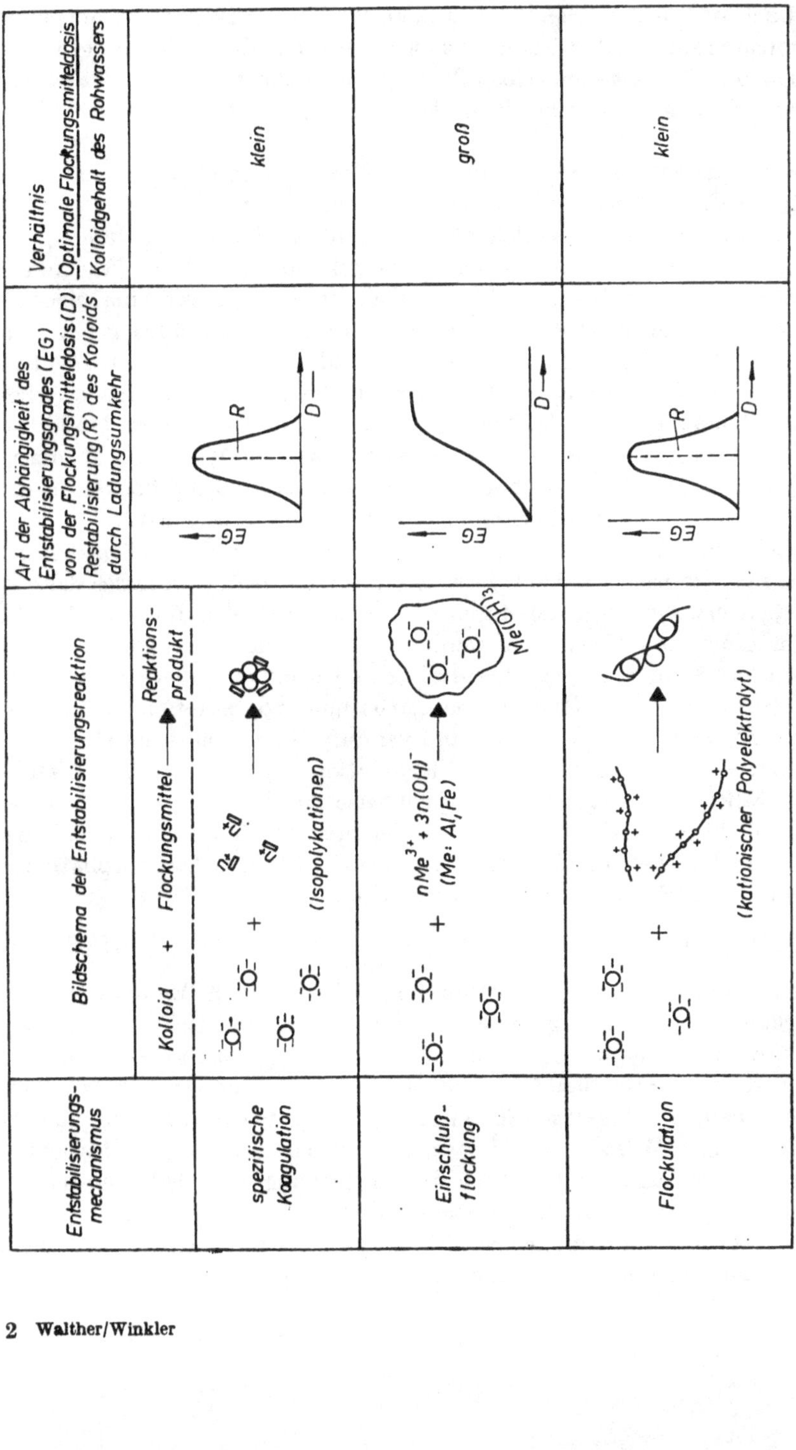

Abb. 1: Charakterisierung der Hauptarten der Entstabilisierung negativ geladener kolloidaler Wasserinhaltsstoffe.

Im Hinblick auf die Tatsache, daß vor allem Metallsalze die genannten beiden Koagulationsprozesse zu bewirken vermögen, werden diese Flockungsmittel häufig auch als *Koagulanten* (Koagulanzien) bezeichnet. Für die Polymerflockungsmittel verwendet man oft die Bezeichnung *Flockulanten* (Flockulanzien).

Bei der Flockungsbehandlung natürlicher Wässer läuft oft nicht nur einer der genannten Entstabilisierungsmechanismen ab, sondern mehrere.

Die *Transportvorgänge* gewährleisten den Kontakt der Aggregationen, die bei der Entstabilisierung aus den Verschmutzungskolloiden und dem Flockungsmittel bzw. dessen Hydrolyseprodukt entstehen, und sind damit eine wichtige Voraussetzung für das Wachstum der Flocken. In der ersten, der sogenannten *perikinetischen Phase* der Transportvorgänge sind die Flocken noch so klein (*Mikroflocken*, Größe $< 1\ \mu m$), daß auch noch die BROWNsche Molekularbewegung im Wasser den Partikelkontakt fördert. Absetzfähige *Makroflocken* lassen sich jedoch nur durch den Eintrag von Bewegungsenergie, z. B. durch Rühren, erzielen. Die Phase, in der die nicht sichtbaren Mikroflocken in die Makroflocken übergehen, wird als *orthokinetische Phase* bezeichnet.

Die physikalischen (hydrodynamischen) Transportvorgänge stellen den geschwindigkeitsbegrenzenden Faktor des gesamten Flockungsprozesses dar.

Wie bereits erwähnt, können durch eine Flockungsbehandlung auch echt gelöste Wasserinhaltsstoffe entfernt werden, und zwar auf Grund von *Fällungs-*, *Ligandenaustausch-* und *Adsorptionsreaktionen*. Die Fällung und der Ligandenaustausch, bei dem es ebenfalls zu einer Ausfällung des betreffenden Inhaltsstoffes kommt, sind Ionenreaktionen und verlaufen demnach — im Gegensatz zu den Prozessen der Koagulation und Flockulation — stöchiometrisch. Metallsalze und Kalkhydrat eliminieren beispielsweise aus kommunalem Abwasser nicht nur kolloidale Inhaltsstoffe, sondern fällen auch die Phosphationen aus. Findet Kalkhydrat Verwendung, reagiert dieses mit den Orthophosphationen vorwiegend entsprechend der folgenden Gleichung:

$$3HPO_4^{2-} + 5Ca(OH)_2 \rightarrow Ca_5(OH)(PO_4)_3\downarrow + 6OH^- + 3H_2O$$

Ligandenaustauschreaktionen treten beim Einsatz von Metallsalzen auf und bewirken die Ausflockung von Verbindungen mit anionischem Charakter. Die Reaktionsart ist dadurch gekennzeichnet, daß das Kation des Flockungsmittels mit dem betreffenden Anion ein schwerlösliches basisches Salz bildet. Eine Ligandenaustauschreaktion findet beispielsweise bei der Flockung solcher huminsäurehaltigen Wässer statt, die weitgehend echten Lösungen dieser Substanz entsprechen (vgl. 3.3.1.). Auch die Entfernung von Orthophosphaten durch Metallsalz läßt sich als Ligandenaustauschreaktion auffassen.

Als Adsorbenzien für echt gelöste Wasserinhaltsstoffe können vor allem Aluminium- und Eisenhydroxid fungieren.

Abb. 2 gibt die Bereiche der Größen wieder, die die kolloidalen und die sich nur sehr langsam absetzenden grobdispersen Wasserinhaltsstoffe aufweisen. Zum Vergleich sind auch die Größenbereiche für die echt gelösten Verbindungen angeführt. Darüber hinaus läßt die Abb. 2 folgendes erkennen. Die orthokinetische Phase der Flockung beginnt bei einer Teilchengröße von $\approx 1\ \mu m$. Wasserinhaltsstoffpartikel, deren Durchmesser $\approx 100\ \mu m$ überschreiten, besitzen bei ausreichend großer Dichte eine Absetzgeschwindigkeit, die eine verfahrenstechnische Nutzung der Sedimentation ohne Flockungsmittelzusatz gestattet.

Betrachtet man nicht die Größenwerte der Wasserinhaltsstoffe, sondern deren molare Masse, kann die Feststellung getroffen werden, daß sich hinsichtlich der organischen Substanzen in erster Linie solche mit Molmassen über $1000\ g \cdot mol^{-1}$ weitgehend durch die Flockungsbehandlung entfernen lassen.

1.2. Kriterien für den Flockungsprozeß

Zur Beurteilung des Reinigungseffektes sowie des Prozeßverlaufes und zur Ermittlung der Effekt und Verlauf beeinflussenden Faktoren kann eine Vielzahl von chemischen, physiko-chemischen und physikalischen Größen in Betracht gezogen werden. Der Aufwand für die Bestimmung der einzelnen Größen ist sehr unterschiedlich und nur ein Teil der Kriterien eignet sich für die Routinepraxis.

1.2.1. Chemische Kriterien

1.2.1.1. Kriterien für die Wassergüte

Zur Ermittlung der Güte des behandelten Wassers und der durch die Flockung erzielten Verminderung der Konzentration von Wasserinhaltsstoffen werden insbesondere folgende Größen im Reinwasser bzw. im Roh- und Reinwasser bestimmt:

- Trübung
- Gehalt an abfiltrierbaren Stoffen
- Farbe (Färbung)
- Chemischer Sauerstoffverbrauch
- Biochemischer Sauerstoffverbrauch
- Gehalt an organisch gebundenem Kohlenstoff
- Konzentration der phosphorhaltigen Verbindungen
- Gehalt an lipophilen Stoffen
- UV-Absorption.

Selbstverständlich kennzeichnen die genannten Kriterien, die jeweils nur eine Summe von Verbindungen erfassen, die Wassergüte oft nicht ausreichend, so daß zusätzlich die Bestimmung substanzspezifischer Größen erfolgen muß.

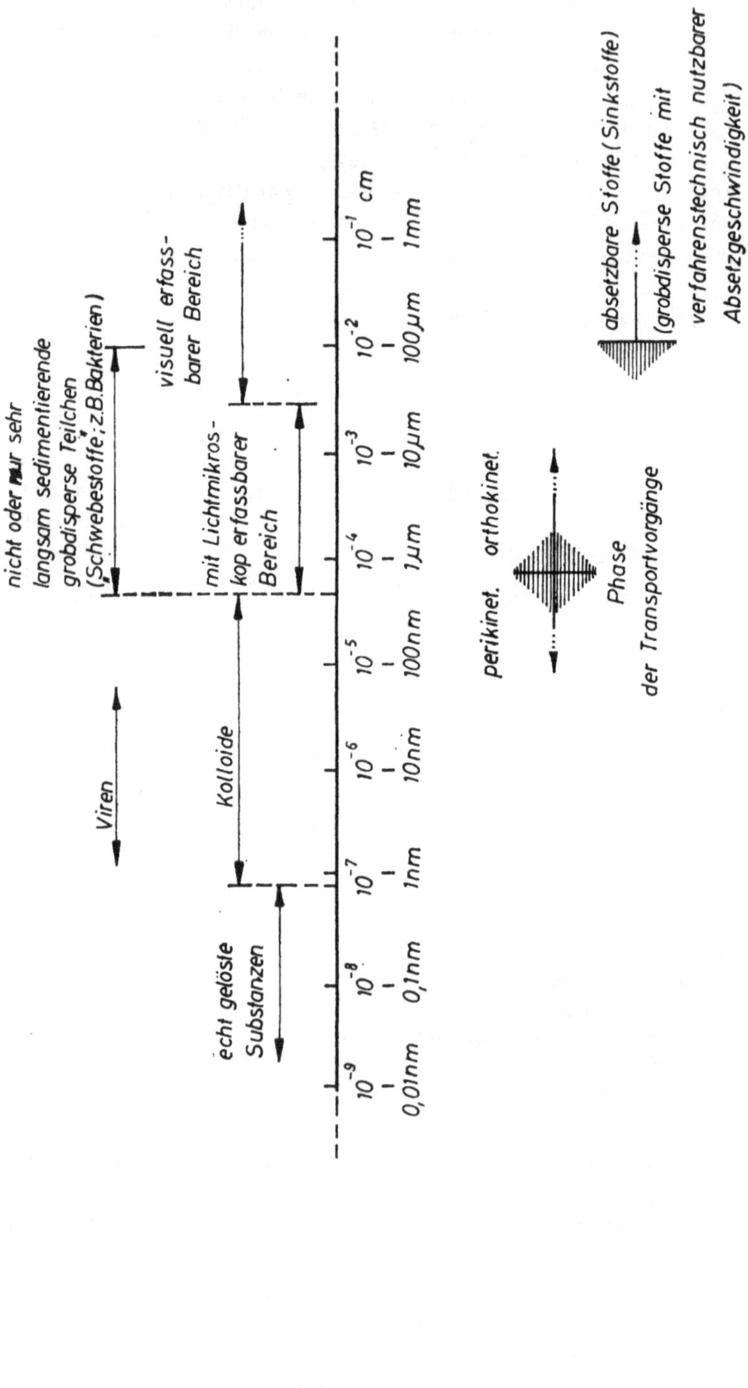

Abb. 2: **Bereiche der Größen von Wasserinhaltsstoffen.**

In der Regel kommt der Trübung als Bewertungskriterium für die Flockungswirkung eine besonders große Bedeutung zu, da diese Größe nicht selten annähernd ein Maß für die Gesamtbelastung eines Wassers an Verschmutzungsstoffen darstellt und auf einfache Weise schnell bestimmbar ist. Die Trübung läßt sich durch Messung der Lichtdurchlässigkeit (Turbidometrie) oder der Lichtstreuung (Nephelometrie) ermitteln. Wird die Lichtdurchlässigkeit eines Wassers gemessen, das farbgebende Substanz(en) enthält, bestimmt man die sogenannte Scheintrübung (scheinbare Extinktion) und erfaßt sowohl die Trüb- als auch die Farbstoffe. Durch Anwendung geeigneter Filter besteht die Möglichkeit, den Einfluß der Färbung auf die Lichtdurchlässigkeit mehr oder weniger zu eliminieren.

1.2.1.2. Kriterien, die die optimalen chemischen Bedingungen kennzeichnen

Der *pH-Wert* gehört ebenso wie die angewandte *Flockungsmittelart* und *-menge* zu den wichtigen Einflußgrößen bei einer Flockungsbehandlung. Für diese drei Größen existieren Optima. Als optimale Flockungsmittelmenge bezeichnet man im allgemeinen die Menge, oberhalb der eine weitere, relativ geringfügige Verbesserung des Flockungseffektes nur noch durch eine ökonomisch nicht vertretbare starke Erhöhung der Dosis zu erreichen ist.

Werden mehrere Flockungsmittel angewandt, spielen oft auch die *Reihenfolge* und der *zeitliche Abstand der Dosierung* der verschiedenen Substanzen eine Rolle. Weiterhin kann die *Höhe des Restgehaltes an gelöstem Flockungsmittel* im Reinwasser ein wichtiges Kriterium sein, da unter optimalen chemischen Bedingungen die Flockungsmittel-Restkonzentration im allgemeinen ein Minimum aufweisen. Ein ausgeprägtes Minimum läßt sich insbesondere bei der Flockung mit Metallsalz im optimalen pH-Bereich feststellen.

1.2.1.3. Weitere chemische Kriterien

Zu diesen gehören der *Säure- und Basenverbrauch* des Wassers sowie der *Gehalt an Erdalkali- und Alkalisalzen.*

Einige Autoren (siehe u. a. LANGELIER et al., 1953, KAWAMURA, 1976) nehmen an, daß bei der Ausflockung tonartiger Substanzen deren *Ionenaustauschkapazität* maßgeblich die Größe der optimalen Flockungsmittelmenge bestimmt.

Die Elimination von Huminsäure und anderer organischer Makromoleküle hängt in starkem Maße vom *Dissoziationsgrad der funktionellen Gruppen* dieser Verbindungen ab (s. 2.1., 3.3.).

1.2.2. Physikochemische und physikalische Kriterien

1.2.2.1. Leitfähigkeit

Nach Ansicht mehrerer Autoren (siehe u. a. BABCOCK u. KNOWLTON, 1956) ist eine Steuerung oder Kontrolle der Dosierung von Metallsalzflockungsmitteln auf der Basis der Messung der durch das Flockungsmittel verursachten Leitfähigkeitsänderung möglich. Das Kriterium Leitfähigkeit oder Leitfähigkeitsänderung läßt sich aber nur bei Rohwässern mit relativ geringer Ionenkonzentration benutzen.

1.2.2.2. Polarographisches Sauerstoffmaximum

Die Höhe des polarographischen Sauerstoffmaximums stellt ein Maß für die Menge, aber auch für die Ladung von Kolloiden dar. Deshalb kann u. U. durch die Messung des Sauerstoffmaximums im Roh- und Reinwasser der Flockungseffekt und durch die Beobachtung der Veränderung des Maximums während des Ablaufes des Flockungsvorganges die Kinetik dieses Prozesses ermittelt werden (NOVAK, 1956). Wesentlichste Bedingung für die Anwendbarkeit der Methode ist verhältnismäßig wenig belastetes Rohwasser.

1.2.2.3. Ladung von kolloidalen Wasserinhaltsstoffen

Für die Bestimmung der Ladung derartiger Stoffe bzw. einer dieser Ladung entsprechenden Größe kommen verschiedene Methoden in Frage, und zwar einmal die Verfahren, die auf der Entstehung eines elektrokinetischen Potentials beruhen, und zum anderen die sogenannte Kolloidtitration.

Ein elektrokinetisches Potential („Zetapotential") tritt bei der relativen Bewegung kolloidaler Teilchen gegenüber der umgebenden Flüssigkeit in Erscheinung. Die am häufigsten angewandte Methode zur Messung einer dem elektrokinetischen Potential entsprechenden Größe ist die *Bestimmung der elektrophoretischen Wanderungsgeschwindigkeit* von Kolloiden. Elektrokinetische Potentiale werden weiterhin ermittelt bei der Bestimmung des Strömungspotentials von Kolloiden oder des Sedimentationspotentials von Flocken.

Das *Kolloidtitrationsverfahren* besteht darin, daß die Größe der Ladung kolloidaler und anderer hochmolekularer Wasserinhaltsstoffe titrimetrisch unter Verwendung von makromolekularen Substanzen mit bekannter Konstitution und Ladungsart festgestellt wird. Ein geeigneter Fabrikindikator zeigt die Neutralisierung der Ladungen an.

Die Brauchbarkeit der Größe der Ladung als Kriterium für eine Flockung setzt sowohl eine weitgehende Korrelation zwischen der Ladungsabnahme und dem Flockungseffekt als auch die Möglichkeit der ausreichend genauen Messung der Ladung voraus. Beides ist aber oft nicht der Fall. Auf die große Störanfälligkeit des Kolloidtitrationsverfahrens weisen WALTHER u. KNAACK (1974) hin.

1.2.2.4. Größe der flockbaren Partikel (s. 1.1.)

1.2.2.5. Änderung der Flockenzahl und -größe in der Phase der Transportvorgänge

Nach der Phase der Entstabilisierung ist der Flockungsprozeß durch eine ständige Abnahme der Anzahl der in der wäßrigen Phase enthaltenen Verschmutzungspartikel gekennzeichnet. Gleichzeitig findet eine Vergrößerung der Flocken und eine entsprechende Verminderung ihrer Anzahl statt. Durch die quantitative Erfassung des Vorganges der Flockenvergrößerung und der Verminderung der Flockenzahl, d. h. durch die Bestimmung der *Flockenbildungsgeschwindigkeit* (*-wachstumsgeschwindigkeit*) lassen sich somit Aussagen über die Kinetik des Flockungsprozesses erhalten. Die Bestimmung der Flockenzahl und -größe erfolgt direkt oder indirekt.

Direkt werden diese Parameter mittels Coulter-Counter oder durch Anwendung mikroskopischer Verfahren ermittelt. Als Methoden zur indirekten Bestimmung der Flockenzahl und -größe sind die Trübungsmessung, die Messung des Brechungsinkrementes (Ermittlung der Teilchengröße) und die Photosedimentographie (Feststellung der Größenverteilung der Flocken) in Betracht zu ziehen.

1.2.2.6. Oberflächenkonzentration der flockbaren kolloidalen Wasserinhaltsstoffe

Aus den anhand von Modellwässern erhaltenen Untersuchungsbefunden von Stumm u. O'Melia (1968) läßt sich ableiten, daß die Beziehung zwischen der Dosis eines Metallsalzflockungsmittels und der damit flockbaren Menge an kolloidalem Trübstoff stärker durch die Oberflächenkonzentration des Trübstoffes als durch dessen Massekonzentration bestimmt wird. Demnach kommt dem Kriterium „Oberflächenkonzentration der kolloidalen Wasserinhaltsstoffe" ($m^2 \cdot l^{-1}$) möglicherweise eine erhebliche Bedeutung zu. Allerdings wäre die Messung der Oberflächenkonzentration von Kolloiden in natürlichen Wässern mit einem außerordentlich hohen Arbeitsaufwand verbunden.

1.2.2.7. Filtrierbarkeit des Wassers

Der bei einer Flockungsbehandlung erzielte Reinigungseffekt kann nicht nur anhand chemischer Kriterien, sondern auch durch die Bestimmung der Filtrierbarkeit des Wassers beurteilt werden. Als Filter kommen sehr unterschiedliche Materialien in Frage. Hinsichtlich der Durchführung der Filtrierbarkeitsprüfung gibt es prinzipiell zwei Möglichkeiten. Entweder erfolgt die Ermittlung des Unterschiedes der Filtrierbarkeit von Roh- und Reinwasser oder es wird die Filtrierbarkeit von Reinwässern verglichen, die bei der Flockung eines Rohwassers unter verschiedenen Bedingungen anfallen. Die Filtrierbarkeit läßt sich als ein indirektes Maß für den Gehalt eines Wassers an kolloidalen und grobdispersen Teilchen auffassen, da die Größe der Filtrierbarkeit von der Konzentration dieser Partikel abhängt. Folgende Filtrierbarkeitstestmethoden sind bekannt: Verfahren nach SHULL (1967), Silting-Index-Test (s. HANNAH et al., 1967), Refiltrationstest (s. KANE et al., 1963).

1.2.2.8. Energieeintrag

Die Höhe des Eintrages an Rührenergie wirkt sich in erheblichem Maße auf die Eigenschaften der Flocken, ihre Bildungsgeschwindigkeit und den Reinigungseffekt aus. Somit existieren nicht nur für die chemischen Einflußgrößen wie Flockungsmitteldosis und pH-Wert Optima, sondern auch für die den Energieeintrag kennzeichnenden Größen.

Trotz dieser Tatsache finden sich in der Literatur meist nur unzureichende Angaben über die Abhängigkeit des betreffenden Flockungsprozesses vom Energieeintrag.

Bei Grundlagenuntersuchungen im Labormaßstab wird zwar in zunehmendem Maße versucht, den Einfluß des Energieeintrages mit zu erfassen, indem man insbesondere die Beziehung zwischen dem Reinigungsgrad und der Drehzahl des benutzten Rührers bestimmt, jedoch lassen sich ohne Verwendung vergleichbarer Energieeintragskriterien keine allgemeingültigen Aussagen erhalten.

Weitgehend vergleichbare Maße für den Energieeintrag sind der Geschwindigkeitsgradient $\overline{G}$ und die CAMP-Zahl *Ca*. Werden bei der Flockung in Reaktoren, die sich hinsichtlich der Größe und Form sowie der Art der Rühreinrichtung unterscheiden, dieselben $\overline{G}$- bzw. *Ca*-Werte angewandt, so erfolgt annähernd der gleiche Energieeintrag. $\overline{G}$ (Einheit s^{-1}) stellt den Mittelwert der verschiedenen Geschwindigkeitsgradienten dar, die die Strömungen des Wassers im Flockungsreaktor aufweisen. In der Phase der Transportvorgänge nimmt mit ansteigendem $\overline{G}$ die Häufigkeit der Kontakte zwischen den bei der Entstabilisierung entstehenden Aggregationen aus Wasserinhaltsstoffen und Flockungsmittel zu und damit bis zum Erreichen eines bestimmten Grenzwertes von $\overline{G}$ auch die Geschwindigkeit der Bildung absetzfähiger Flocken.

Wird die Flockung in Laborreaktoren mit einfachem Rührer durchgeführt, sind bezüglich des Energieeintrages $\overline{G}$ folgende Beziehungen von Bedeutung:

$$\overline{G} = \sqrt{\frac{P}{\eta \cdot V}} \quad \text{bzw.} \quad \overline{G} = \sqrt{\frac{W}{t \cdot \eta \cdot V}}; \qquad P = M \cdot \omega; \qquad \omega = 2\pi \cdot n$$

$$\overline{G} = \sqrt{\frac{M \cdot 2\pi \cdot n}{\eta \cdot V}}$$

P — Vom Wasserkörper aufgenommene Leistung (Watt) des Rührers; d. h. vom Rührer dem Wasserkörper in der Zeit t(s) zugeführte Energie W (Wattsekunden; Joule)

η — Dynamische Viskosität des Wassers ($mN \cdot s \cdot cm^{-2}$)

V — Volumen des Wassers im Reaktor (cm^3)
M — Drehmoment des Rührers ($mN \cdot cm$)
ω — Winkelgeschwindigkeit des Rührers
n — Umdrehungszahl des Rührers (s^{-1})

Eine lediglich rechnerische Bestimmung des Energieeintrages $\bar{G}$ aus der Leistung des den Rührer antreibenden Motors ist allerdings nicht möglich, weil infolge der kleinen WATT-Zahl der Motore von Laborreaktoren nur ein relativ geringer und unbekannter Leistungsanteil als Gradient wirksam wird. Ebenso wenig läßt sich $\bar{G}$ durch rechnerische Bestimmung des Rührerdrehmomentes ermitteln, da dies die Kenntnis der Relativgeschwindigkeit zwischen Rührer und Wasserkörper erfordert. Auf Grund der geschilderten Gegebenheiten wird der Energieeintrag $\bar{G}$ in Laborreaktoren in der Weise bestimmt, daß man zunächst experimentell die Beziehung zwischen Rührerdrehzahl und -drehmoment feststellt und anschließend $\bar{G}$ nach der Gleichung $\bar{G} = \sqrt{\frac{M \cdot 2\pi \cdot n}{\eta \cdot V}}$ errechnet. Geräte zur Messung des Rührerdrehmomentes wurden in der ČSSR von SOUČEK u. ŠINDELÁŘ (1967) und in den USA (s. HEMENWAY u. KESHAVAN, 1968) entwickelt.

Über eine in der DDR konstruierte und erprobte Meßeinrichtung mit hoher Genauigkeit berichten WALTHER et al. (1973).

Die CAMP-Zahl ist das Produkt aus dem Geschwindigkeitsgradienten $\bar{G}$(s^{-1}) und der Zeitdauer t (s) des Energieeintrages: $Ca = \bar{G} \cdot t$. Die Verwendung dieses Kriteriums berücksichtigt die Tatsache, daß der Energieeintrag auch von der Zeitdauer der Energiezufuhr bestimmt wird.

Für den Flockungsprozeß ist nicht die Höhe des Gesamtenergieeintrages entscheidend, sondern die Größe der Rührenergiezufuhr in den verschiedenen Phasen. Der Energieeintragsverlauf läßt sich anschaulich als sogenannter Geschwindigkeitsgradientenweg, d. h. als Gradient-Zeit-Diagramm darstellen, das bei Durchführung der Flockung nach der klassischen Verfahrensweise im Prinzip folgende Form aufweist (s. Abb. 3).

Die Ermittlung des optimalen Energieeintrages ist in der Regel vor allem für die Langsamrührphase von besonderer Bedeutung, da in dieser Phase die ausschließlich von der Energiezufuhr abhängige Makroflockenbildung stattfindet.

In bestimmten Fällen hat sich gezeigt, daß der optimale Geschwindigkeitsgradientenweg stark von der üblicherweise gewählten Art des Energieeintragsverlaufes abweicht (s. z. B. MORAVEČ u. SOUČEK, 1973; KAWAMURA, 1976).

Der Wert der bisher nur relativ geringen Anzahl von Publikationen, die Angaben über optimale $\bar{G}$- und Ca-Bereiche enthalten (s. z. B. FAIR u. GEYER, 1961; CAMP, 1955; HUDSON u. WOLFNER, 1967; WALKER, 1968; BENZE, 1968;

SOUČEK u. ŠINDELÁŘ, 1967) ist teilweise nicht unerheblich beschränkt. Beispielsweise finden sich in einigen Veröffentlichungen nur unzureichende Daten über die Art und Konzentration der Rohwasserinhaltsstoffe.

Sind durch Laborversuche die optimalen Energieeintragsbedingungen für die betreffende Wasser- und Flockungsmittelart bestimmt worden, lassen sich die Schlußfolgerungen, die sich für die Durchführung der Flockung in einer großtechnischen Anlage ergeben, aus den Formeln ableiten, welche hinsichtlich des Gradienten $\bar{G}$ für die verschiedenen Reaktortypen existieren.

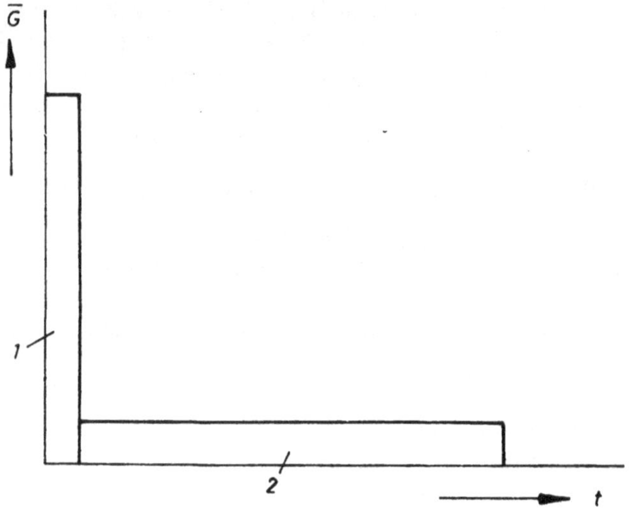

Abb. 3: Geschwindigkeitsgradientenweg bei der klassischen Flockung.
1 – Schnellrührphase *2* – Langsamrührphase

Tab. 1 enthält einige dieser Formeln (s. auch HUDSON u. WOLFNER, 1967; LAI et al., 1975).

Für den Prozeß der Flockungsfiltration ist der von KOWAL u. MACKIEWICZ (1977, 1978) definierte mittlere Filtrationsgeschwindigkeitsgradient von Bedeutung:

$$\bar{G} = \frac{1-\varepsilon}{\varepsilon^2} \cdot \frac{v}{d} \cdot \sqrt{\frac{\varrho_s - \varrho}{\varrho} \cdot K}$$

v — Filtergeschwindigkeit ($m \cdot s^{-1}$)
d — mittlere Korngröße des Filtermaterials (m)
ϱ_s — Dichte der Filterschicht ($kg \cdot m^{-3}$)
ϱ — Dichte des Wassers ($kg \cdot m^{-3}$)
K — KOZENY–CARMAN-Konstante
ε — Porosität des Filters

Tabelle 1
Berechnung des Geschwindigkeitsgradienten bei verschiedenen Flockungsreaktorarten

Reaktorart	Berechnungsformel	Autor bzw. zitiert von
Reaktor mit Paddelrührer	$\bar{G} = \sqrt{\frac{c_d \cdot A \cdot v_p^3 \cdot \varrho}{2\eta \cdot V}}$	ZAJIC, (1971); PÖPEL (1974)
Prallwandreaktor (Reaktor mit Leitwandumströmung) 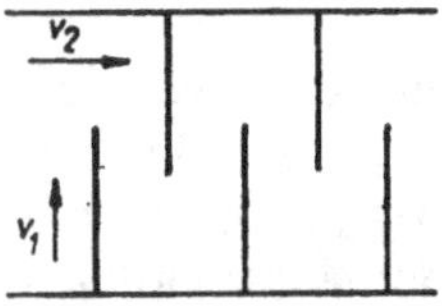	$\bar{G} = \sqrt{\frac{[z \cdot v_1^2 + (z-1)\, v_2^2] \cdot Q \cdot \varrho}{2V \cdot \eta}}$	FAIR et al. (1968)
Gegenstrom- u. Wirbelreaktor 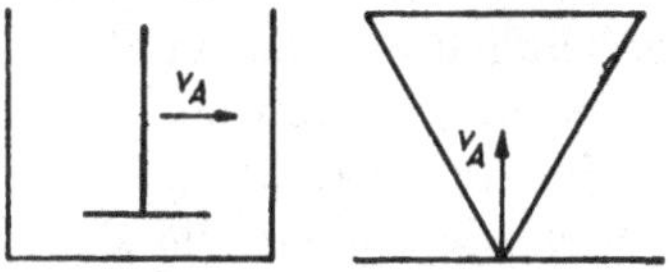	$\bar{G} = \sqrt{\frac{Q \cdot v_A^2 \cdot \varrho}{2V \cdot \eta}}$	VEJCER et al. (1975)
Reaktor mit einfachem Rührer 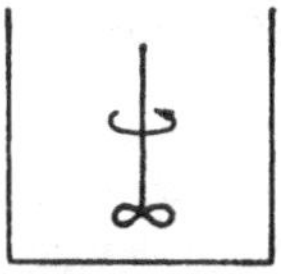	$\bar{G} = \sqrt{\frac{M \cdot 2\pi \cdot n}{V \cdot \eta}}$	MORROW u. RAUSCH (1974); VEJCER, et al. (1975)

V — Reaktorvolumen (m^3)
c_d — Widerstandskoeffizient des Paddels
A — Paddelfläche (m^2)
v_p — relative Geschwindigkeit des Paddels gegenüber dem Wasserkörper ($m \cdot s^{-1}$)
ϱ — Dichte des Wassers ($kg \cdot m^{-3}$)
η — dynamische Viskosität des Wassers ($m^{-1} \cdot kg \cdot s^{-1}$)
z — Anzahl der Prallwände
v_1, v_2 — Fließgeschwindigkeit des Wassers ($m \cdot s^{-1}$)
Q — Wasserdurchfluß ($m^3 \cdot s^{-1}$)
v_A — Austrittsgeschwindigkeit des Wassers aus der Zuleitung ($m \cdot s^{-1}$)
M — Differenz der Leistung (W) des Rührers in Luft und im Wasser ($m^2 \cdot kg \cdot s^{-3}$)
n — Umdrehungszahl des Rührers (s^{-1})

Erfolgt die Flockung im Schwebefilter, läßt sich der Geschwindigkeitsgradient $\bar{G}$ nach TESAŘÍK u. VOSTRČIL (1975) durch folgende Formel ausdrücken:

$$\bar{G} = \sqrt{\frac{\Phi \cdot g \cdot v(\varrho_K - \varrho)}{(1 - \Phi) \cdot \eta}}$$

Φ — Volumenkonzentration der Flocken (—)
g — Erdbeschleunigung ($m \cdot s^{-2}$)
v — Strömungsgeschwindigkeit des Wassers in der Flockenschicht ($m \cdot s^{-1}$)
ϱ — Dichte des Wassers ($kg \cdot m^{-3}$)
ϱ_K — Dichte der Flocken ($kg \cdot m^{-3}$)
η — Dynamische Viskosität des Wassers ($m^{-1} \cdot kg \cdot s^{-1}$)

Bei der Verwendung von $\bar{G}$ und *Ca* als Bewertungskriterien für den Energieeintrag darf jedoch eine mögliche Einschränkung des Aussagewertes dieser Größen nicht übersehen werden, die ihre Ursache darin hat, daß $\bar{G}$ nur ein mittlerer Geschwindigkeitsgradient ist und sich auch die Gradientenverteilung im Wasserkörper auf den Flockungsprozeß auswirken kann. Wie beispielsweise KLUTE u. HAHN (1974) anhand von Versuchen mit Kaolin oder Montmorillonit enthaltenden Modellwässern feststellten, wird die Flockung derartiger Wässer nicht unwesentlich von der spezifischen turbulenten Strömungsstruktur beeinflußt. Nach Meinung der beiden Autoren ist wahrscheinlich ein gleichmäßiges Turbulenzfeld als günstig für die Ausflockung von Kaolin und Montmorillonit anzusehen. Solche Befunde weisen darauf hin, daß für die Charakterisierung der hydrodynamischen Bedingungen unter Umständen nicht allein die Parameter $\bar{G}$ und *Ca* in Betracht gezogen werden sollten.

Allerdings erfordert die Bestimmung weiterer hydrodynamischer Kriterien einen großen experimentellen Aufwand, z. B. den Einsatz von Heißfilmsonden zur Ermittlung der Strömungsstruktur im Reaktor (THOMAE, 1970).

Ein markantes Beispiel dafür, daß die Optimierung des Energieeintrages zu einer hohen Effektivität und gleichzeitig zu einer optimalen Ökonomie des Flockungsverfahrens führt, ist die Wasseraufbereitungsanlage an der Wahnbachtalsperre (BRD). Diese Anlage dient vorrangig der Phosphorelimination aus dem Zulauf der Talsperre und umfaßt die Stufen (1) Entstabilisierung der flockbaren Wasserinhaltsstoffe durch kurzzeitige Intensivvermischung mit Eisen(III)-salzlösung, (2) Makroflockenbildung in zwei hintereinanderliegenden Flockungsbecken unter nochmaliger Eisen(III)-salzzugabe und zusätzlicher Dosierung eines kationischen Polymers im ersten Becken, (3) Entfernung der Makroflocken durch ein Dreischichtfilter (BERNHARDT u. SCHELL, 1979). Die endgültige verfahrenstechnische Konzipierung der Großanlage basiert auf umfangreichen Voruntersuchungen im Labormaßstab sowie an einer klein- und einer halbtechnischen Versuchseinrichtung. Durch die Voruntersuchungen wurden insbesondere folgende wichtige Beziehungen ermittelt: Energieeintrag während der Entstabilisierung — Eisengehalt des Filterablaufes; Höhe des *G*- und *Ca*-Wertes während der Makroflockenbildung — Filterrückhaltevermögen bzw. -laufzeit und Druckverhältnisse im Filter.

1.2.3. Kriterien zur Charakterisierung der Flocken- bzw. Schlammeigenschaften

Obwohl die folgenden Parameter im Prinzip den physikalischen und zum geringen Teil auch den chemischen Bewertungskriterien für den Flockungsprozeß zugeordnet werden können, ist eine gesonderte Aufführung zweckmäßig.

1.2.3.1. Absetzgeschwindigkeit der Flocken

Die Bestimmung kann visuell, mittels Trübungsmessung oder durch Einsatz radioaktiver Isotope erfolgen.

Das Absetzverhalten entscheidet naturgemäß auch über die im Reinwasser verbleibende Restmenge an Flocken. Bei der Flockung mit Metallsalzen ist ein indirektes Maß für diese Restmenge der Gehalt des Reinwassers an ungelösten Aluminium- oder Eisenverbindungen. Kann die Konzentration der gelösten Aluminium- oder Eisenverbindungen des Reinwassers vernachlässigt werden, stellt auch der Gesamtaluminium- oder Eisengehalt ein indirektes Maß für die Flockenrestmenge dar.

1.2.3.2. Größe und Form der Flocken

Die Kenntnis der Größe (Größenverteilung) und der Form der Flocken erlaubt unter bestimmten Voraussetzungen Rückschlüsse auf das Absetzverhalten und die Festigkeit der Partikel. Beide Kriterien werden im allgemeinen mikroskopisch ermittelt. Hinweise auf andere Verfahren zur Messung der Flockengröße finden sich im Abschnitt 1.2.2.5.

1.2.3.3. Flockenfestigkeit

Aussagen über die Festigkeit lassen sich anhand der im Abschnitt 1.2.2.7. erwähnten Verfahren zur Bestimmung der Filtrierbarkeit des Wassers erhalten, wenn anstelle des flockenfreien Reinwassers die Flocken-Wasser-Suspension filtriert wird. Weitere Methoden zur Untersuchung der Flockenstabilität führen Packham u. Saunders (1966); Hannah et al. (1967); Benze (1968) sowie Popp et al. (1976) an.

1.2.3.4. Feststoff- bzw. Wassergehalt des Schlammes

Der Feststoffgehalt ist ein Grundkennwert für die Behandlung des anfallenden Flockenschlammes. Der näheren Charakterisierung des Feststoffanteils dient die Bestimmung des Gehaltes an organischer und anorganischer Substanz.

1.2.3.5. Spezifischer Filterwiderstand und Kompressibilität des Schlammes

Der mittlere spezifische Filterwiderstand stellt einen Grundkennwert für das Entwässerungsverhalten des Schlammes dar.

Aus der Kompressibilität können Schlußfolgerungen bezüglich der Vor- und Nachteile der Anwendung höherer Drücke bei der maschinellen Entwässerung abgeleitet werden.

1.2.3.6. Schlammdichte

Die Kenntnis dieses Wertes ermöglicht Rückschlüsse auf das Absetz- und Eindickverhalten des Schlammes.

1.2.3.7. Viskosität des Schlammes

Die Viskosität gestattet eine Einschätzung des Fließverhaltens des Schlammes in Sammelräumen und Rohrleitungen.

Tambo u. Watanabe (1979) führten umfangreiche Grundlagenuntersuchungen über die Beziehungen zwischen der *Flockengröße* und der sogenannten *relativen Flockendichte* (Dichtedifferenz zwischen Flocken und Wasser) durch. Dabei wurde auch der Einfluß chemischer Parameter wie zum Beispiel Flockungs-pH-Wert, Flockungsmitteldosis und Säureverbrauch des Rohwassers geprüft. Die Untersuchungen erfolgten anhand von Modellwässern, die Kaolinit-Ton enthielten. Die Flockengröße wurde photographisch und die Dichte der Flocken aus deren Absetzgeschwindigkeit ermittelt. Tambo u. Hozumi (1979) bestimmten unter Verwendung der gleichen Modellwasserart die Abhängigkeit des maximalen Flockendurchmessers von der Größe des Energieeintrages in der Langsamrührphase und gelangten dadurch zu Aussagen über die *Flockenfestigkeit.* Tambo u. Watanabe bzw. Hozumi, die als Flockungsmittel vorrangig Aluminiumsulfat benutzten, leiteten aus den Versuchsergebnissen Modellgleichungen ab.

1.2.4. Schlammvolumen

Die Bestimmung des pro Volumeneinheit Reinwasser anfallenden Schlammvolumens ist die Voraussetzung für die Bilanzierung des Schlammanfalls und für die Festlegung der Größe der Schlammbehandlungseinrichtung.

Die Anzahl und Art der bei einer Flockungsbehandlung zu bestimmenden Kriterien können sehr unterschiedlich sein. In einer großtechnischen Anlage werden im allgemeinen lediglich einige die Wassergüte kennzeichnenden Größen gemessen. Bei Versuchen in Laboranlagen sind meist wesentlich mehr Kriterien zu bestimmen. Derartige Versuche erfolgen unter verschiedenen Aspekten:

- Vorbereitung der Projektierung einer großtechnischen Anlage,
- Optimierung des Prozesses für eine im Betrieb befindliche großtechnische Anlage.
- Erweiterung der naturwissenschaftlichen Kenntnisse über Flockungsprozesse.

Im erstgenannten Fall ist die Anzahl der zu ermittelnden Parameter besonders groß, da umfassende Aussagen über die optimalen Flockungsbedingungen, die Flocken(schlamm)eigenschaften, den Schlammanfall und die Möglichkeit der Kontrolle und Steuerung des Prozesses erhalten werden sollen.

Bei den Untersuchungen im Labormaßstab kommen entweder Einzelreaktoren zum Einsatz oder Reihenrührwerke, die mehrere Reaktoren gleicher Art und Größe enthalten. Meist erlauben Reihenrührwerke nur eine diskontinuierliche Flockungsbehandlung. Einzelreaktoren werden entweder für vorwiegend diskontinuierliche oder für vornehmlich kontinuierliche Betriebsweise konstruiert. Eine Anlage für kontinuierliche Flockung beschreiben beispielsweise BERNHARDT und SCHELL (1973), die mit dieser Apparatur Grundlagenuntersuchungen über die Wasseraufbereitung mit Kombinationen von Metallsalz und organischem synthetischen Polymer durchführten. In der DDR wurde ein Standardreihenrührwerk entwickelt und auch die Arbeitsvorschriften für die Flockungsversuche mit diesem Rührwerk vereinheitlicht (BÖHLER u. HANSO, 1977).

Entsprechend konstruierte Einzel- und Reihenrührwerksreaktoren gestatten es, daß bestimmte Bewertungskriterien intern, d. h. ohne Entnahme einer Wasserprobe gemessen werden können (z. B. Trübung, Flockenabsetzgeschwindigkeit, pH-Wert).

Zur Übertragbarkeit der Ergebnisse der Flockung in Laborreaktoren bzw. -anlagen auf die Flockungsbehandlung in großtechnischen Anlagen können nach dem derzeitigen Erkenntnisstand folgende allgemeine Bemerkungen gemacht werden. Flockungsprozeßkriterien, die die optimalen chemischen Bedingungen kennzeichnen — d. h. insbesondere Flockungsmittelart und -menge sowie pH-Wert —, sind meist weitgehend auf die Behandlung in einer Großanlage übertragbar. Entsprechendes gilt auch für den maximal erreichbaren Reinigungseffekt bzw. für die Gütekriterien des Reinwassers. Hinsichtlich der für die Flockung in großtechnischen Anlagen so wichtigen physikalischen Kriterien Energieeintrag/Energieeintragsdauer liefern die in Laborreaktoren ermittelten Werte in der Regel nur größenordnungsmäßige halbquantitative Aussagen. Je mehr eine Laborflockungseinrichtung dem maßstabgerechten Modell einer kontinuierlich betriebenen Großanlage entspricht, um so höher ist erwartungsgemäß der Übertragungsgrad der in der Kleinanlage bestimmten optimalen Energieeintragsparameter.

1.3. Struktur und Eigenschaften der organischen polymeren Flockungsmittel

1.3.1. Struktur

Die organischen polymeren Flockungsmittel können entsprechend ihrer Herkunft und Ionogenität in folgende Gruppen eingeteilt werden:

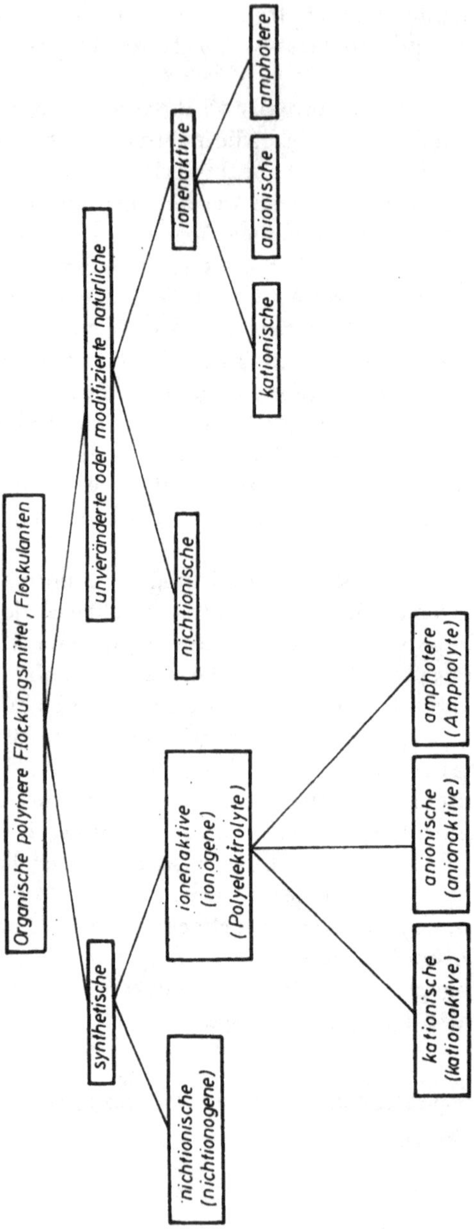

Abb. 4: Chemische Struktur synthetischer organischer Flockungsmittel.

Die Makroionen der kationischen Polyelektrolyte sind Träger positiver Ladungen, die der anionischen Polyelektrolyte Träger negativer Ladungen. Die Makroionen der amphoteren Polymere besitzen sowohl negative als auch positive Ladungen.

Die Stärke der Ionogenität eines Polymers wird durch die Dichte der Ladungen bzw. der ionogenen Gruppen am Makromolekül bestimmt. Beispielsweise enthalten stark kationische Polyelektrolyte pro Moleküllängeneinheit eine viel größere Anzahl von Ladungen als die Produkte mit schwach kationischem Charakter. Art und Stärke der Ionogenität lassen sich u. a. durch Strömungspotentialmessungen ermitteln (Böhler et al., 1978).

Tab. 2 enthält Angaben zur Konstitution einiger synthetischer organischer Flockungsmittel.

Der Polymerisationsgrad und die Molmasse der synthetischen organischen Flockungsmittel erstrecken sich in der Regel etwa über folgende Bereiche:

	anionische Polymere	kationische Polymere	nichtionische Polymere
Polymerisationsgrad (10^3)	12···200	0,5···30	12···150
molare Masse (10^6 g · mol^{-1})	2···10	0,04···3	1···> 10

Die Länge (maximale Ausdehnung) der Moleküle der synthetischen organischen Flockungsmittel liegt in vielen Fällen bei den kationischen Verbindungen in der Größenordnung von 100 nm, bei den anionischen und nichtionischen zwischen 100 und 500 nm. Die Moleküllänge kann aber auch noch bedeutend größer sein.

Die Hauptvertreter der unveränderten natürlichen organischen polymeren Flockungsmittel sind die Stärke, die Alginate und die Galaktomannane. Modifizierte natürliche organische Flockungsmittel werden vor allem aus Stärke, aber auch aus Zelluloseprodukten hergestellt. Die modifizierten Stärkeprodukte weisen Molmassen im Bereich von $6 \cdot 10^4 \cdots 6 \cdot 10^5$ g · mol^{-1} auf.

1.3.2. Physikalisch-chemisches Verhalten in wäßriger Lösung

Insbesondere die anionischen und kationischen Polymermoleküle (Makroionen) liegen in wäßriger Lösung normalerweise in weitgehend gestreckter Form vor, da sich die gleichsinnigen Ladungen gegenseitig abstoßen.

Das Ausmaß der Streckung läßt sich durch Viskositätsmessungen erfassen (Böhler et al., 1978) und wird in erster Linie von der Anzahl der Ladungen des Makroions bestimmt. Diese Anzahl hängt vor allem bei den anionischen

Tabelle 2
Chemische Struktur synthetischer organischer Flockungsmittel

chemische Bezeichnung	Ionogenität	dissoziationsfähige ionogene bzw. funktionelle Gruppe(n) oder charakteristischer Strukturbetandteil ($Me^{\oplus}$: $Na^{\oplus}$ oder $K^{\oplus}$)	Formel
Polyacrylat	anionisch	$-COO^{\ominus}Me^{\oplus}$	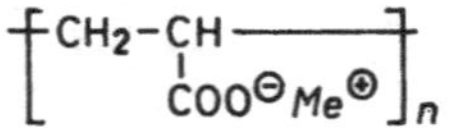
Polymethacrylat	anionisch	$-COO^{\ominus}Me^{\oplus}$	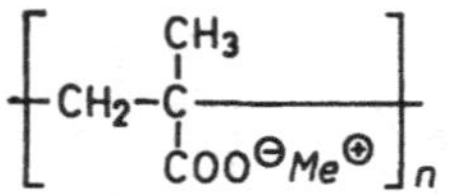
teilhydrolysiertes Polyacrylamid oder Copolymer von Acrylamid und Acrylat	anionisch	$-COO^{\ominus}Me^{\oplus}$ $-CONH_2$	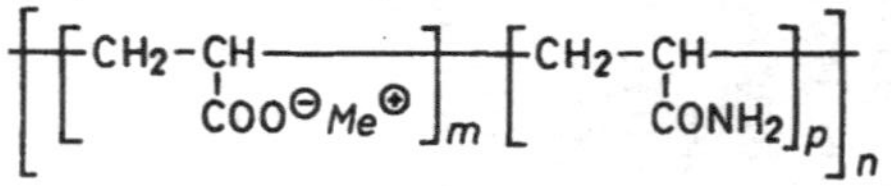
teilhydrolysiertes Polyacrylnitril	anionisch	$-COO^{\ominus}Me^{\oplus}$ $-CN$	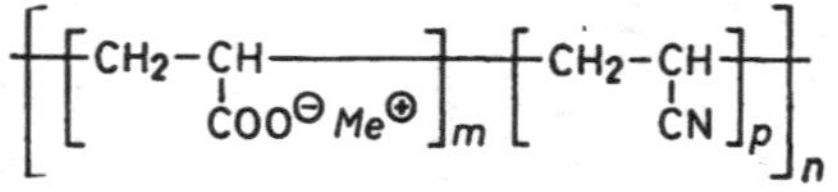
Polyethylenimin	kationisch	$\rangle NH^{\oplus}$	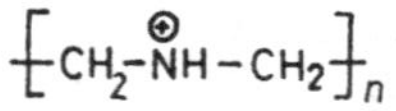

3*

quartärisierte Polyaminocarbonsäureester — quartärisierter Polyacrylsäuredialkylaminoethylester — quartärisierter Polymethacrylsäuredialkylaminoethylester	kationisch	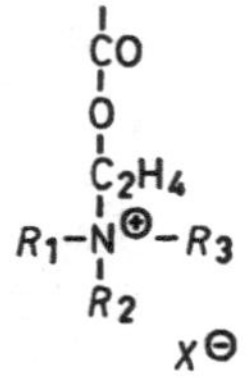	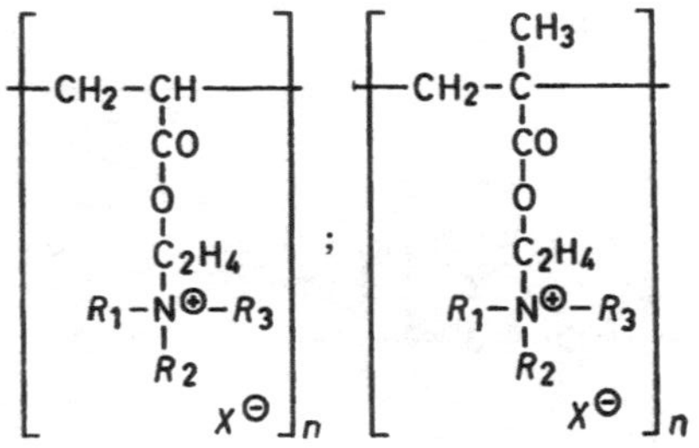	R_1, R_2: $-CH_3$, $-C_2H_5$ R_3: $-CH_3$ $X^{\ominus}$: Cl^-, $-CH_3SO_4^-$
Copolymer aus (Poly)-Acrylamid und quartärisiertem Acrylsäuredialkylaminoethylester (bzw. Methacrylsäuredialkylaminoethylester)	kationisch	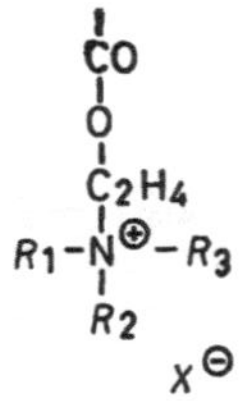 ; $-CONH_2$	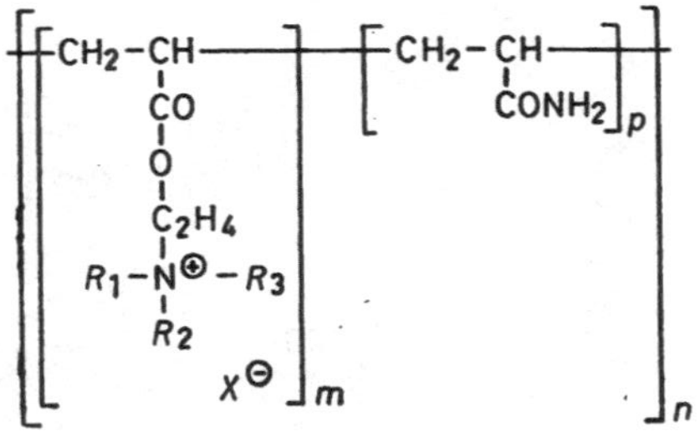	
Copolymer von (Poly)-Acrylamid und quartärisiertem Dialkylaminomethylenacrylamid	kationisch	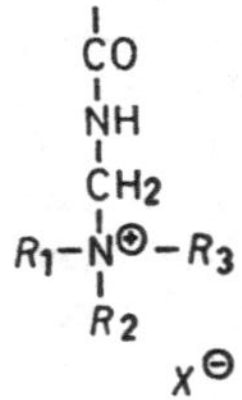 ; $-CONH_2$	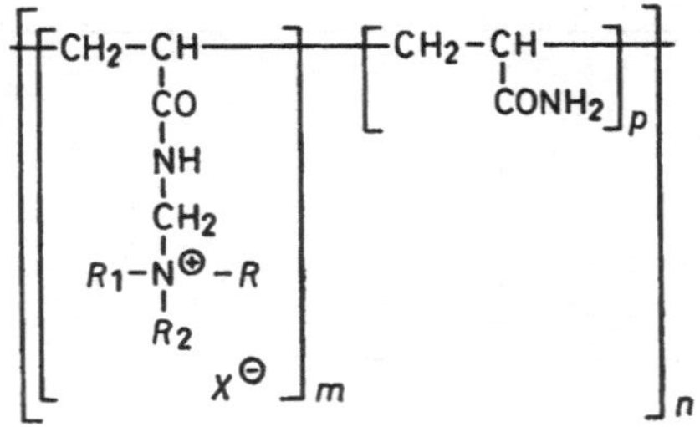	R_1, R_2: $-CH_3$, $-C_2H_5$ R_3: $-CH_3$ $X^{\ominus}$: Cl^-, $-CH_3SO_4^-$

Tabelle 2 (Fortsetzung)

chemische Bezeichnung	Ionogenität	dissoziationsfähige ionogene bzw. funktionelle Gruppe(n) oder charakteristischer Strukturbetandteil ($Me^{\oplus}$: $Na^{\oplus}$ oder $K^{\oplus}$)	Formel
Cyclopolymerisat aus Dimethyldiallyl-ammoniumchlorid (Poly(N,N-dimethyl-3,4-methylenpyrrolidinium-chlorid)	kationisch	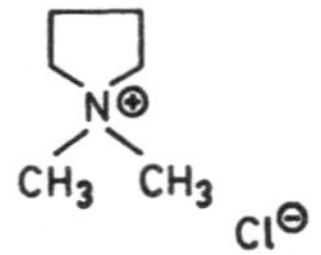	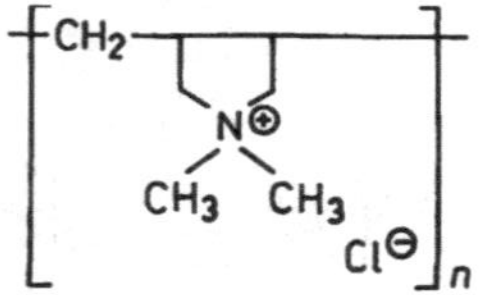
Polyacrylamid	nichtionisch	$-CONH_2$	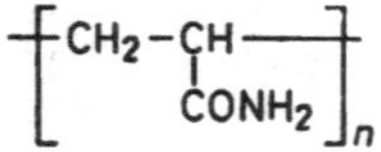
Polyethylenoxid	nichtionisch	$-CH_2-O-CH_2-$	$-[CH_2-CO-CH_2]-$
Acrylat-Vinylpyridin-Copolymer	amphoter	$-COO^{\ominus}\ Me^{\oplus}$ 	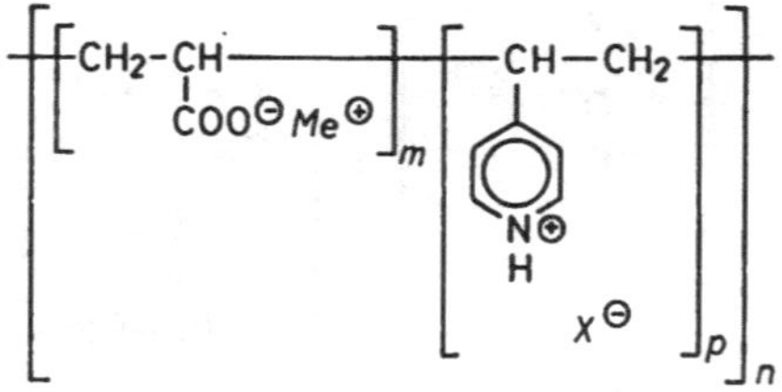

Polyelektrolyten auch vom pH-Wert ab. Abb. 5 zeigt die schematische Darstellung eines Natriumpolyacrylatmoleküls in neutraler oder alkalischer Lösung.

Unterhalb des Neutralpunktes verwandeln sich mit sinkendem pH-Wert die dissoziierten Gruppen zunehmend in undissoziierte —COOH-Gruppen und Ladung sowie Streckung des Polymermoleküls verringern sich. Liegen nur noch sehr wenige oder überhaupt keine dissoziierten Gruppen vor, kommt es zu einer Verknäuelung des Moleküls (Abb. 6).

Dadurch verliert das Polymer die Fähigkeit zur Brückenbildung bzw. zur Vernetzung und die Flockungswirksamkeit wird stark beeinträchtigt. Mit der

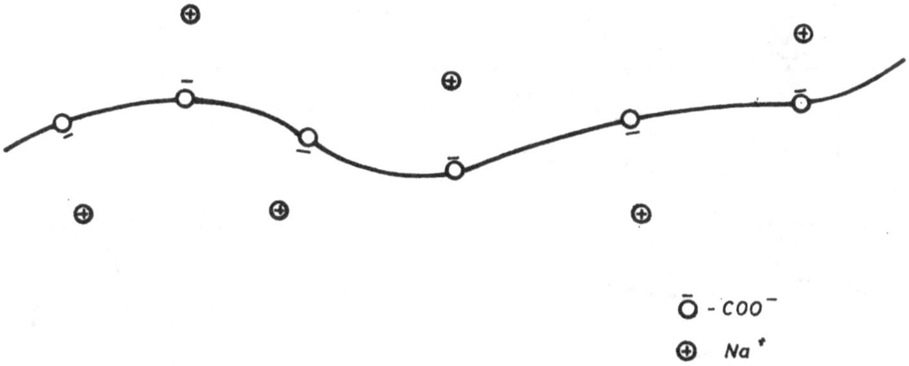

Abb. 5: Schematische Darstellung eines dissoziierten und gestreckten Natriumpolyacrylatmoleküls.

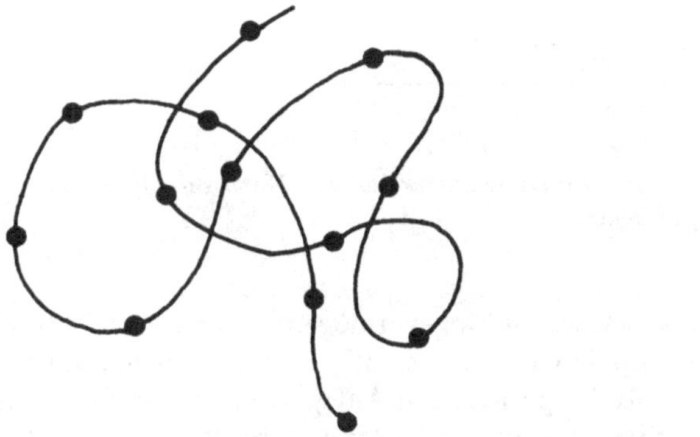

Abb. 6: Schematische Darstellung eines undissoziierten, verknäuelten Polyacrylsäuremoleküls.

Verknäuelung anionischer Polymermoleküle ist dann zu rechnen, wenn der pH-Wert erheblich unter 6,0 liegt.

Eine gute Wasserlöslichkeit der polymeren Flockungsmittel ist die Voraussetzung für ihren Einsatz bei der Wasserbehandlung. Vielfach basiert die Wasserlöslichkeit auf der Bildung von Hydrathüllen, die das Polymermolekül umgeben. Bei den die —COONa-Gruppierung enthaltenden Polyelektrolyten entsteht die Hydrathülle wie folgt. Die auf Grund der Dissoziation dieser Gruppierungen auftretenden Natriumionen und anionischen —COO-Gruppen

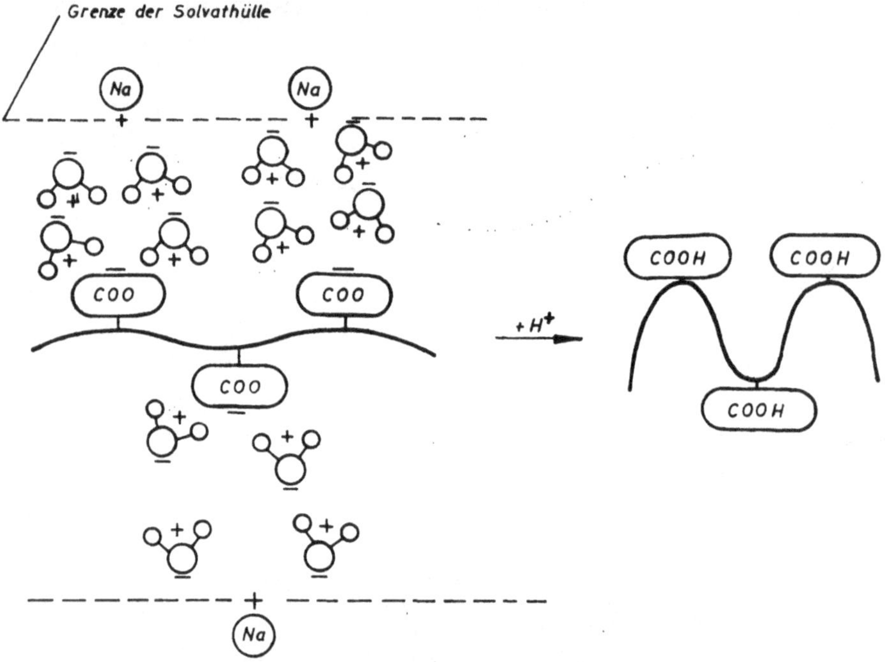

Abb. 7: Änderung des Hydratationszustandes von Natriumpolyacrylat bei abnehmendem pH-Wert.

besitzen ein starkes Wasserbindungsvermögen, das eine gerichtete Anlagerung der bekanntlich als Dipole vorliegenden Wassermoleküle herbeiführt (s. Abb. 7, linker Teil). Auf Grund der gerichteten Anlagerung weisen die Grenzen der entstandenen Hydrathüllen das gleiche Ladungsvorzeichen auf wie das negativ geladene Polymermolekül. Die Hydrathülle bewirkt eine räumliche Trennung der Natriumionen von den —COO-Gruppen und die Beweglichkeit der Natriumionen wird durch die Bindung an die Hülle begrenzt.

Dieser Hydratations- bzw. Solvatationsprozeß fördert den auf Grund der Anhäufung negativer Ladungen eintretenden und bereits oben geschilderten Streckungsprozeß des Makromoleküls. Der Hydratationszustand wird aufgehoben, sobald sich die entsprechenden Voraussetzungen ändern. So werden bei Zusatz von Säure die Natriumionen von der Grenze der Hydrathülle des Polymers durch Wasserstoffionen verdrängt. Die entstehenden kaum dissoziierten —COOH-Gruppen besitzen kein Hydratationsvermögen (s. Abb. 7, rechter Teil). Bei einer Erniedrigung des pH-Wertes einer Lösung eines Polyelektrolyten findet somit eine Verknäuelung und Krumpfung des Moleküls nicht nur infolge der Abnahme der negativen Ladungen statt, sondern auch auf Grund des Verschwindens der Hydrathülle.

Das Wasserbindungsvermögen der nichtionischen Polymere ist ebenfalls durch funktionelle Gruppen oder durch andere charakteristische Strukturbestandteile (z. B. $—CH_2—O—CH_2—$) bedingt. Vier bis fünf dieser Gruppen entwickeln dieselbe Solvatationskraft wie eine hydratisierte —COONa-Gruppierung. Das Wasserbindungsvermögen nichtionischer Polymermoleküle wird durch eine Verminderung des pH-Wertes nur wenig beeinflußt.

1.3.3. Eigenschaften und Zusammensetzung von Handelsprodukten

Die synthetischen organischen Flockungsmittel kommen entweder in fester Form (Pulver, Flocken, Granula, Blöcke) oder als hochviskose Flüssigkeiten in den Handel. Nach Angaben der Hersteller beträgt die Haltbarkeit in Abhängigkeit von der Art 3···12 Monate. Die flüssigen Produkte können einen sehr unterschiedlichen Polymergehalt aufweisen, der im allgemeinen nicht höher als 50% ist.

Meist schwankt auch der Polymer(Aktivsubstanz)gehalt verschiedener Chargen eines flüssigen Handelsproduktes mehr oder weniger stark.

Die organischen Flockungsmittel enthalten Polymermoleküle unterschiedlicher Länge und Molmasse; Polymerisationsgrad und Molmasse bilden Verteilungskurven, deren Verlauf ebenfalls mehr oder weniger chargenabhängig ist.

Neben der polymeren Aktivsubstanz können die Handelsprodukte der organischen Flockungsmittel noch einen Anteil an anorganischen Salzen und Monomer(en) aufweisen. Die Kenntnis des Monomergehaltes ist vor allem dann von Bedeutung, wenn die betreffende Monomerart toxische Eigenschaften besitzt. Ein Monomer mit erheblicher chronischer Toxizität stellt das Acrylamid dar. Nach Croll et al. (1974) wird der Einsatz eines Flockungsmittels auf Polyacrylamidbasis bei der Trinkwasseraufbereitung unter der Bedingung als unbedenklich angesehen, daß das Handelsprodukt nicht mehr als 0,05% Monomer enthält und die angewandte Polymerdosis unter $1{,}0\ mg \cdot l^{-1}$ liegt.

Die festen und flüssigen organischen Polymerflockungsmittel werden dem zu behandelndem Wasser fast ausnahmslos in verdünnter Form bzw. in wäßriger Lösung zugesetzt, d. h. eine sogenannte Dosier-(Gebrauchs-)lösung bereitet. In der Praxis stellt man vor allem bei Benutzung von Produkten mit hohem Polymergehalt oft zunächst eine Vorrats-(Stamm-)lösung her, aus der unmittelbar von Anwendung des Polymers die Dosierlösung bereitet wird. Nicht selten empfiehlt der Polymerproduzent für die Stamm- und/oder Dosierlösung die Einhaltung einer sogenannten Reifezeit. Diese Zeit zwischen der Bereitung und Weiterverwendung der genannten Lösungen soll die Streckung der Polymermoleküle fördern. In Abhängigkeit von der Benutzung fester oder flüssiger Flockungsmittel liegt der Handelsproduktgehalt bei den Vorratslösungen im Bereich von 0,5···5% und darüber, bei den Dosierlösungen im Bereich von 0,01···0,5%. Besitzt ein Handelsprodukt nur eine geringe Polymerkonzentration, entfällt die Bereitung einer Vorratslösung.

Die Lösungen der Handelsprodukte können während des Lagerns besonders schnell vor allem bakteriell bedingten Veränderungen unterliegen. Eine einfache Methode zur Kontrolle des Aktivsubstanzgehaltes kationischer Polymere und deren Lösungen entwickelten WALTHER u. KNAACK (1978).

Literatur

BABCOCK, R. H., u. K. F. KNOWLTON: Conductivity-difference: Control of chemical coagulation. J. Amer. Water Works Assoc. **48**, (1956), 622–628.

BENZE, F.: Untersuchungen über die Flockenfestigkeit in Scherströmungen. In: Dechema Monogr. **59**, (1968), 29–39, Verlag Chemie GmbH, Weinheim/Bergstr.

BERNHARDT, H., u. H. SCHELL: Testverfahren zur Steuerung des Flockungs- und Flokkungshilfsmittelzusatzes in der Wasseraufbereitungspraxis. Vom Wasser **41**, (1973), 309–340.

BERNHARDT, H., u. H. SCHELL: Die verfahrenstechnische Konzeption der Phosphor-Eliminierung am Wahnbach mit Hilfe der Flockenfiltration (System Wahnbach). Z. f. Wasser- und Abwasser-Forschung **12**, (1979), 123–133.

BÖHLER, E., u. J. HANSO: Optimierung der Flockung durch vereinheitlichte Arbeitsvorschriften mit standardisierten Reihenrührwerken mit Trübungsmeßeinrichtung. Mitteilungen des Institutes für Wasserwirtschaft, Sonderheft **2**, (1977), 274–283.

BÖHLER, E., Z. A. KOLOBOVA, Ju. I. VEJCER u. H.-J. WALTHER: Zur Wirkung von Flockulanten bei der Wasser- und Schlammbehandlung Wasserwirtsch.-Wassertechn. **28**, (1978), 27–33.

CAMP, T. R.: Flocculation and flocculation basins. Trans. Amer. Soc. Civil Engr. **120**, (1955), 1–16.

CROLL, B. T., G. M. AKRELL u. R. P. J. HODGE: Residues of acrylamide in water. Water Research **8**, (1974), 989–993.

FAIR, M. G., u. J. G. GEYER: „*Wasserversorgung und Abwasserbehandlung*". VEB Verlag für Bauwesen, Berlin 1961.

FAIR, M. G., J. C. GEYER u. D. L. OKUN: „*Water and Wast Water Engineering*". John Wiley, New York 1968.

HANNAH, S. A., J. M. COHEN u. G. C. ROBECK: Measurement of floc strength by particle counting. J. Amer. Water Works Assoc. **59**, (1967), 843–858.

HANNAH, S. A., J. M. COHEN u. G. C. ROBECK: Control techniques for congulation-filtration. J. Amer. Water Works Assoc. **59**, (1967), 1149–63.

HEMENWAY, D. R., u. K. KESHAVAN: Determination of optimum velocity gradients for waters coagulated with polyelektrolytes. Water Sewage Works **115**, (1968), 554 bis 559.

HUDSON, H. E., u. J. WOLFNER: Design of mixing and flocculating basins. J. Amer. Water Works Assoc. **59**, (1967), 1257–1267.

KANE, J. G., V. K. LA MER, u. H. B. LINFORD: The filtration of silica dispersion flocculated by high polymers. J. physic. Chem. **67**, (1963), 1977–1981.

KAWAMURA, S.: Considerations on improving flocculation. J. Amer. Water Works Assoc. **68**, (1976), 328–336.

KLUTE, R., u. H. H. HAHN: Laboruntersuchungen über den Einfluß der Art des Energieeintrages auf den Flockungsvorgang. Vom Wasser **43**, (1974), 215–235.

KOWAL, A. L., u. J. MAĆKIEWICZ: Sredni gradient predkości w filtracje wody. (Mittlerer Geschwindigkeitsgradient bei der Wasserfiltration). Inzynieria Chemiczna **7**, (1977), 643–649.

KOWAL, A. L., u. J. MAĆKIEWICZ: Modelanie flokulacje na złozach filtracyjnych. (Modellierung der Flockung in Filterschichten). In: Wysokoefektywne methody oczyzczania ścieków (materiały na międzynarodowa konferencję naukową), S. 1–7, Polytechnika Krakowska, Krakow 1978.

LAI, R. J., H. E. HUDSON, u. J. E. SINGLEY: Velocity gradient calibration of Jar-Test equipment. J. Amer. Water Works Assoc. **67**, (1975), 553–557.

LANGELIER, W. F., H. F. LUDWIG, u. R. G. LUDWIG: Flocculation phenomena in turbid water clarification. Trans. Amer. Soc. Civil Engr. **118**, (1953), 147.

MORAVEČ, J., u. J. SOUČEK: Organische Flocculanten in Theorie und Praxis des Prager Wasserwerkes. Acta hydrochim. hydrobiol. **1**, (1973), 461–469.

MORROW, I. J. u. E. G. RAUSCH: Colloid destabilization with cationic polyelectrolytes as effected by velocity gradients. J. Amer. Water Works Assoc. **66** (1974), 646–653.

NOVAK, Z.: Experimentelle Bestimmung der Koagulation und ihrer Kinetik in Oberflächenwässern. Wasserwirtsch. — Wassertechn. **6**, (1956), 146–149.

PACKHAM, R. F., u. M. SAUNDERS: Laboratory studie of activated silica, I. and II. Proc. Soc. Water Treat. Exam. **15**, (1966), 245.

PÖPEL, F.: „*Lehrbuch für Abwassertechnik und Gewässerschutz*", Kapitel I.6.1. Deutscher Fachschriften-Verlag, Mainz-Wiesbaden 1974.

POPP, P., H.-J. WALTHER u. J. KAEDING: Die experimentelle Erfaßbarkeit von Flokkungsvorgängen in der Wasser- und Abwasserbehandlung — Möglichkeiten und Grenzen —. Acta hydrochim. hydrobiol. **3**, (1975), 63–83.

SHULL, R. E.: Filtrability techniques for improving water clarification. J. Amer. Water Works Assoc. **59**, (1967), 1104–1172.

SOUČEK, J., u. J. ŠINDELÁŘ: The use of a dimensionsless criterion in the characterization of flocculation. Výzkumný Ústav Vodohospodárský, Prace a Studie, Heft 119, Praha 1967.

STUMM, W., u. C. R. O'MELIA: Stoichometry of coagulation. J. Amer. Water Works Assoc. **60**, (1968), 514–539.

TAMBO, N., u. H. HOZUMI: Physical characteristics of flocs — II. Strength of floc. Water Research **13**, (1979), 421–427.

TAMBO, N., u. Y. WATANABE: Physical characteristics of flocs — I. The floc density function and aluminium. floc. Water Research **13**, (1979), 409–419.

TAMBO, N., u. Y. WATANABE: Physical aspects of flocculation — I. Fundamental treatise. Water Research **13**, (1979), 429–439.

TEASŘÍK, I., u. J. VOSTRČIL: A theoretical consideration on entrapment of flocs in the sludge blanket. Water Research **9**, (1975), 887–888.

THOMAE, H.: Das turbulente Strömungsfeld in einem Rührkessel. Chemie-Ing., Techn. **42**, (1970), 317–322.

VEJCER, Ju. I., G. N. LUCENKO, u. A. I. CVETKOVA: Optimal'nye uslovija obrazovanija hlopév pro koagulirovanii stočnyh vod (Optimale Bedingungen bei der Abwasserkoagulation). Vodosnabženie i sanitarnaja technika (1975), 9, 2–5.

WALKER, J. D.: High energy flocculation and air- and -water backwashing. J. Amer. Water Works Assoc. **60**, (1968), 321–330.

WALTHER, H.-J., N. FICHTNER, R. SCHOTT u. H. RINGK: Neues Verfahren zur Messung des Eintrages von Rührenergie in kleinen Laborflockungsreaktionen. Acta hydrochim. hydrobiol. **1**, (1973), 407–409.

WALTHER, H.-J., u. D. KNAACK: Untersuchungen über die Eignung des „Kolloidtitrationsverfahrens" von KAWAMURA u. TANAKA zur Ermittlung der Ladung kolloidaler und makromolekularer Wasserinhaltsstoffe. Acta hydrochim. hydrobiol. **2**, (1974), 471–498.

WALTHER, H.-J., u. D. KNAACK: Eine einfache Methode zur Bestimmung der Stabilität kationischer Polymere. Acta hydrochim. hydrobiol. **6**, (1978), 471–474.

ZAJIK, J. E.: „*Water Pollution — Disposal and Reuse —*"; Vol. 2, M. Dekker, New York 1971.

Kapitel 2:

Modellgleichungen für den Flockungsprozeß

In zunehmendem Maße wird seit längerer Zeit versucht, Modellgleichungen für Flockungsprozesse aufzustellen, um möglichst weitgehend allgemeingültige Beziehungen zwischen Größen zu erhalten, die für die Prozeßkontrolle und -steuerung sowie für die Konzipierung der Technologie einer Anlage von Bedeutung sind.

Im folgenden werden die wichtigen unter dem Aspekt der Anwendung des Prinzips der Sedimentationsflockung aufgestellten Modellgleichungen nach bestimmten Gesichtspunkten geordnet wiedergegeben und bezüglich ihres Aussagevermögens kurz eingeschätzt. Dieses Modellgleichungen wurden entweder auf theoretischem Wege oder auf der Basis empirischer Befunde ermittelt und sind durch folgende Merkmale gekennzeichnet:

			Art der Parameter der Modellgleichung(en)
theoretisch abgeleitete Modellgleichungen	(A)	Ausgangsbetrachtung: Dissoziationsgleichgewicht flockbarer Wasser inhaltsstoffe	ausschließlich chemische Parameter
	(B)	Ausgangsbetrachtung: Kinetik der Flockenbildung	hauptsächlich physikalisch-hydrodynamische Parameter
	(C)	Ausgangsbetrachtung: elektrostatische Ladung flockbarer Wasserinhaltsstoffe	chemische u. physikochemische Parameter
empirisch ermittelte Modellgleichungen		Gl. basieren insbes. auf Untersuchungen über die Abhängigkeit des Reinigungseffektes oder einer adäquaten Größe von der Flockungsmitteldosis	vorrangig chemische Parameter

2.1. Modellgleichungen, die sich vom Dissoziationsgleichgewicht der durch Flockung eliminierbaren Wasserinhaltsstoffe ableiten

Derartige Modellgleichungen entwickelte ŽÁČEK (1965, 1975) für die Elimination von Huminsäure sowie von Protein. Der Autor geht davon aus, daß für die Ausflockung der beiden Substanzarten die Verringerung ihres Dissoziationsgrades entscheidend ist, dessen Größe die Ladung und damit die Stabilität dieser Stoffe im Wasser bedingt (vgl. 3.3.1.).

2.1.1. Ausflockung von Huminsäure

ŽÁČEK machte bei der Ableitung nachstehend angeführter Gleichungen 1···3 mehrere vereinfachende Annahmen:

- Die Dissoziation der phenolischen Gruppen der Huminsäure ist gegenüber der Dissoziation der Carboxylgruppen zu vernachlässigen.
- Alle Huminsäuremoleküle des betreffenden Wassers weisen die gleiche chemische Struktur auf.
- Die Huminsäure verhält sich wie eine einbasische Säure mit einer einzigen Dissoziationskonstante.

2.1.1.1. Flockung mit Metallsalz

Die Flockung im relativ stark sauren Milieu ist als optimal anzusehen, weil in diesem Fall die Huminsäurecarboxylgruppen schon vor der Flockungsmittelzugabe in nur geringem Maße dissoziiert vorliegen.

Bei Einsatz von Aluminiumsulfat lassen sich für den prozentualen Huminsäurerestgehalt Y des Reinwassers die Gln. (1) und (2) ableiten.

$$Y = \frac{K_1 \left(m - \frac{3D}{M}\right) \cdot 100}{m(K_1 + c_{H^+}) + \frac{3D}{M}(K_1' - K_1)} \quad \left(\text{Bedingung } m > \frac{3D}{M}\right) \tag{1}$$

$$Y = \frac{K_1 \cdot 100}{K_1 + \left(\frac{3D}{M} - m\right) \cdot 10^{-3}} \quad \left(\text{Bedingung } \frac{3D}{M} \gg m\right) \tag{2}$$

D — Flockungsmitteldosis (mg · l^{-1})
M — molare Masse des Flockungsmittels
K_1 — Dissoziationskonstante der Huminsäure

K' — Dissoziationskonstante der Kohlensäure für die 1. Stufe
m — Säureverbrauch (Alkalität) des Rohwassers ($mmol \cdot l^{-1}$)
C_{H^+} — Wasserstoffionenkonzentration des Rohwassers

2.1.1.2. Flockung (Fällung) mit Calciumionen im alkalischen Bereich

Wird die Huminsäure als Calciumhumat eliminiert und vorausgesetzt, daß deren Dissoziationskonstante wesentlich größer als die Wasserstoffionenkonzentration im Reinwasser ist, ergibt sich folgende Beziehung zwischen dem prozentualen Huminsäurerestgehalt Y und der bei der Flockung vorliegenden Calciumionenkonzentration $C_{Ca^{2+}}$:

$$Y = \frac{1}{C_0} \cdot \sqrt{\frac{L}{C_{Ca^{2+}}}} \tag{3}$$

C_0 — Huminsäurekonzentration des Rohwassers
L — Löslichkeitsprodukt des Calciumhumates: $C_{Ca^{2+}} \cdot C^2_{R-COO^-}$
RCOO⁻ — Huminsäureanion

2.1.2. Flockung von Protein mit Metallsalz

Gleichung (4), deren Aufstellung unter mehreren vereinfachenden Annahmen erfolgte, gibt die Abhängigkeit des prozentualen Proteinrestgehaltes Y im Reinwasser von der Wasserstoffionenkonzentration wieder, die von der angewandten Flockungsmittelmenge mitbestimmt wird. Gleichung (4) basiert auf den Gleichgewichtsreaktionen des amphoteren Proteins, dessen Ladung am isoelektrischen Punkt Null ist. Erhält das ungeladene Protein die Bezeichnung $NH_2-R-COOH$, können die vom pH-Wert abhängigen Gleichgewichtsreaktionen wie folgt formuliert werden:

a) $NH_2-R-COOH \rightleftharpoons NH_2-R-COO^- + H^+$ bei abnehmender Wasserstoffionenkonzentration

b) $NH_2-R-COOH \rightleftharpoons NH_3^+-R-COOH$ bei ansteigender Wasserstoffionenkonzentration

Gl. (4):
$$Y = \frac{\frac{K_1}{c_{H^+}} - c_{H^+} \cdot K_2}{\frac{K_1}{c_{H^+}} + K_2 \cdot c_{H^+} + 1} \cdot 100 \tag{4}$$

$$K_1 = \frac{C_{NH_2-R-COO^-} \cdot c_{H^+}}{C_{NH_2-R-COOH}}; \qquad K_2 = \frac{C_{NH_3^+-R-COOH}}{C_{NH_2-R-COOH} \cdot c_{H^+}}$$

Die Übereinstimmung der anhand der Modellgleichungen 1···4 errechneten Huminsäure- und Proteinrestkonzentrationen mit den Werten, die nach der Flockungsbehandlung entsprechender natürlicher Wässer ermittelt werden, ist nicht groß, d. h. die Gleichungen lassen nur halbquantitative Aussagen zu (ŽÁČEK, 1975). Die Modellgleichungen sind also nur wenig repräsentativ für den Prozeß der Ausflockung von Huminsäure und Protein.

2.2. Modellgleichung, die sich auf das elektrokinetische Potential von Wasserinhaltsstoffen bezieht

Während die Modellgleichungen 1···4 nur für spezielle Wasserinhaltsstoffarten (Huminsäure, Protein) gelten, ist dies bei der Gl. (5) (ŽÁČEK, 1975) nicht der Fall. In der letztgenannten Gleichung dient als Maß für den Reinigungseffekt das Verhältnis der elektrokinetischen Potentiale bzw. der elektrophoretischen Wanderungsgeschwindigkeiten, die die Wasserinhaltsstoffe nach und vor der Flockung aufweisen. Die Gleichung setzt somit voraus, daß der Reinigungseffekt umgekehrt proportional diesem Potentialverhältnis ist.

Nach ŽÁČEK existiert folgende Beziehung zwischen dem Potentialverhältnis, der Flockungsmitteldosis und der Höhe der Rohwasserbelastung:

$$\frac{\zeta}{\zeta_0} = \frac{A \cdot \sqrt[3]{A_0}}{B \cdot \sqrt[3]{D}} \tag{5}$$

ζ_0 — elektrokinetisches Potential der Inhaltsstoffe des Rohwassers
ζ — elektrokinetisches Potential der Inhaltsstoffe des Reinwassers
D — Flockungsmitteldosis
A_0 — Rohwasserbelastung bezüglich des verwendeten Bewertungskriteriums (z. B. *CSV*)
A, B — von der Rohwasserart abhängige Konstanten

Die Verwendbarkeit der Gl. (5) kann nur sehr begrenzt sein, da nur in wenigen Fällen bei der Flockung eine signifikante Korrelation zwischen der Verminderung des elektrokinetischen Potentials der Wasserinhaltsstoffe und dem Reinigungseffekt besteht.

2.3. Modellgleichungen, die auf der kinetischen Betrachtung des Flockungsprozesses basieren

Mehrere Autoren befaßten sich unter dem Aspekt mit der Kinetik der Flockenbildung, allgemeine Grundlagen für die Bemessung für Flockungsanlagen zu schaffen. Sie gehen davon aus, daß bei der Flockung die Phase der Transportvorgänge der geschwindigkeitsbestimmende Schritt und somit in erster Linie für die konstruktive Lösung einer Anlage ausschlaggebend ist.

Ferner wird als entscheidend für das Flockenwachstum lediglich der Teilchentransport durch Geschwindigkeitsgradienten — also durch Rührenergieeintrag — angesehen und die Brownsche Molekularbewegung vernachlässigt.

Den theoretischen Ableitungen der kinetischen Modellgleichungen liegt die Berechnung des Einflusses verschiedener Parameter auf die zeitliche Änderung der Anzahl der potentiell flockbaren Verschmutzungspartikel (Primärteilchen) nach dem Flockungsmittelzusatz zugrunde. Der durch die Flockung erzielbare Reinigungseffekt ergibt sich als Verhältnis von *Zahl der Partikel (Primärteilchen) im Rohwasser* zur *Zahl der Partikel (Primärteilchen) im Reinwasser*. Die ausschließlich kinetische Betrachtung des Flockungsprozesses bedingt, daß die Phase der Entstabilisierung der flockbaren Wasserinhaltsstoffe höchstens formal bzw. summarisch durch einen sogenannten Kollisionswirksamkeitsfaktor (α) berücksichtigt wird, der den Anteil der zum Flockenwachstum führenden Partikelzusammenstöße kennzeichnet und unter optimalen chemischen Bedingungen den maximalen Wert (1,0) erreichen kann. Demnach sind die kinetischen Modelle explizit lediglich auf physikalisch-hydrodynamische Parameter der Flockenbildung, nicht aber auf chemische Parameter orientiert. Eine Ausnahme bildet nur die Modellgleichung von Hedberg (Gl. 11), in der durch den Parameter K_R (s. Tab. 3) auch die Abhängigkeit des Reinigungseffektes von der Dosis des Sekundärflockungsmittels aktivierte Kieselsäure (d_{AK}) ausgewiesen wird. Die Einführung dieser chemischen Größe in die Gl. (11) beruht jedoch nicht auf theoretisch-kinetischen Betrachtungen, sondern auf empirisch ermittelten Befunden. Bei der Ableitung der Modellgleichungen wurde nicht nur der Einfluß der Brownschen Molekularbewegung vernachlässigt, sondern von den verschiedenen Autoren weitere vereinfachende Annahmen gemacht. Die Tab. 3 gibt die wichtigsten kinetischen Modellgleichungen wieder und Tab. 4 weist aus, welche Ausgangsbetrachtungen und hauptsächlichen Annahmen den Gleichungen zugrunde liegen. Wie sich beispielsweise zeigt, betrachten fast alle Autoren die aggregierenden Teilchen als kugelförmig.

Die Tab. 4 läßt erkennen, daß bei der Ableitung kinetischer Modelle insbesondere die Gleichung von Camp u. Stein (1943) für die Partikelkollisionshäufigkeit eine Rolle spielt:

$$N_F = \frac{1}{6} N_1 \cdot N_2 \cdot \overline{G} \cdot (d_1 + d_2)^3$$

N_F — Anzahl der Teilchenkollisionen pro Volumen- und Zeiteinheit (m^3, s) bei Energieeintrag

N_1, d_1 — Anzahl N_1 der Teilchen mit dem Durchmesser d_1(m) pro Volumeneinheit (m^3)

N_2, d_2 — Anzahl N_2 der Teilchen mit dem Durchmesser d_2 (m) pro Volumeneinheit (m^3)

$\overline{G}$ — mittlerer Geschwindigkeitsgradient (s^{-1})

Tabelle 3
Auf kinetischen Betrachtungen basierende Modellgleichungen für den Flockungsprozeß

Autor(en)	Modellgleichung(en)	Nr.	Geltungsbereich	Bemerkungen
HUDSON (1965)	$\frac{N_0}{N_t} = \exp \frac{\alpha \cdot \Phi \cdot \overline{G} \cdot t}{\pi}$	6a	Flockung im nicht durchflossenen, vollständig durchmischten Einzelreaktor (Füllreaktor, idealer diskontinuierlicher Rührkessel)	
	$\frac{N_0}{N_t} = \exp \frac{\alpha \cdot D \cdot \overline{G} \cdot t}{\pi \cdot S}$	6b		
HARRIS, KAUFMAN u. KRONE (1966)	$\frac{N_0}{N_t} = \exp K_A \cdot \Delta \cdot \overline{G} \cdot t \cdot N_0$ $K_A = \frac{\alpha + a^3 \cdot \Phi \cdot \overline{G} \cdot t \cdot \Delta}{\pi \cdot N_0}$ $\frac{N_0}{N_t} = \exp \frac{\alpha \cdot a^3 \cdot \Phi \cdot \overline{G} \cdot t \cdot \Delta}{\pi}$	7	dto.	nach ŽÁČEK [1] (1975) gilt für die Flockung mit der Kombination Metallsalz-Polymer die von der Gl. 7 formal abgeleitete Beziehung: $\frac{A_0}{Z} = \exp \frac{K_A \cdot D \cdot d \cdot \overline{G} \cdot t}{\mu}$ (13)
	$\frac{N_0}{N_t} = \left(1 + K_A \cdot \Delta \cdot \overline{G} \cdot N_0 \cdot \frac{t}{m}\right)^m$ $K_A = \frac{\alpha \cdot a^3 \cdot \Phi}{\pi \cdot N_0}$ $\frac{N_0}{N_t} = \left(1 + \frac{\alpha \cdot a^3 \cdot \Phi \cdot \Delta \cdot \overline{G}}{\pi} \cdot \frac{t}{m}\right)^m$	8	Flockung im kontinuierlich durchflossener Anlage, die m hintereinander liegende, gleichartige „Flockenbildungsreaktoren" (Flockungsbecken oder -kammern) enthält (Durchflußmischreaktorkaskade)	Gleichung gilt unter der Bedingung, daß der Energieeintrag $\overline{G}$ in allen Flockenbildungsreaktoren gleich ist. Maximale Reaktorenzahl der verwendeten Kaskade: 4
SOUČEK u. ŠINDELÁŘ (1967)	$\frac{N_0}{N_t} = \exp \frac{2}{3} \cdot k_1 \cdot k_2(\alpha - \Delta') \Phi \cdot \sqrt{\overline{G}^2} \cdot t$	9	Flockung im nicht durchflossenen, vollständig durchmischten Einzelreak-	

AGAMAN u. KAUFMAN (1970)	$$\frac{N_0}{N_t} = \frac{\left(1 + K_A \cdot \overline{G} \cdot \frac{t}{m}\right)^m}{1 + K_B \cdot \overline{G}^2 \cdot \frac{t}{m} \sum_{i=1}^{m-1} \left(1 + K_A \cdot \overline{G} \cdot \frac{t}{m}\right)^i}$$	10	Flockung im Durchflußmischreaktorkaskade Für $m = 1$ ergibt sich: $$\frac{N_0}{N_t} = \frac{1 + K_A \cdot \overline{G} \cdot t}{1 + K_B \cdot \overline{G}^2 \cdot t}$$ (Flockung im Durchflußmischreaktor)	Gleichung gilt unter der Bedingung, daß der Energieeintrag $\overline{G}$ in allen Flockenbildungsreaktoren gleich ist. Maximale Reaktorzahl der verwendeten Kaskade: 4 $K_A = K_F \cdot K_S \cdot K_P$ „Flockungskonstante“ $K_F = 3\alpha \cdot \Phi$ K_S Rührarmleistungszahl, ein die Rührordnung charakterisierender Leistungsparameter K_p Turbulenzenergiespektrumskonstante
HEDNERG (1976)	$$Z\,\%_i = \frac{100 - K_R}{100} \cdot Z\,\%_{i-1} \times \left(\frac{1 + K_B \cdot \frac{\overline{G}_i^{\,p}}{Z\,\%_{i-1}} \cdot R_i t}{1 + K_A \cdot \overline{G}_i \cdot R_i \cdot t}\right) + K_R$$	11	Flockung in Durchflußmischreaktorkaskade unter Einsatz von aktivierter Kieselsäure als Sekundärflockungsmittel	Maximale Reaktorzahl der verwendeten Kaskaden: 4–6 p Exponent für den Flockenzerfall: nach HEDBERG beträgt $p = 4/3$ K_R Faktor für Temperatureinfluß auf Flockenbildung und -sedimentation — empirische Größe $$K_R = K_{R10}\left(\frac{60}{42 \cdot 1{,}8\vartheta}\right) \times \left(1 + \frac{a}{(1 + b\vartheta)(1 + cd_{AK}^2)}\right)$$ K_{R10}, a, b, c Konstanten d_{AK} Dosis an aktiv. Kieselsäure ϑ Wassertemperatur (°C)

Tabelle 3 (Fortsetzung)

Autor(en)	Modellgleichung(en)	Nr.	Geltungsbereich	Bemerkungen
WIESMAN (1979) und REITER et al. (1979)	$Z = \frac{\frac{2\beta}{\beta - 1} \exp\left(\frac{B_0}{2}(1+\beta)\right)\left(1 - \frac{K_B \cdot \overline{G}}{K_A + K_B \cdot \overline{G}}\right)}{\left(\frac{1+\beta}{2} - \frac{1+\beta}{1-\beta}\right) \exp(B_0 \cdot \beta) + \frac{1-\beta}{2}} + \frac{K_B \cdot \overline{G}}{K_A + K_B \cdot \overline{G}}$ $\beta = \sqrt{\frac{4\,Ca(K_A + K_B \cdot \overline{G}) + B_0}{B_0}}$	12	Flockung im kontinuierlich durchflossenen Zylinderrührreaktor (Reaktor aus 2 koaxialen Zylindern; nicht durchflossener Innenzylinder fungiert als Rührer)	Hydrodynamik im Reaktor durch kolbenförmiges Strömungsprofil gekennzeichnet, dem eine axiale Rückvermischung überlagert ist.

Tabelle 4
Den kinetischen Ableitungen der Modellgleichungen zugrundeliegende Hypothesen

Autor(en)	Ausgangsbetrachtung(en)	Annahmen bezüglich		weitere Annahmen/Bemerkungen	Berücksichtigung chem. Einflußgrößen durch
		Teilchengröße, Teilchengrößenverteilung	Flockenform		
HUDSON (1965)	Gleichung von CAMP u. STEIN (1943): $N_F = \frac{1}{6} N_1 \cdot N_2 \cdot \overline{G}(d_1 + d_2)^3$	Größe der Primärteilchen gegenüber Flockengröße vernachlässigbar; Flocken von einheitlicher Größe (isodisperses System)	Kugeln	Flockenvolumen (Φ) proportional Flockungsmitteldosis (D)	Kollisionswirksamkeitsfaktor (α)
HARRIS, KAUFMAN u. KRONE (1966)	dto.	Primärteilchen von einheitlicher Größe; Primärteilchenvolumina und Kollisionsradien additiv; Größe der Partikel entspricht Verteilungsfunktion (poly-disperses System)	Kugeln gleicher Dichte	für die Kollision von Teilchen ist nicht ihr physikalischer, sondern der „Kollisionsradius" maßgebend; Betrachtung der Änderung der Zahl der Primärteilchen unter der Voraussetzung, daß jeweils nur 2 kollidieren; ab einer bestimmten Flockengröße tritt Flockenzerfall ein, wobei wieder Primärteilchen entstehen.	dto.

Tabelle 4 (Fortsetzung)

Autor(en)	Ausgangsbetrachtung(en)	Annahmen bezüglich		weitere Annahmen/Bemerkungen	Berücksichtigung chem. Einflußgrößen durch
		Teilchengröße, Teilchenverteilung	Flockenform		
SOUČEK u. ŠINDELÁŘ (1967)	dto.	Größe der Partikel entspricht Verteilungsfunktion (polydisperses System)	mehr oder weniger von Kugelform abweichend; für Kugelform ist der Formfaktor $K_2 = 6/\pi$	Rührenergiedissipation im Reaktor außer in unmittelbarer Rührernähe homogen	dto.
AGAMAN u. KAUFMAN (1970)	Vorgang der Flockenbildung durch „turbulente Diffusion" der Teilchen gekennzeichnet; charakteristisch für das turbulente Medium sind Wirbelbewegung und Turbulenzenergiespektrum; Änderung der Primärteilchenkonzentration bei der Flockung ergibt sich aus der Summe von Flockenbildung und -zerfall	Flockengröße $\gg$ Primärteilchengröße; Volumina der Flocken additiv	Kugeln	für die Partikelkollision ist die Größenordnung der turbulenten Geschwindigkeitsverteilung entscheidend; die Relativbewegung der Teilchen wird vor allem von Geschwindigkeitsgradienten verursacht, die die gleiche Größenordnung wie die Partikel aufweisen; beim Flockenzerfall werden Primärteilchen von der Flockenoberfläche abgetragen.	dto.

Hednerg (1976)	Gleichung von Camp und Stein (1943). Änderung der Primärteilchenzahl ergibt sich aus der Summe von Flockenbildung und -zerfall	Flockengröße $\gg$ Primärteilchengröße	(Kugeln)	Beim Flockenzerfall werden Primärteilchen von der Flockenoberfläche abgetragen	d_{AK} Konzentration der aktivierten Kieselsäure
Wiesmann (1979) und Reiter et al. (1979)	Stoffbilanz der Mikroflocken (Primärteilchen); bilanziert werden: — Geschwindigkeit von Flockenbildung und -zerfall (Gl. von Camp u. Stein) — axialer Transport durch Kolbenströmung — Strömung im „laminarzellularen" Bereich, der durch Mikrowirbel (Taylorwirbel) gekennzeichnet ist.	dto.	(Kugeln)	Voraussetzung: Flockenbildung erfolgt in einem Rührerdrehzahlbereich, in dem laminarzellulare Strömung herrscht.	—

Symbole zu Tab. 3 u. 4 siehe nächste Seite

a — Verhältnis des Kollisionsradius zum physikalischen Radius aggregierender Teilchen

A_0 — Rohwasserbelastung bezüglich des benutzten Bewertungskriteriums (z. B. CSV, Farbe, Trübung)

Bo — Bodensteinzahl; Maß für das Verhältnis von axialer Konvektion durch Kolbenströmung und axialer Rückvermischung

$$Bo = \frac{w \cdot L}{D_{ax}}$$

w Strömungsgeschwindigkeit L Länge des Reaktors
D_{ax} Koeffizient für die axiale Rückvermischung

D — Flockungsmittel(Metallsalz)dosis

d — Polymerdosis

$\bar{G}$ — mittlerer Geschwindigkeitsgradient (Rührenergieeintrag) $\bar{G} \cdot t = Ca$

$\sqrt{\bar{G}^2}$ — geometrisch gemittelte Energiedissipation (Rührenergieverbrauch); adäquat dem Geschwindigkeitsgradienten $\bar{G}$

i — Flockungsbecken-Nummer

k_1 — Energiedissipationskonstante; unterschreitet den Wert 1,0 wenn nicht die gesamte zugeführte Rührenergie kollisionswirksam wird. k_1 hängt von der Rührer- und Reaktorform ab.

k_2 — Konstante, die die Form der bei der Flockung entstehenden Aggregationen berücksichtigt (Formfaktor)

K_A — Flockenwachstumskonstante (Flockungsgeschwindigkeitskonstante)

K_B — Flockenzerfallskonstante

m — Anzahl der Flockungsbecken

N_0 — Anzahl der Partikel (Primärteilchen) im Rohwasser (Trübung, Trübstoffgehalt des Rohwassers)

N_t — Anzahl der Partikel (Primärteilchen) im Reinwasser (Trübung, Trübstoffgehalt des Reinwassers)

R_i — Verhältnis von Aufenthaltszeit des Wassers im Flockungsbecken i zur Gesamtaufenthaltszeit in der Kaskade

S — Al-Gehalt der Flocken

t — Flockungszeit, (mittlere) Gesamtaufenthaltszeit des Wassers in den m bzw. i Flockungsbecken

Z Reinwasserbelastung bezüglich des benutzten Bewertungskriteriums (z. B. CSV, Farbe, Trübung)

Z' — relative (dimensionslose) Trübungsstoffkonzentration des Reinwassers:

$$\frac{\text{Trübung bei Flockungsmittelzusatz}}{\text{Trübung ohne Flockungsmitteldosierung}}$$

$Z\,\%_i$ — Prozentuale Resttrübung des Reinwassers (Ablaufwasser des Flockungsbeckens i) nach Flockensedimentation

α — Kollisionswirksamkeitsfaktor (Anteil der zur Flockenvergrößerung führenden Partikel-Zusammenstöße, unter optimalen chemischen Flockungsbedingungen kann α den Wert 1,0 erreichen)

Δ, Δ' — Partikelgrößenverteilungskriterium

μ — Ionenstärke des Wassers

Φ — Volumenkonzentration der Flocken (Suspensa) (Anteil des Flockenvolumens an der Wasservolumeneinheit)

CAMP u. STEIN setzen danach während der Flockenbildung das Vorliegen eines binären Partikelsystems voraus.

Wie der Vergleich der Modelle 6···12 zeigt, macht HUDSON im Gegensatz zu den übrigen Autoren die sehr stark vereinfachende Annahme, daß während der Flockenbildung stets ein annähernd isodisperses Partikelsystem vorliegt und keinerlei Flockenzerfall stattfindet. Allerdings berücksichtigen HARRIS et al. sowie SOUČEK u. ŠINDELÁŘ den Flockenzerfall auch nur indirekt durch die Einführung eines Partikelgrößenverteilungskriteriums. Erst ARGAMAN u. KAUFMAN, HEDBERG sowie WIESMANN und REITER et al. weisen den Flockenzerfall direkt durch das Einführen einer Zerfallskonstante aus.

Die Größen, die die Modelle für die Konzipierung der Technologie einer Anlage explizit enthalten, sind der Energieeintrag und die Aufenthaltszeit im Flockungsbecken sowie bei den Modellen für kontinuierlich betriebene konventionelle Flockungseinrichtungen auch die Anzahl der Flockungskammern. Die kinetischen Modellgleichungen lassen erwartungsgemäß den starken Einfluß des Rührenergieeintrages ($\overline{G}$, $\overline{G} \cdot t$) auf den Flockungseffekt erkennen. Berücksichtigt man, daß in der Gleichung von ARGAMAN u. KAUFMAN in die Konstante K_A auch die Flockenvolumenkonzentration Φ eingeht, so verdeutlichen die Gleichungen 6···10 auch den effektverbessernden Einfluß von Φ. Das entspricht den Erwartungen, wenn man die Flockungsmitteldosis als ausschlaggebend für Φ ansieht, es zeigt aber auch die positive Wirkung einer Flockenschlammanreicherung. Die Gln. (8), (10) und (11) legen außerdem dar, daß bei kontinuierlich betriebenen konventionellen Flockungsanlagen mit Zunahme der Kammerteilung der Anlagen (Mehrkammerprinzip) bzw. der Anzahl der Flockungsbecken die Leistung sehr stark ansteigt. Das Aussagevermögen der kinetischen Modellgleichungen wird dadurch eingeschränkt, daß sich einmal bestimmte als Konstanten angeführte Größen während der Flokkung mehr oder weniger stark ändern (beispielsweise Δ, Δ') und zum anderen — wie Autoren durch Versuche teilweise selbst feststellten — ein dem Reinigungsgrad beeinflussender Parameter in starkem Maße von der Größe eines anderen Parameters abhängen kann. Zum Beispiel verringert sich Φ mit der Zunahme von $\overline{G}$, da der Wassergehalt der Flocken mit ansteigendem $\overline{G}$ sinkt. Die betreffenden Modellgleichungen sollten deshalb um eine Schlammdichtefunktion erweitert werden; als erste Ansätze zur Einbeziehung der Flockenschlammdichte bei der Ableitung kinetischer Modelle können die theoretischen und experimentellen Untersuchungen von TAMBO u. WATANABE (1979) gelten. Ferner hängen die Konstanten Δ, Δ', K_A und K_B von $\overline{G}$ bzw. $\overline{G} \cdot t$ ab. Derartige Abhängigkeiten bedingen auch, daß sich der Reinigungseffekt nicht wie in den Gln. (6)···(9) ausgewiesen stetig mit der Zunahme von $\overline{G}$ verbessert, sondern daß eine Steigerung des Effektes durch eine Erhöhung von $\overline{G}$ nur bis zu einem bestimmten Gradientengrenzbereich möglich ist, nach dessen Überschreiten der Eliminationsgrad abnimmt.

Trotz der dargelegten Mängel der kinetischen Modellgleichungen können diese für die Optimierung von Flockungsprozessen in der Phase der Flockenbildung (Transportvorgänge) von nicht unerheblicher Bedeutung sein, wenn

1. die Beschaffenheit des zu behandelnden Wassers nur relativ geringen Schwankungen unterworfen ist und damit solche Einflußgrößen wie Flockenvolumenkonzentration und Zusammensetzung der Flocken weitgehend gleichbleiben.
2. Der Geltungsbereich der Modellgleichung bekannt ist oder ermittelt wird.

Daß unter den genannten Voraussetzungen kinetische Modellgleichungen repräsentativ für den Flockenbildungsprozeß sein können, beweisen die Befunde von Hudson, Harris et al., Argaman u. Kaufman, Hedberg und Wiesmann sowie Reiter et al. Diese Autoren prüften die Gültigkeit ihrer Gleichungen durch relativ umfassende experimentelle Untersuchungen. Dabei wurden silikatischen Trübstoff enthaltende Modellwässer (Harriz et al., Argaman u. Kaufman) sowie natürliches und/oder simuliertes Flußwasser (Hudson, Hedberg, Reiter et al.) verwendet. Als Flockungsmittel kam vor allem Aluminiumsulfat zum Einsatz. Hedberg sowie Reiter et al. und Wiesmann benutzten Metallsalz-Polymer-Kombinationen. Im Gegensatz zu den anderen Autoren führte Hedberg die Prüfungen auch an Pilot- und Großanlagen durch. Bewertungskriterium für den Flockungseffekt war die Relation zwischen dem Trübstoffgehalt vor der Flockung und dem Trübstoffgehalt nach der Flockung. Diese Relation betrachtete man als adäquat dem Verhältnis von der Partikelzahl im Rohwasser zur Partikelzahl im Reinwasser. Nach Hudson und Harris et al. stimmten die Gl. (6), (7) und (8) relativ gut mit den Ergebnissen der experimentellen Untersuchungen überein. Die von Harris et al. theoretisch berechnete Flockengrößenverteilung (Δ) war ähnlich der experimentell bestimmten Verteilung. Mittels der Gl. (10) können nach Argaman u. Kaufman Daten erhalten werden, die unmittelbar für den Betrieb von Großanlagen verwertbar sind. Die Bestimmung der Konstanten K_A und K_B erfolgt in einer Laboranlage unter Einsatz des betreffenden Rohwassers sowie der vorgesehenen Flockungsmittelart und -menge. Die hydrodynamischen Verhältnisse in der Laboranlage sollen denen in der Großanlage weitgehend ähnlich sein. Eine gute oder zufriedenstellende Übereinstimmung zwischen dem Modell und den experimentellen Befunden konstatierten auch Hedberg, Wiesmann und Reiter et al.

Die Untersuchungen von Wiesmann und Reiter et al. mit einem aufwärts durchströmten — d. h. vertikal angeordnetem — Zylinderrührerreaktor, dem ein Mischreaktor vor- und ein Absetzbecken nachgeschaltet waren, sind hinsichtlich der Verfahrenstechnik der Flockungsbehandlung von besonderer Bedeutung. Mit dem Zylinderrührreaktor, der für die Wasserbehandlung durch Flockung bisher noch nicht genutzt wurde, läßt sich ein enges Verweilzeitspektrum erreichen. Der Reaktor ist durch geringes Volumen sowie kleinräumige Strömungen gekennzeichnet und weist somit nicht die Nachteile der großräumigen Strömungen in den konventionellen Flockungsanlagen (mit oder ohne Flockenanreicherung) auf. Der Energieeintrag ist etwa um das zehnfache geringer als in den konventionellen Anlagen; die Verweilzeit verkürzt sich im noch wesentlich stärkerem Maße. Unter optimalen Betriebsbedingungen erreichte der von WIESMANN und REITER et al. getestete Zylinderrührerreaktor die Leistung einer Durchflußmischreaktorkaskade mit 25 Stufen. Die Autoren benutzten bei ihren Untersuchungen ein natürliches und ein simuliertes Flußwasser. Letzteres bestand aus einem mit 0,1 Vol.-% Magermilch versetztem Leitungswasser. Als Flockungsmittel kam Eisen(III)-chlorid in Kombination mit einem anionischen organischen Polymer zum Einsatz. Die Dosierung des Metallsalzes erfolgte in einem dem Zylinderrührerreaktor vorgeschalteten Mischreaktor, der Polyelektrolyt wurde unmittelbar vor Eintritt des Wassers in den Zylinderrührerreaktor zugesetzt.

Hydrodynamische Grundlagenuntersuchungen mit einem horizontal angeordneten Laborzylinderrührerreaktor, dessen Außenzylinder rotierte und dessen Innenzylinder unbewegt war, führten IVES u. BHOLE (1975, 1977) durch. Im Rahmen dieser Versuche prüften sie auch die Elimination von Quarzit bzw. Bentonit aus Modellwässern nach Aluminiumsulfatzusatz und leiteten dafür eine Modellgleichung ab.

2.4. Empirische ermittelte Gleichungen

Die in den Abschnitten 2.1.···2.3. angeführten Gln. (1)···(11) basieren ohne Ausnahme auf theoretischen Erwägungen und stellen Funktionen dar, welche eine hyperbolische, exponentielle oder parabolische Abhängigkeit des Flokkungseffektes von den übrigen Variablen ausweisen. Daneben existiert noch eine größere Anzahl meist einfacher Gleichungen, denen ausschließlich empirische Befunde zugrunde liegen, die bei der Wasseraufbereitung mit Metallsalzen erhoben wurden. Die auf empirischem Wege erhaltenen Gleichungen geben im allgemeinen nur die Beziehung zwischen zwei Variablen wieder; der einfluß anderer Faktoren wird lediglich summarisch durch 1···3 Konstanten erfaßt. Die Kenntnis solcher Beziehungen kann für die Steuerung und die Kontrolle eines Flockungsprozesses von erheblicher Bedeutung sein. Im einzelnen handelt es sich um Gleichungen mit folgenden Variablen:

Flockungsmittelmenge — Restbelastung

Žáček (1975) ermittelte folgende mögliche Beziehungen zwischen der Flockungsmitteldosis D und dem Bewertungskriterium für die Restbelastung Z_R des Reinwassers:

$$D = \frac{A}{Z_R} - B \qquad (13) \qquad\qquad D = \sqrt[n]{\frac{A}{Z_R}} \qquad (14)$$

$$D = -\frac{1}{k} \ln \left(\frac{Z_R}{A}\right) \qquad (15)$$

Die Größe der Konstanten A, B, n und k hängt von der Höhe der Rohwasserbelastung, dem Salzgehalt, dem Säureverbrauch und anderen Faktoren ab.

Optimale Flockungsmittelmenge — Rohwasserfärbung

Nach Kljatschko (zit. von Žáček, 1975) besteht zwischen der Rohwasserfarbe (Farbgrad) F_0 und der optimalen Flockungsmittelmenge D_{opt} die Beziehung

$$D_{opt} = K\sqrt{F_0}. \qquad (16)$$

Eine derartige exponentielle Beziehung existiert nach Kljatschko auch bezüglich D_{opt} und der Trübung (mg · l^{-1} SiO_2).

Flockungsmittelmenge — Humin(Fulvo-)säurekonzentration im Roh- und Reinwasser

Wie Fichtner u. Walther (1974) zeigten, entspricht beim Einsatz von Aluminiumsulfat oder Eisen(III)-chlorid die Abhängigkeit der 3 Größen Flokkungsmitteldosis D, mit D erzielbare Fulvosäurerestkonzentration C_R und Fulvosäurekonzentration C_0 des Rohwassers der Gleichung:

$$D = x + y \cdot C_R + z \cdot C_R^{-k} \cdot C_0. \qquad (17)$$

Die Größe der Konstanten x, y, z und k wird in erster Linie durch die Art der Fulvosäure bestimmt. Nähere Ausführungen zur Gl. (17) finden sich im Abschnitt 3.4.1.1.

Optimale Flockungsmittelmenge — Ladung der Verschmutzungskolloide — Rohwasseralkalität

Kawamura und Hanna (1966) geben an, daß sich beim Vorliegen geeigneter Rohwässer die optimale Aluminiumsulfatdosis D_{opt} anhand der Beziehung (18) bestimmen läßt:

$$D_{\text{opt}} = K_1 \cdot S + K_2 \cdot C_L^{n'} \quad (18)$$

S — Säureverbrauch (Alkalität) des Rohwassers
C_L — Größe der mit dem Kolloidtitrationsverfahren ermittelten Ladung der kolloidalen bzw. makromolekularen Wasserinhaltsstoffe.

Entscheidend für die Größe der Konstanten K_1, K_2 und n' ist insbesondere die Art der Rohwasserbelastung.

Flockungsmittelrestgehalt — Flockungsmittelmenge

Für die Beschreibung der Abhängigkeit des Al-Rest-Gehaltes des Reinwassers von der angewandten Aluminiumsulfatdosis D kommen nach ŽÁČEK (1975) 2 Gleichungen in Frage:

$$Z_{\text{Al}} = A \cdot D^n \qquad (D > D_{\text{opt}}) \quad (19)$$

$$Z_{\text{Al}} = k \cdot D^2 \cdot e^{-k_1 \cdot D^2} \qquad (D < D_{\text{opt}}) \quad (20)$$

(Konstanten n, k, k_1)

Flockenbildungsgeschwindigkeit — Flockungsmittelmenge

Die Zeitspanne t zwischen der Flockungsmittelzugabe und dem Beginn des Auftretens sichtbarer Flocken vermindert sich erwartungsgemäß mit zunehmender Flockungsmitteldosis D. Nach ŽÁČEK (1975) gilt:

$$\log t = \log K' \cdot n \cdot \log D \quad (21)$$

Die Größe der Konstante K' wird vor allem von der Temperatur des Rohwassers, aber auch vom Salzgehalt und dem pH-Wert beeinflußt.

Die Modellgleichungen (1)···(21) beziehen sich vorrangig auf die Behandlung von Oberflächen- bzw. Grundwasser und beschränken sich entweder auf einzelne Teilphasen der Flockung oder nur auf Teilaspekte eines bestimmten Eliminationsprozesses. Die angeführten Gleichungen stellen ohne Ausnahme Teilmodelle dar. Umfassendere und allgemeingültigere Modelle, die alle für die Steuerung oder die Projektierung von Flockungsanlagen erforderlichen funktionellen Beziehungen enthalten und unmittelbar praktisch benutzt werden können, existieren auf Grund der Vielzahl der die Flockungsprozesse beeinflussenden Faktoren nicht. Derartige weitgehend universell einsetzbare Modelle sind mit Sicherheit für Oberflächen- und Abwässer mit heterogener und wechselnder Zusammensetzung auch in Zukunft nicht zu erwarten. In der Regel wird man somit wie bisher im Einzelfall die Flockung mehr oder weniger als „black box" zu betrachten haben und mit erheblichem experimentellen

Aufwand — insbesondere Labor- und kleintechnische Versuche — die funktionellen Beziehungen zwischen den wichtigen Einfluß- und Zielgrößen ermitteln müssen. Bei der Erarbeitung solcher „fallspezifischen Modelle" können die statistischen Methoden der Versuchsplanung und -auswertung ein wertvolles Hilfsmittel sein (CLAUS et al., 1979).

Literatur

ARGAMAN, Y., u. W. J. KAUFMAN: Turbulence and flocculation. J. Sanitary Eng. Div. **96**, (1970), 223—241. (s. auch: ARGAMAN, Y.: Pilot-Plant studies of flocculation. J. Amer. Water Works Assoc. **63**, (1971), 775—777).

CAMP, T. R., u. P. C. STEIN: Velocity gradients and internal work in fluid motion. J. Boston Soc. Civil Engineers. **30**, (1943), 219—237.

CLAUS, E.; H. KITTNER u. R. MAY: Methoden der statistischen Versuchsplanung zur Bestimmung funktioneller Zusammenhänge bei Prozessen in der Wasseraufbereitung, Wasserwirtsch. — Wassertechn. **29**, (1979), 134—138.

FICHTNER, N., u. H.-J. WALTHER: Untersuchungen über die Elimination einer Moorwasser-Fulvosäure und von Ligninsulfosäure durch Aluminiumsulfat und Eisen(III)-chlorid (1975). Unveröff.

HARRIS, H. S., W. J. KAUFMAN u. R. B. KRONE: Orthokinetic flocculation in Water purification. J. Sanitary Eng. Div. **92**, (1966), 95—111.

HEDBERG, T.: "*Flocculation, Sedimentation and Filtration. — A technical and economic analysis of water treatment.*" Chalmers University of Technology — Div. of Water Supply and Sewarage, Göteborg **1976**.

HUDSON, H. E.: Physical aspects of flocculation. J. Amer. Water Works Assoc. **57**, (1965), 885—892.

IVES, K. J., u. A. G. BHOLE: Study of flowthrough couette flocculators — I. Design for uniform and tapered flocculation. Water Research **9**, (1975), 1085—1092.

IVES, K. J., u. A. G. BHOLE: Study of flowthrough couette flocculators — II. Laboratory studies of flocculation kinetics. Water Research **11**, (1977), 209—215.

KAWAMURA, S., u. G. P. HANNA: Coagulant dosage control by colloid titration technique. Proceedings 21st Industrial Waste Conference Purdue Univ. (1966), 381—402.

REITER, M., M. SCHMIDT u. U. WIESMANN: Flockulation im durchströmten Zylinderrührer — Teil 2. Gas- und Wasserfach, Ausg. Wasser — Abwasser **120**, (1979), 176 bis 182.

SOUČEK, J., u. J. ŠINDELÁR: The use of a dimensionsless criterion in the characterization of flocculation. Výzkumný Ústav Vodohospodárský, Prace a Studie, Heft 119, Praha 1967.

TAMBO, N., u. Y. WATANABA: Physical characteristics of floos — I. The floc density function and aluminium floc. Water Research **13**, (1979), 409—419.

TAMBO, N., u. Y. WATANABE: Physical aspects of flocculation — I. Fundamental treatise. Water Research **13**, (1979), 429—439.

WIESMANN, U.: Flockulation im durchströmten Zylinderrührer — Teil 1. Gas- und Wasserfach, Ausg. Wasser — Abwasser **120**, (1979), 126—137.

ŽÁČEK, L.: Teorie čiřeni huminových a proteinových vod (Theorie der Flockungsbehandlung humin- und proteinhaltigen Wassers). Vodni Hospodarstvi (Reihe B) **15**, (1965), 107—109.

ŽÁČEK, L.: Zjednodušený matematický model koagulačních procesů probinajících prí upravě vody (Vereinfachtes mathematisches Modell des Koagulationsprozesses bei der Wasseraufbereitung). Vyzkumný Ustav Vodohospodársky Práce a Studie, Heft 137, Praha 1975.

ŽÁČEK, L. [1]: Výsledky technologických zkoušek a návrh technologie úpravy vody (Resultate technologischer Versuche und Entwurf für die Wasseraufbereitungstechnologie). In: Hydrochemia '75, S. 249—265, Bratislava 1975.

Kapitel 3:

Elimination von Huminsäure und Ligninsulfosäure durch Flockung

Bei der Aufbereitung von Oberflächen- und Grundwasser sowie von Uferfiltrat spielt die Elimination der farbgebenden, echt oder kolloidal gelösten organischen Inhaltsstoffe, die die Wasserqualität mindern und biochemisch schwer abbaubar sind, eine große Rolle. Summarisch gesehen bilden die Huminsäure und die Ligninsulfosäure den Hauptanteil an diesen Inhaltsstoffen. Über die Verminderung der Farbe von Wässern durch Flockungsmittel liegen zahlreiche Veröffentlichungen vor. Das Bewertungskriterium ***Farbe*** (***Farbgrad***) ist aber naturgemäß nur eine der Summe der organischen und anorganischen farbgebenden Verbindungen adäquate Größe. Im folgenden wird deshalb entsprechend der Zielstellung der vorliegenden Publikation lediglich auf die Ergebnisse substanzspezifischer Untersuchungen über die Elimination von Huminsäure und Ligninsulfosäure eingegangen und nur solche Befunde dargelegt, die grundlegende bzw. mehr oder weniger verallgemeinerbare Aussagen zulassen. Die Anzahl entsprechender Veröffentlichungen ist relativ gering.

3.1. Allgemeines über die Belastung von Wässern durch organische farbgebende Substanzen

Oberflächenwässer und Uferfiltrat enthalten nicht selten sowohl Huminsäure als auch Ligninsulfosäure, mit organischer farbgebender Substanz belastete Grundwässer dagegen meist nur Huminsäure. Huminsäure gelangt durch Auslaugung des Bodens in das Wasser; der Ligninsulfosäuregehalt ist durch das Einleiten von Abwässern der Zellstoffindustrie in den Vorfluter bedingt.

Insbesondere in Oberflächenwässern können neben Humin- und Ligninsulfosäure noch andere organische Pigmente vorkommen, die ebenfalls eine braune bis gelbe Färbung hervorrufen: Phlobaphene, Melanine und Melanoide, Phytomelane und Urochrome. Außerdem vermögen phenolhaltige Industrieabwässer in Oberflächenwässern eine gelb-braune Färbung zu verursachen. Den Humin- und Ligninsulfosäuren sowie den oben genannten weiteren farbgebenden Substanzen liegt insofern die gleiche Fundamentalstruktur zugrunde, als sie Polyphenolkondensate oder Derivate davon darstellen (CHALUPA, 1968). In der Literatur finden sich nur relativ wenige Angaben über die Huminsäure- und Ligninsulfosäurekonzentration von Wässern. EBERLE u. SCHWEER (1973) ermittelten unter Anwendung einer Flüssig-Flüssig-Extraktionsmethode sowohl den Huminsäure- als auch den Ligninsulfosäuregehalt des Rheins bei Karlsruhe und stellten fest, daß die Gesamtkonzentration an beiden Säuren im Bereich von 3···6 mg · l^{-1} liegt und etwa 20% davon durch Huminsäure, der Rest durch Ligninsulfosäure bedingt ist; die Konzentration von 3···6 mg · l^{-1} macht 20···40% des Gehaltes an organisch gebundenem Kohlenstoff aus. Nach den Befunden von HABERER u. NORMANN (1976) beträgt im Rhein bei Wiesbaden der Anteil der Huminsäure an der Konzentration des organisch gebundenen Kohlenstoffs 5···11%; der Anteil der Ligninsulfosäure 7···16%. In mehreren nordamerikanischen Flüssen wurden Huminstoffkonzentrationen von 8···40 mg · l^{-1} bestimmt (BLACK u. CHRISTMAN, 1963; PACKHAM, 1964). BILOZOR (1979) konnte in den Proben von 7 polnischen Oberflächenwässern Huminstoffgehalte von 3,7···4,4 mg · l^{-1} und in 10 Grundwasserproben 2,1···255 mg · l^{-1} Huminstoffe nachweisen. Auch in der DDR ist die Belastung mancher Oberflächenwässer und Uferfiltrate durch organische farbgebende Substanzen hoch. In Tab. 5 sind einige Flüsse angeführt, deren organische Be-

Tabelle 5
Gehalt an farbgebenden Inhaltsstoffen und CSV-Mn-Gehalt verschiedener Flüsse

Kriterium	Fluß (Probenahmeort)		
	Ohre (Uthmöden)	Warnow (WW Rostock)	Elbe (Dresden, WW Saloppe)
Huminsäuregehalt mg · l^{-1})	3···7	(s. *CSV*-Mn)	vorhanden, aber nicht quantitativ bestimmt
Ligninsulfosäuregehalt (mg · l^{-1})	—	—	7···20
CSV-Mn (mg · l^{-1} O_2)	20···50	20···50 (80···90% des *CSV* durch Huminsäure bedingt)	50···80
Farbgrad (mg · l^{-1} Pt)	8···70	20···40	40···55
Autor	KLAPPER et al. (1960)	KEIL et al. (1963)	HUHN (1961)

lastung in bestimmten Abschnitten zu einem großen Teil durch farbgebende Verbindungen verursacht wird.

Die steigende Nutzung von Oberflächenwasser für Trink-, aber auch für die Betriebswasseraufbereitung macht in zunehmendem Maße die Entfernung organischer farbgebender Inhaltsstoffe notwendig. Die Forderung nach einer weitgehenden Elimination ist nicht nur auf die Beeinträchtigung des Aussehens des Wassers zurückzuführen. Huminsäure und Ligninsulfosäure können auch den Geschmack des Wassers verändern, durch Chelatbildung das Enteisenungs- und Entmanganungsverfahren stören und die Verwendung des Wassers insbesondere für die Reinigung von Textilien verhindern. Darüber hinaus verursachen huminsäurehaltige Wässer Rohrnetzverkeimungen. Eine unmittelbare Gefährdung der Gesundheit von Mensch und Tier durch die Aufnahme von Wasser, das organische farbgebende Substanzen der genannten Arten enthält, besteht nicht. Allerdings können farbgebende Substanzen indirekt schädigend wirken. Beispielsweise fungiert Huminsäure als „Schlepper" für Pestizide (Wershaw et al., 1969) und auf Grund ihres Komplexbildungsvermögens auch für toxische Schwermetalle wie Blei, Quecksilber und Zink (Klöcking, 1972; Benes et al., 1976). Weiterhin bildet Fulvosäure (s. u.) mit den toxischen Alkylphthalaten, die im Abwasser mehrerer Industriezweige enthalten sind, Komplexe (Ogner u. Schnitzer, 1970). Bei der Chlorung von huminsäurehaltigem Wasser entsteht neben anderen „Haloformen" das toxische Chloroform (s. z. B. Rook, 1977). Vermutlich nimmt das Ausmaß der Haloformbildung mit anteigender Molmasse des Huminstoffes zu (Bilozor, 1979).

3.2. Kurze Charakterisierung von Humin- und Ligninsulfosäure

Humin- und Ligninsulfosäure stellen stets Gemische von Verbindungen mit unterschiedlicher Molmasse dar. Beide Substanzen können im Wasser sowohl in vorwiegend kolloidaler Form als auch weitgehend echt gelöst vorliegen. Die Lösungsart wird vom jeweiligen Molmassenverteilungsspektrum und von der speziellen chemischen Konstitution — unter anderem von der Anzahl der dissoziationsfähigen funktionellen Gruppen — der betreffenden Verbindungen bestimmt. In der Regel ist der spezifische Farbwert (mg Pt/mg Substanz) von Huminsäuren größer als der von Ligninsulfosäuren.

Meist werden die Bezeichnungen Huminsäuren und Huminstoff im gleichen Sinne verwendet und diese Substanzen somit als weitgehend identisch angesehen. Unter dem chemischen Aspekt sind die Huminsäuren aber lediglich eine Fraktion der Huminstoffe. Letztere entstehen beim mikrobiologischen Abbau der postmortalen Substanz pflanzlichen und tierischen Ursprungs und bilden die weitgehend stabilen Endprodukte dieses Abbaues. Die Huminstoffe stellen hochmolekulare, auf Grund ihres Gehaltes an Carboxyl- und Hydroxylgruppen schwach anionische Polyelektrolyte dar, die ein aromatisches Grundgerüst und chelatbildende Eigenschaften besitzen. Die Dissoziationskonstanten der Carboxylgruppen liegen im Bereich von $10^{-2} \cdots 10^{-5}$, die der Hydroxylgruppen zwischen 10^{-9} und 10^{-10}. Die Farbintensität von Huminstofflösungen nimmt mit ansteigendem pH-Wert zu. Vereinbarungsgemäß werden die Huminstoffe in Huminsäuren, Fulvosäuren und Hymatomelansäuren unterteilt. Die Gruppe der Huminsäuren läßt sich noch weiter in Grau- und Braunhuminsäuren trennen. Wesentliches Unterscheidungsmerkmal zwischen den genannten Fraktionen sind neben ihrer Farbe vor allem ihr unterschiedliches Löslichkeitsverhalten in Wasser, Ethanol, Säuren und Laugen (s. Abb. 8).

Neben dem geschilderten klassischen Einteilungsprinzip gibt es für die Huminstoffe noch zahlreiche andere Fraktionierungs- bzw. Unterscheidungsmöglichkeiten (Dünnschichtchromatographie, Säulenchromatographie, Gelfiltration etc.), die jedoch bis jetzt die Verwendung des klassischen Schemas nicht abgelöst haben.

In den Oberflächen- und Grundwässern sind von den Huminstofffraktionen auf Grund der guten Wasserlöslichkeit vor allem die Fulvosäuren zu erwarten. Die bestätigten die Untersuchungen von Black u. Christman (1963) sowie von Packham (1964), die die Zusammensetzung der Huminstoffe zahlreicher Wässer bestimmten. Wie die Autoren feststellten, bestanden etwa 90% der Huminstoffe aus Fulvosäuren. Bilozor (1979) ermittelte in 12 Oberflächen- und Grundwasserproben Fulvosäureanteile von 66···100% des Huminstoffgehaltes. In Grundwässern der Miozänschicht (6 Proben) fand Bilozor dagegen Fulvosäureanteile von nur 1,2···10%. Die weitgehende Wasserlöslichkeit der Fulvosäuren ist dadurch bedingt, daß diese auch als Huminsäurevorstufen bezeichneten Säuren einerseits mehr Carboxylgruppen und andererseits eine geringere Teilchengröße als die übrigen Huminstoffanteile besitzen. Für die mittleren Molmassen der Fulvosäuren werden meist die Bereiche von $3 \cdot 10^3 \cdots 6 \cdot 10^3$ bzw. $2 \cdot 10^3 \cdots 9 \cdot 10^3$ g · mol^{-1} angegeben (Rüffer et al., 1973; Wildenhain, 1969). Die Fulvosäuren haben einen Kohlenstoffgehalt von 43···52%. Die $\overline{M}$-Werte der niedermolekularen Fulvosäureanteile liegen unter 10^3 g · mol^{-1} (Scheffer u. Schlüter, 1959; Atherton et al., 1967). Bezüglich der Huminstoff-Fraktion Huminsäuren finden sich in der Literatur Werte im Bereich von $25 \cdot 10^3 \cdots 30 \cdot 10^3$ g · mol^{-1} und darüber (Wildenhain, 1969). Zum Teil wird in folgendem dem allgemeinen Sprachgebrauch entsprechend die Bezeichnung Huminsäure(n) oft auch für die Fulvosäure(n) verwendet.

Ligninsulfosäuren bilden sich bekanntlich beim Aufschluß des Holzes mittels des Sulfitverfahrens, wobei das Lignin in die lösliche Ligninsulfosäure überführt wird und sich dadurch von der unlöslichen Zellulose abtrennen läßt. Das Lignin stellt die durch Säure im wesentlichen nicht hydrolysierbare polymere

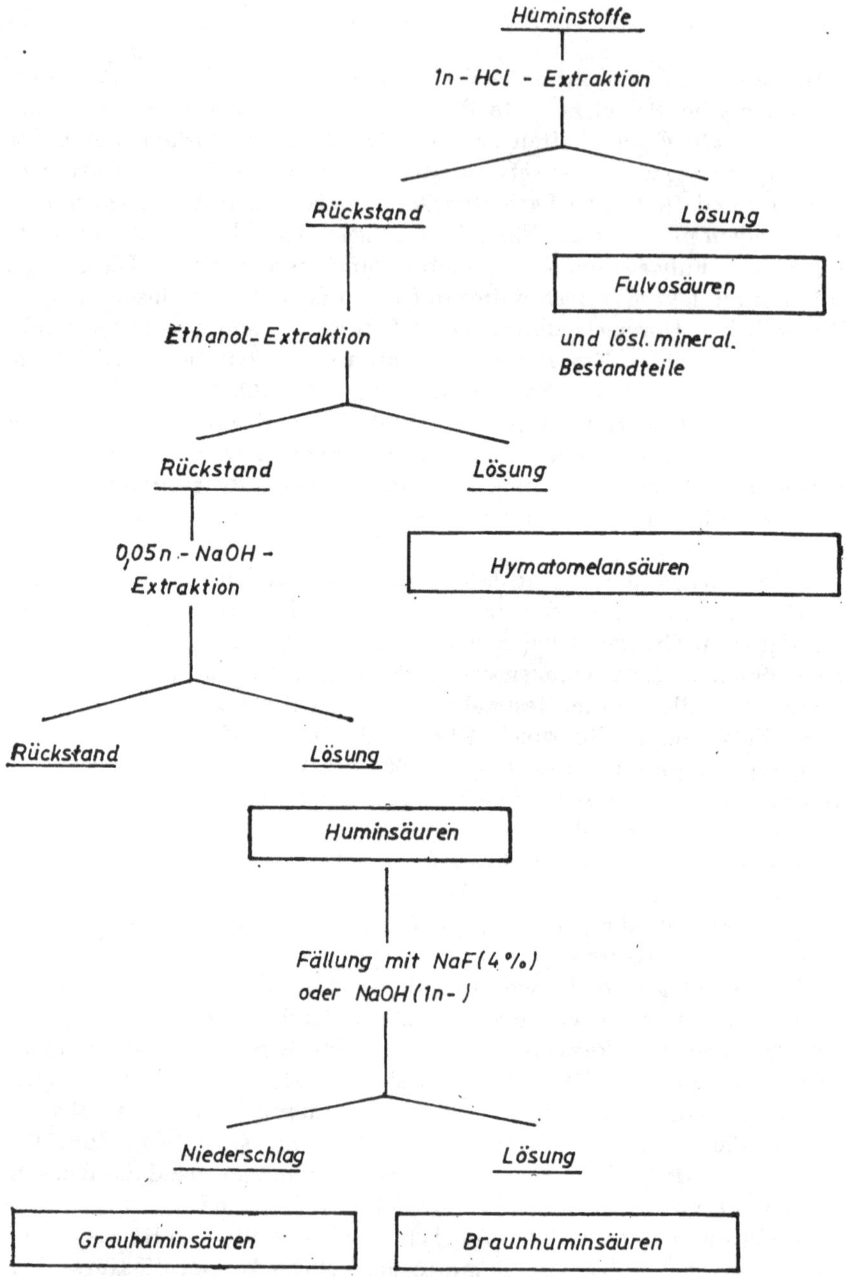

Abb. 8: Fraktionierungsschema für die Huminstoffe.
(Von v. HARPE u. EICHELSDÖRFER, 1974.)

inkrustierende Substanz des Holzes dar und ist aus methoxylhaltigen Phenylpropaneinheiten aufgebaut, die durch Etherbindungen verknüpft sind. Die von verschiedenen Autoren für Ligninsulfosäuren angegebenen $\overline{M}$-Werte bzw. $\overline{M}$-Wert-Bereiche weisen oft sehr große Unterschiede auf. Insgesamt gesehen werden Werte von mehreren Hundert bis über Hunderttausend angeführt (s. z. B. Benko, 1961, 1964; Forss u. Stenlund, 1969; Schotton et al., 1972). Für die Tatsache, daß die ermittelten Molmassenbereiche außerordentlich stark voneinander abweichen können, kommen zwei Ursachen in Frage, nämlich die Abhängigkeit der Molmassenverteilung von den Aufschlußbedingungen und die Störanfälligkeit der Molmassenbestimmungsmethoden. Sowohl die Dauer des Aufschlußprozesses als auch der angewandte Druck und der pH-Wert der Kochlauge beeinflussen den $\overline{M}$-Wert. Dieser nimmt im Verlauf des Prozesses zu. Benko (1961) stellte während einer 10stündigen Behandlung von Fichtenholz mit Calciumhydrogensulfit einen Anstieg der Molmasse von $1{,}47 \cdot 10^3$ auf $5{,}5 \cdot 10^3$ g · mol^{-1} fest. Wahrscheinlich überschreiten die Molmassen der Ligninsulfosäuren den Bereich von $5 \cdot 10^3 \cdots 10 \cdot 10^3$ g · mol^{-1} nicht wesentlich. Die Ermittlung höherer Werte ist vermutlich darauf zurückzuführen, daß durch die meisten Bestimmungsmethoden auch Aggregationen (Assoziate) erfaßt werden, die sich aus den Ligninsulfosäuremolekülen bilden können und die eine sehr hohe Molmasse vortäuschen.

3.3. Reaktionsmechanismus der Ausflockung

3.3.1. Flockung der Huminsäure mit Metallsalzen

Ligandenaustauschreaktion

Nach der Hypothese von Hall u. Packham (1965) wird Huminsäure einschließlich Fulvosäure in Form eines wasserlöslichen basischen Me-humats bzw. -fulvats eliminiert. Die Bildung des basischen Salzes beruht auf der Reaktion der dissoziierten Huminsäurecarboxylgruppen (X^-) mit Isopolykationen, die bei der Metallsalzhydrolyse auftreten. Da der oft als Ligandenaustausch bezeichnete Vorgang eine Ionenreaktion ist und stöchiometrisch verläuft, liegt im ausfallenden basischen Salz ein bestimmtes Molverhältnis Me:OH:X vor. Erfolgt die Flockung mit Aluminiumsulfat, beträgt das Verhältnis 1:2,5:0,5. In diesem Fall können demnach das Fällungsprodukt durch die Formel $[Al_2(OH)_5 \cdot X]_n$ und das die Flockung auslösende Isopolykation durch die Formel $[Al_2(OH)_5]_n^+$ charakterisiert werden. Die Huminsäurerestmenge, die nach der Flockung im Reinwasser verbleibt, wird in erheblichem Maße von der Größe des Löslichkeitsproduktes des basischen Salzes mitbestimmt.

Die Ligandenaustauschreaktion kann nur optimal verlaufen bzw. stattfinden, wenn

- die Flockung in einem pH-Bereich stattfindet, in dem die Isopolykationen entstehen,
- die Hydroxylgruppen der Huminsäure lediglich in unbedeutendem Maße, die Carboxylgruppen aber noch zu einem großen Teil dissoziiert vorliegen.

Da die Bildung der Isopolykationen nur im sauren Milieu möglich und in diesem auch die Dissoziation der Hydroxylgruppen minimal ist, erfordert die Ligandenaustauschreaktion die Einhaltung relativ niedriger pH-Werte.

Die Isopolykationen treten vorwiegend in einem pH-Wert-Me-Konzentrationsbereich auf, in dem noch kein Metallhydroxid ausfällt.

Spezifische Koagulation

Diese Reaktion ist in erster Linie bei der Flockung von Wässern in Betracht zu ziehen, die verhältnismäßig große Mengen kolloidal vorliegender Huminsäuren enthalten.

Die spezifische Koagulation besteht darin, daß die insbesondere durch Dissoziation von Carboxylgruppen negativ geladenen Huminsäurepartikel auf Grund der Adsorption von Isopolykationen entstabilisiert werden. Über die Zusammensetzung der die spezifische Koagulation auslösenden Isopolykationen existieren unterschiedliche Vorstellungen.

Für das Isopolyaluminiumion werden folgende Formeln angegeben:

$$[Al_6(OH)_{15})^{3+}, \quad [Al_8(OH)_{20}]^{4+}, \quad [Al_7(OH)_{17}]^{4+},$$

$$[Al_2(OH)_2]^{4+}, \quad [Al_{13}(OH)_{34}]^{5+}.$$

Wahrscheinlich entsteht bei der Hydrolyse eines Aluminiumsalzes jedoch nicht nur eine Polykationart, sondern mehrere. Das gilt analog auch für die Eisensalze.

Wie die Formeln für die Isopolyaluminiumionen zeigen, weisen letztere in den meisten Fällen eine Ladung auf, die größer als 3^+ ist. Zwei der angeführten Kationen entsprechen der Formel $[Al_2(OH)_5]_n^+$ und damit der Kationart, die auch die Ligandenaustauschreaktion bewirkt.

Da die Isopolykationenbildung wie bereits erwähnt lediglich im Bereich relativ niedriger pH-Werte stattfindet, erfolgt die spezifische Koagulation wie der Ligandenaustausch lediglich im sauren Milieu.

Bei der spezifischen Koagulation kann es nach zu hoher Metallsalzdosierung zur positiven Aufladung der Aggregationen aus Huminsäure und Isopolykationen kommen, d. h. infolge Restabilisierung eine Verminderung des Flockungseffektes eintreten. Im Falle der Ausflockung von Huminsäure durch den Mechanismus der spezifischen Koagulation nimmt die elektrophoretische Wanderungsgeschwindigkeit der sich bildenden Flocken mit steigender Flokkungsmitteldosis ständig ab und erreicht den Wert von annähernd Null, wenn die Huminstoffelimination maximal ist. Eine maximale Farbgradverminderung nach Erreichen der elektrophoretischen Flockenwanderungsgeschwindigkeit von fast Null beobachteten Black u. Willems (1961) sowie Black et al. (1963) bei der Flockung einiger Oberflächenwässer.

Vergleicht man die Mechanismen spezifische Koagulation und Ligandenaustausch, ergibt sich u. a. folgender wesentlicher Unterschied. Bei der spezifischen Koagulation verbessern sich die Bedingungen, d. h. vermindert sich der Flockungsmittelbedarf mit der Verminderung der Ladung bzw. Dissoziation der im Rohwasser enthaltenen Huminsäure (vgl. 2.1.1.1.). Im Gegensatz dazu fordert die Ligandenaustauschreaktion einen möglichst hohen Dissoziationsgrad der Carboxylgruppen der Huminsäure.

Adsorption an Aluminium- oder Eisen(III)-hydroxid

Im Gegensatz zur Entstabilisierung der Huminsäure durch Ligandenaustausch oder spezifische Koagulation setzt die Elimination der Huminsäure durch adsorptive Bindung an das Metallhydroxid bzw. -oxidhydrat optimale Bedingungen für dessen Bildung voraus, die vom pH-Wert und von der Metallionenkonzentration beeinflußt wird (s. Abb. 9).

Daß Metallhydroxide Huminsäure in nicht unbeträchtlichem Maße zu adsorbieren vermögen, läßt sich den Befunden von Albert (1975) entnehmen der aus einer Aluminiumsulfatlösung mit einem Al-Gehalt von 111,2 $\mu mol \cdot l^{-1}$ zunächst das Aluminiumhydroxid ausfällte und danach Fulvosäure zusetzte (10 $mg \cdot l^{-1}$). Wie der Autor feststellte, adsorbiert bei einem pH-Wert von 7,0 das Hydroxid selbst nach einer Alterungszeit von 24 Stunden noch 37% des Huminstoffs.

Auch die Beobachtung von Rüffer et al. (1973, 1976), die die Huminsäureelimination durch Aluminiumsulfat in einer klassischen Flockungsanlage und in einem Reaktor mit Flockenanreicherung verglichen, beweist die Möglichkeit der adsorptiven Bindung dieser Stoffart an Metallhydroxid oder basisches *Me*-humat.

Die vier angeführten Reaktionsmechanismen können sich bei der Flockungsbehandlung huminsäurehaltiger Wässer mehr oder weniger überlagern. Welche Reaktion vordergründig abläuft, hängt ab von der Art und Konzentration der vorliegenden Huminsäure(n), dem pH-Wert und der Flockungsmittelkonzentration.

Möglicherweise sind hinsichtlich der Huminsäureelimination durch Metallsalze auch noch andere als die bisher erwähnten Reaktionsarten in Betracht zu ziehen. In diesem Zusammenhang sei auf die von Albert (1975) erhobenen

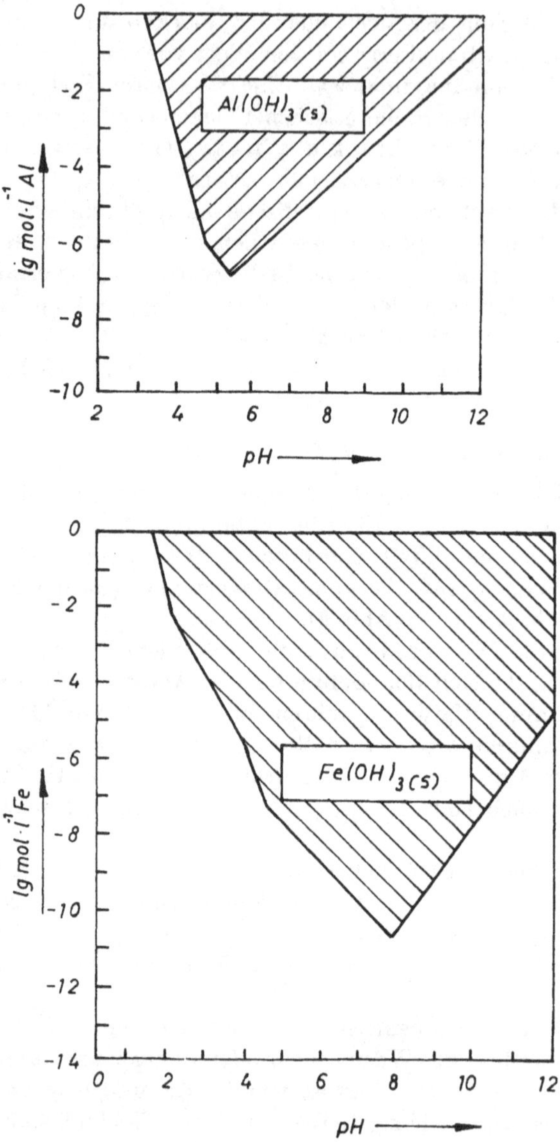

Abb. 9: Abhängigkeit der Aluminium- und Eisen(III)-hydroxidbildung in reinem Wasser vom pH-Wert und der Metallionenkonzentration.

Befunde hingewiesen, der wie oben erwähnt, Untersuchungen über die Elimination einer Fulvosäure durch Aluminiumsulfat durchführte. Die aus Bodenseewasser isolierte Säure besaß eine Molmasse von $10^3 \cdots 3 \cdot 10^3$ g mol^{-1}. Der Autor konnte folgendes beobachten. Beim optimalen Flockungs-pH-Wert von etwa 5,5 wird der maximale Eliminationsgrad für die Fulvosäure dann erreicht, sobald das Verhältnis von angewandter Al-Dosis (mval) zur Menge an titrierbaren Wasserstoffionen (mmol) der im Rohwasser enthaltenen Fulvosäure den Wert von 1 überschreitet. Die Beobachtung kann unter bestimmten Voraussetzungen dahingehend gedeutet werden, daß bei der Ausflockung von Huminsäure mit einem Metallsalz dessen Kation sowohl mit den dissoziierten Carboxyl- als auch Hydroxylgruppenanteilen reagiert und die Huminsäure weniger als basisches, sondern vorwiegend als neutrales Me-humat ausfällt.

3.3.2. Flockung der Huminsäure mit Kalkhydrat

Die Elimination durch Kalkhydrat wird in erster Linie als Fällungsreaktion angesehen, bei der vor allem die Carboxylgruppen der Huminsäure mit den Calciumionen reagieren und Calciumhumat entsteht. Dieser Vorstellung entspricht auch die im Abschnitt 2.1.1.2. angeführte Modellgleichung.

Neben der Ausfällung der Huminsäure durch die Calciumionen spielt noch die Adsorption von Huminsäure an die Fällungsprodukte — einschließlich Calciumcarbonat — eine Rolle. Über die adsorptive Bindung von Huminsäure an Calciumcarbonat berichten Rudeck u. Sontheimer (1976).

3.3.3. Flockung der Huminsäure mit kationischen Polymeren

Der Eliminationsmechanismus beruht nach den Ergebnissen der Untersuchungen von Narkis u. Rebhun (1975, 1977) auf einer Ionenreaktion zwischen dem kationischen Flockungsmittel und der anionischen Huminsäure, wobei sich die positiven und negativen Ladungen der beiden Verbindungen neutralisieren. Das infolge dieser stöchiometrischen (Antagonisten)reaktion entstehende undissoziierte Produkte ist schwer löslich, bildet aber erst dann absetzbare Flocken, wenn durch eine geringe zusätzliche Flockungsmittelmenge eine Brückenbildung zwischen den Teilchen der ungeladenen Verbindung herbeigeführt wird. Die elektrophoretische Wanderungsgeschwindigkeit der absetzfähigen Flocken liegt bei Null. Ein Überschreiten der Polymerdosis, die die Ladungsneutralisation und Brückenbildung gewährleistet, verursacht eine zunehmende Verminderung der Huminsäureelimination bzw. eine entsprechende Restabilisierung der Flocken. Da sich der Dissoziationsgrad der Huminsäure und damit die Anzahl ihrer negativen Ladungen, die durch das kationische organische Polymer zu neutralisieren sind, mit sinkendem pH-Wert vermindert, verläuft die Eliminationsreaktion optimal im sauren Milieu.

3.3.4. Flockung der Ligninsulfosäure

Bezüglich dieser Verbindung finden sich in der Literatur keine Angaben über Eliminationsmechanismen. Kommt als Flockungsmittel ein Metallsalz zur Anwendung, ist jedoch anzunehmen, daß zumindest die Ligninsulfosäuren mit niedriger Molmasse durch Ligandenaustauschreaktion entfernt werden, wobei aus den Polyanionen der Ligninsulfosäure und dem hydrolysierenden Flokkungsmittel ein unlösliches basisches Salz entsteht. Möglicherweise fallen nach dem Metallsalzzusatz auch neutrale Me-ligninsulfonate aus.

Die Elimination der Ligninsulfosäure durch Kalkhydrat kann man dagegen auf eine Ausfällung als Calciumsalz zurückführen; außerdem ist wie bei den Huminsäuren eine Adsorption an die Fällungsprodukte in Betracht zu ziehen.

3.4. Huminsäureelimination

3.4.1. Einfluß der Flockungsmittelart und -konzentration, des Huminsäuregehaltes des Rohwassers und der Huminstoffart

3.4.1.1. Flockung mit Metallsalzen und Kalkhydrat

Im allgemeinen wird bei der Flockung von Huminsäure den Aluminium- und Eisen(III)-salzen (insbesondere Aluminiumsulfat, Eisen(III)-chlorid, Aluminiumoxychlorid) die günstigste Wirkung zugesprochen. Calciumhydroxid erzielt in der Regel geringere Effekte. Das gleiche gilt auch für Magnesiumsalze. Haberer u. Normann (1976) stellten bei der Flockungsbehandlung von Rheinwasser (Schierstein) folgendes fest. Eisen(III)-chlorid entfernt die Huminsäuren zu „100%", wenn ein pH-Bereich eingehalten wird, bei dem die Verminderung der UV-Absorption (254 nm) und des DOC*) maximal ist. Mit Kalkhydrat läßt sich eine derartige hohe Huminsäureelimination auch unter der Bedingung einer Flockenanreicherung nicht erzielen. Bei der Behandlung eines Modellwassers, das 20 mg $\cdot\, l^{-1}$ Fulvosäure, 3,0 mmol $\cdot\, l^{-1}$ Ca^{2+}, 2,0 mmol $\times\, l^{-1}$ Mg^{2+} und 6,0 mmol $\cdot\, l^{-1}$ HCO_3^- enthielt, konnte Walther (1978) mit Kalkhydrat eine maximale Huminstoffelimination von 88% erreichen, die um 7% geringer ist als bei der Flockung dieser Fulvosäue mit einem Metallsalz (s. Tab. 7).

Fichtner (1974) sowie Fichtner u. Walther (1975) untersuchten die Flockung von Fulvosäure durch Aluminiumsulfat und Eisen(III)-chlorid und wiesen nach, daß gleiche molare Al- und Fe-Mengen dieselbe Reinigungsleistung bringen.

*) Dissolved Organic Carbon

Bezüglich der Abhängigkeit des Eliminationsgrades von der Menge des angewandten Flockungsmittels und dem Huminsäuregehalt des Rohwassers kann zunächst gesagt werden, daß in der Regel auch nach Zusatz einer Flokkungsmittelmenge, die wesentlich größer als die optimale Dosis (D_{opt}: s. 1.2.1.2.) ist, und bei Einhaltung der sonstigen optimalen Prozeßbedingungen noch ein geringer Huminsäurerestgehalt im Reinwasser verbleibt.

Hall u. Packham (1965), die anhand von Modellwässern Untersuchungen über die Flockung von Fulvosäure und einer höhermolekularen Huminsäure durchführten, welche noch einen Anteil an Hymatomelansäure enthielt, ermittelten nach der Flockung mit Aluminiumsulfat die in Tab. 6 angegebenen nicht unterschreitbaren Restkonzentrationen. Die Autoren bestimmten diese minimalen Restkonzentrationen durch Extrapolation und geben keine Werte für die entsprechenden Flockungsmittelmengen an.

Tabelle 6
Abhängigkeit der minimalen Huminstoffrestkonzentration $C_{R-\min}$ des Reinwassers von der Rohwasserbelastung C_0; Flockung von Flußwasserfulvosäure und -huminsäure mit Aluminiumsulfat (nach Packham und Hall, 1965)

C_0 (mg · l^{-1} *Flußwasserfulvosäure*)	$C_{R-\min}$		Elimin.-grad %	C_0 (mg · l^{-1} *Humin-hymatomelansäure*)	$C_{R-\min}$		Elimin.-grad %
	mg · l^{-1}	%			mg · l^{-1}	%	
10	1,2	12	88	10	0,29	2,9	97,1
25	2,4	9,6	90,4	25	0,87	3,5	96,5
50	5,0	10	90	50	2,61	5,2	94,8

Nach Tab. 6 liegen die Fulvosäurerestkonzentrationen wesentlich höher als die Restkonzentrationen an Huminsäure. Bei beiden Huminstoffarten steigt der absolute Restgehalt mit der Rohwasserbelastung an; bezüglich der Fulvosäure sind die beiden Größen annähernd proportional. Ist die Fulvosäurekonzentration des Rohwassers hoch, hängt die prozentuale Restkonzentration nur noch sehr wenig von C_0 ab. Im Gegensatz dazu nimmt der prozentuale Huminsäuregehalt mit der Konzentration der Verbindung im Rohwasser ständig zu.

Hall u. Packham bestimmten auch die bei der Flockung mit Eisen(III)-chlorid erreichbaren Minimalrestkonzentrationen der genannten Huminstoffe und beobachteten, daß mit diesem Flockungsmittel die gleichen Fulvosäurerestkonzentrationen wie mit Aluminiumsulfat zu erzielen sind, jedoch niedrigere Huminsäurerestkonzentrationen.

Fichtner u. Walther (1975) ermittelten ebenfalls die nach der Flockung von fulvosäurehaltigen Modellwässern verbleibenden minimalen Restkonzentrationen und konnten mit Aluminiumsulfat und Eisen(III)-chlorid die gleichen Befunde erheben (s. Tab. 7). Die mittlere Molmasse der Fulvosäure betrug $7 \cdot 10^3$ g · mol^{-1}.

Tabelle 7
Abhängigkeit der minimalen Huminstoffkonzentration $C_{R-\min}$ des Reinwassers und der zur Erzielung des maximalen Eliminationsgrades erforderlichen Flockungsmitteldosis $D_{\max}$ von der Rohwasserbelastung C_0; Flockung von Moorwasser-Fulvosäure mit Aluminiumsulfat oder Eisen(III)-chlorid (nach FICHTNER und WALTHER, 1975)

C_0 (mg · l^{-1} *Moorwasserfulvosäure*)	$C_{R-\min}$		Elimin.-grad %	$D_{\max}$ (µmol · l^{-1} Al, Fe)
	mg · l^{-1}	%		
5	0,5	10	90	25··· 30
10	0,5	5	95	65··· 70
20	0,9	4,5	95	120···130

Wie Tab. 7 ausweist, sind die Fulvosäurerestkonzentrationen verhältnismäßig gering (<1,0 mg · l^{-1}). Bei Flockung der Rohwässer mit Fulvosäuregehalten von 5 und 10 mg · l^{-1} ergibt sich dieselbe Restkonzentration von 0,5 mg · l^{-1}. Dieser Wert wird jedoch überschritten, wenn der Fulvosäuregehalt des Rohwassers wesentlich größer als 10 mg · l^{-1} ist. Die Flockungsbehandlung der mit 10 und 20 mg · l^{-1} Fulvosäure belasteten Rohwässer führt zu fast gleichen prozentualen Restkonzentrationen.

Nach den Befunden von ALBERT (1975), der die Flockbarkeit einer Fulvosäure mit sehr niedriger Molmasse ($10^3 \cdots 3 \cdot 10^3$ g · mol^{-1}) testete, kann die nicht überschreitbare prozentuale Fulvosäurekonzentration noch erheblich über den von HALL u. PACKHAM konstantierten Werten (s. Tab. 6) liegen. Der Autor behandelte unter Einsatz von Aluminiumsulfat Rohwässer mit Fulvosäurekonzentrationen von 5, 10 und 100 mg · l^{-1} und ermittelte fast stets minimale Restgehalte von etwa 20%. Außerdem machte er die bereits im Abcshnitt 3.3.1. erwähnte Beobachtung, daß die minimale Restkonzentration bzw. die maximale Fulvosäureelimination erreicht wird, sobald das Verhältnis der angewandten Al-Dosis (mval) zur Menge an titrierbaren Wasserstoffionen der im Rohwasser enthaltenen Fulvosäure den Wert von 1,0 überschreitet.

Insgesamt gesehen lassen die Untersuchungsergebnisse von HALL, PACKHAM, FICHTNER, WALTHER u. ALBERT die Aussage zu, daß die nicht unterschreitbare Huminstoffrestkonzentration mit abnehmender Molmasse der farbgebenden Substanz ansteigt. So sind Fulvosäuren schlechter eliminierbar als Huminsäuren und höhermolekulare Fulvosäure weitergehend ausflockbar als niedermolekulare Selbstverständlich ist aber für die Höhe der nicht unterschreitbaren Resthuminstoffkonzentration nicht allein die Molmasse maßgebend. Nach Žáček (1973, 1974, 1976) erhöht sich die Flockbarkeit eines Huminstoffes mit

- Verringerung der mittleren Dissoziationskonstante K, da diese die Größe der negativen Ladungen der Huminsäure und damit deren Stabilität im Wasser bestimmt
- Abnahme des spezifischen CSV
- Zunahme des spezifischen Farbwertes.

Eine oxydative Vorbehandlung des huminstoffhaltigen Wassers soll die Flockbarkeit dann erhöhen, wenn sich dabei die Zahl der Hydroxylgruppen vergrößert und noch keine Spaltung der zyklischen Strukturelemente einsetzt (Žáček 1977). Žáček vertritt auch die Meinung, daß vor allem die mittlere Dissoziationskonstante K ein geeeignetes Kriterium für die Beurteilung der Eliminierbarkeit einer Huminsäure ist und mit ansteigender Molekülmasse K sowie der spezifischen CSV kleiner werden, der spezifische Farbwert sich dagegen erhöht. K bzw. p_K läßt sich durch potentiometrische oder Leitfähigkeitstitration bestimmen, näherungsweise außerdem aus der Beziehung zwischen dem pH-Wert der Huminsäurelösung und deren Extinktion oder Konzentration ableiten. Da gemäß der oben geschilderten Vorstellung bei der Flockung eines Huminstoffes, d. h. eines Gemisches verschiedener Huminsäuremoleküle, die Moleküle mit kleinem K-Wert bevorzugt eliminiert werden und sich somit die mittleren Dissoziationskonstanten der im Roh- und Reinwasser enthaltenen Huminsäuregemische erheblich unterscheiden, ist nach Žáček die substanzspezifische Dissoziationskonstante neben anderen spezifischen Größen (z. B. die Quotienten $\frac{\text{Extinktion (Wellenlänge } x)}{CSV}$ und $\frac{\text{Extinktion (Wellenlänge } x)}{\text{Extinktion (Wellenlänge } y)}$) auch ein geeigneteres Bewertungskriterium bei der Kontrolle und Steuerung des Prozesses der Flockung huminsäurehaltiger Wässer als die nichtsubstanzspezifischen Größen Extinktion für eine einzige Wellenlänge, CSV und pH-Wert, die oft keine ausreichende Prozeßkontrolle und -steuerung ermöglichen.

Tabelle 8 enthält die von verschiedenen Autoren für unterschiedliche Huminstoffarten und -konzentrationen ermittelten Flockungsmittelmengen $D_{C_0/2}$, die unter optimalen pH-Bedingungen jeweils eine Elimination von 50% erzielen.

Die Werte der Tab. 8 erlauben folgende Aussagen:

1. Die von Hall u. Packham als Testsubstanz verwendete Flußwasser-Fulvosäure erfordert mehr Flockungsmittel als die aus dem gleichen Flußwasser isolierte hymatomelansäurehaltige Huminsäure; bei Einsatz von Aluminiumsulfat sind die $D_{C_0/2}$-Werte für die Flußwasser-Fulvosäure 1,5···2,6-mal so groß wie für die Huminsäure. In diesem Falle weisen somit auch die $D_{C_0/2}$-Werte deutlich die schlechtere Flockbarkeit der niedermolekularen

Tabelle 8
Flockungsmittelmengen, die bei Wässern mit unterschiedlicher Huminstoffbelastung eine 50%ige Elimination bewirken

Flockungs-mittel	Huminstoff	Huminstoff-konzentration (mg · l^{-1}) im Roh-wasser (C_0)	im Rein-wasser (C_R)	Flockungs-mitteldosis $D_{C_0/2}$ (µmol $Me \cdot l^{-1}$)		Autoren (Bemerkungen)
Aluminium-sulfat	Fulvosäure (aus Fluß-wasser isoliert)	5	2,5	13,3	Al	Packham und Hall, (1965) (Werte d. graf. Darstellungen entnommen)
		10	5	26,7		
		25	12,5	66,7		
		50	25	126,7		
Eisen(III)-chlorid		10	5	24,7	Fe	
		50	25	123,3		
Aluminium-sulfat	Humin-Hymato-melansäure (aus Fluß-wasser isoliert)	5	2,5	8,6	Al	
		10	5	17,1		
		25	12,5	25,7		
		50	25	58		
Eisen(III)-chlorid		10	5	8,7	Fe	
		50	25	43,5		
Aluminium-sulfat oder Eisen(III)-chlorid	Fulvosäure (aus Moor-wasser iso-liert)	5	2,5	9	Al, Fe	Fichtner und Walther (1975)
		10	5	17,5		
		20	10	25		

Huminstoffart aus. Die von Fichtner u. Walther getestete Moorwasser-Fulvosäure und die hymatomelansäurehaltige Huminsäure benötigen in Konzentrationen von 5 und 10 mg · l^{-1} fast die gleichen molaren Al-Mengen, d. h. im Bereich niedriger Fulvosäurekonzentrationen verbraucht die Flußwasser-Fulvosäure eine größere Flockungsmittelmenge als die Moorwasser-Fulvosäure. Bei höherer Huminstoffbelastung des Rohwassers liegt der Flockungsmittelbedarf der Moorwasser-Fulvosäure zwar über dem des Humin-Hymatomelansäuregemisches, aber noch unter dem der Flußwasser-Fulvosäure.

Der Flockungsmittelverbrauch verschiedenartiger Huminstoffe weicht somit in sehr unterschiedlichem Maße voneinander ab und der Grad der Abweichung kann auch von der Höhe der Huminstoffbelastung des Rohwassers abhängen.

2. Die zur Elimination einer bestimmten Menge Fulvosäure erforderliche molare Al-Dosis ist im Falle der Flußwasser-Fulvosäure geringfügig höher als die entsprechende Fe-Dosis; hinsichtlich der Moorwasser-Fulvosäure sind die notwendigen Al- und Fe-Mengen gleich. Die beiden Flockungsmittelarten zeigen demnach bei der Ausflockung von Fulvosäuren keinen oder nur einen sehr geringen Wirkungsunterschied. Dagegen werden zur Entfernung einer bestimmten Menge Huminsäure mit größerer Molmasse nur im Bereich niedriger Rohwasserhuminstoffkonzentration die gleichen molaren Al- und Fe-Dosen benötigt. Liegen höhere Huminsäurekonzentrationen vor, ist der Verbrauch (μmol) an Al größer als an Fe.
3. In bestimmten Bereichen der Rohwasserhuminstoffkonzentration ist die Abhängigkeit der Flockungsmitteldosis $D_{C_0/2}$ von der eliminierten Huminstoffmenge annähernd linear. Eine solche Beziehung besteht bei den getesteten farbgebenden Verbindungen und bei Einsatz von Aluminiumsulfat mit Sicherheit bis zu folgenden Rohwasserbelastungen: 25 mg · l^{-1} Flußwasser-Fulvosäure, 10 mg · l^{-1} Moorwasser-Fulvosäure und Flußwasser-Fulvosäure.

Die unter Punkt 3. getroffene Aussage stimmt im Prinzip mit den Befunden von Narkis u. Rebhun (1977) überein, die die Ausflockung einer Fulvosäure durch Aluminiumsulfat testeten und feststellten, daß die Parameter *Huminstoffmenge im Rohwasser* und die *zur Elimination dieser Menge erforderliche Flokkungsmitteldosis* nur im Bereich relativ geringer Rohwasserbelastung linear voneinander abhängig sind:

Fichtner u. Walther (1975) verfolgten das Ziel, die Abhängigkeit der Größen Flockungsmitteldosis D, Huminstoffkonzentration C_0 des Rohwassers und Restkonzentration C_R mit einer Gleichung zu beschreiben und verwendeten dabei die Ergebnisse ihrer Untersuchungen über die Behandlung fulvosäurehaltiger Modellwässer mit Aluminiumsulfat und Eisen(III)-chlorid. Zur Herstellung dieser Wässer wurde die bereits erwähnte, aus einem Verlandungshochmoor in Form des Ammoniumsalzes isolierte Fulvosäure mit folgenden chemischen Kennwerten benutzt:

Prozentgehalt	Kohlenstoff	43,5
	Wasserstoff	4,8
	Stickstoff	7,9
	NH_4-N	≈5
	org. geb. N	≈2,4

spezifischer $KMnO_4$-Verbrauch 2,7 g $KMnO_4 \cdot g^{-1}$
(0,017 mol $KMnO_4 \cdot g^{-1}$)
mittlere Molmasse $7 \cdot 10^3 (4 \cdot 10^3 \cdots 10^4)$ g · mol^{-1}
auf den Farbstandard (mg · l^{-1} Pt)
bezogener spezifischer Farbwert: 15 mg Pt · mg^{-1}

Außerdem enthielten die Modellwässer Erdalkali- und Alkalisalze (s. Tab. 13, 3.4.3.).

Abb. 10 gibt für 3 unterschiedlich belastete Rohwässer (C_0 20, 10 und 5 mg · l^{-1} Fulvosäure) die im optimalen pH- und Rührenergieeintragsbereich bei

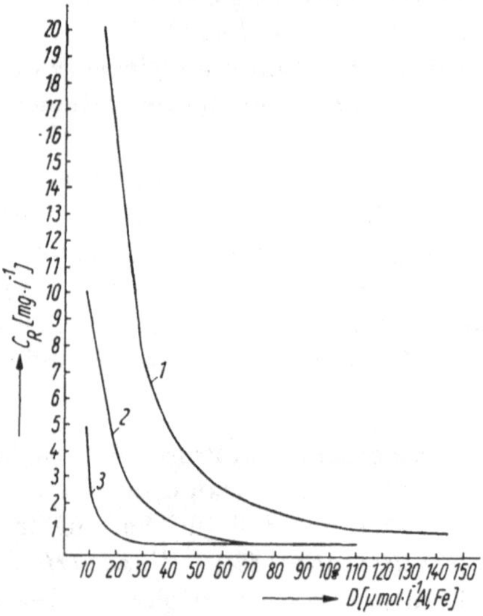

Abb. 10: Flockung von Moorwasser-Fulvosäure mit Aluminiumsulfat bzw. Eisen(III)-chlorid- Abhängigkeit der Fulvosäurerestkonzentration C_R von der Flockungsmitteldosis D bei der Behandlung von Wässern mit unterschiedlicher Fulvosäurebelastung C_0.
(Nach Fichtner u. Walther, 1975.)
1 — C_0: 20 mg · l^{-1} *2* — C_0: 10 mg · l^{-1} *3* — C_0: 5 mg · l^{-1}

ansteigender Flockungsmitteldosis erzielten C_R-Werte wieder. Wie die grafische Darstellung zeigt, liegen die zur Behandlung der 3 Wässer erforderlichen optimalen Flockungsmittelmengen D_{opt} (μmol $Me \cdot l^{-1}$) in den Bereichen 60···70 (C_0 20), 40···50 (C_0 10), 18···20 (C_0 5).

Fichtner u. Walther stellten fest, daß die Beziehung zwischen D, C_R und C_0 durch die Gleichung

$$D = x + y \cdot C_R + z \cdot C_R^{-k} \cdot C_0 \tag{17}$$

beschrieben werden kann (vgl. Abschnitt 2.4., Gl. (17)) und diese Gleichung bezüglich der getesteten Moorwasser-Fulvosäure folgende numerische Form hat:

$$D = -15{,}3 + 2{,}77 \cdot C_R + 6{,}1 \cdot C_R^{-0{,}67} \cdot C_0 \; (\mu\text{mol} \cdot l^{-1}\, Me)$$

$$C_R, C_0 \; (\text{mg} \cdot l^{-1})$$

Mit Gl. (15) lassen sich nach Ermittlung der für die betreffende Huminsäure spezifischen Konstanten x, y, z und k beispielsweise die bei unterschiedlicher Rohwasserbelastung zur Erzielung einer bestimmten Huminsäurerestkonzentration erforderlichen Flockungsmittelmengen berechnen. Zu beachten ist, daß in die Gleichung nur C_R-Werte eingesetzt werden, die oberhalb der nicht unterschreitbaren Huminsäurerestkonzentration liegen. Die Abweichung der berechneten von den experimentell ermittelten D-Werte beträgt maximal $\pm 12\%$.

Gl. (17) gilt nur für die Flockung vorwiegend echt gelöster Huminsäure. Da die von Fichtner u. Walther getesteten Wässer maximal 10 mg $\cdot\, l^{-1}$ Fulvosäure enthielten, kann nicht mit Sicherheit gesagt werden, daß die Gleichung auch im Bereich höherer Konzentrationen anwendbar ist.

Die Konstanten x, y, z und K lassen sich wie folgt bestimmen:

1. Anhand von Kurven, die die Beziehung zwischen C_R und D für mindestens 3 Rohwässer unterschiedlicher Huminsäurekonzentration C_0 wiedergeben, wird die Abhängigkeit der Größen D, C_R, C_0 grafisch dargestellt und dazu für verschiedene C_R-Werte D (Ordinate) über C_0 (Abszisse) aufgetragen (grafische Darstellung I). Die sich bezüglich der einzelnen C_R-Werte ergebenden Geraden schneiden die Ordinate in den Abständen j vom Nullpunkt. Demnach entsprechen die Geraden der Gleichung $D = j + k' \cdot C_0$. Für k' gilt: $k' = z \cdot C_R^{-k}$ bzw. $\lg k' = z - k \cdot \lg C_R$.
2. Die im Koordinatensystem mit der Ordinate j und der Abszisse C_R ermittelte Gerade kennzeichnet die Beziehung $j = x + y \cdot C_R$, wobei die Konstante x der Schnittpunkt der Geraden und der Ordinate (grafische Darstellung II) ist. Nach Einsetzen von x berechnet man die Größe y.
3. Unter Verwendung der grafischen Darstellungen I und II werden anhand der Gleichung $D = j + k' \cdot C_0$ die für die verschiedenen C_R-Werte geltenden k'-Werte bestimmt und die Beziehung zwischen $\lg k'$ (Ordinate) und $\lg C_R$ (Abszisse) dargestellt. Der Schnittpunkt der entsprechenden Geraden und der Ordinate ergibt den Wert für $\lg z$ und damit die Größe der Konstanten z. Nach Einsetzen von z in die Gleichung $\lg k' = \lg z - k \cdot \lg C_R$ erfolgt die Berechnung der Konstanten k.

Der nach der Flockungsbehandlung von huminstoffhaltigem Wasser verbleibende Restgehalt muß bei anschließender Chlorung des Wassers noch in hygienischer Hinsicht beachtet werden, da schon relativ geringe Huminstoffmengen erhebliche Haloformkonzentrationen hervorrufen können. Wie die Abb. 10 zeigt, verbleiben nach der Flockung eines Wassers, das 20 mg $\cdot\, l^{-1}$ der von Fichtner u. Walther getesteten Moorwasserfulvosäure enthält, 2,0 bis

2,5 mg · l^{-1} dieses Huminstoffs im Reinwasser, wenn eine optimale Me-Dosis von 60…70 μmol dosiert wird. BILOZOR (1979) ermittelte nach der Chlorung (56,4 μmol · l^{-1} Chlor, 24 h Einwirkungszeit) von Wässern, die 2,1…4,9 mg · l^{-1} Huminstoff mit 82…100% Fulvosäureanteil enthielten, Gesamt-Trihalomethankonzentrationen zwischen 83 und 184 μg · l^{-1}. Als Grenzwert für die Gesamtkonzentration an Trihalomethan im Trinkwasser hat die US ENVIRONMENTAL AGENCY 100 μg · l^{-1} vorgeschlagen.

3.4.1.2. Flockung mit kationischen Polymeren

Stark kationische organische Polymere sind ohne Einsatz eines weiteren Flockungsmittels in der Lage, Huminsäuren zu flocken. Diesbezügliche Untersuchungen führten NARKIS u. REBHUN (1975, 1977) unter Benutzung von Modellwässern durch, die maximal 100 mg · l^{-1} einer aus Torf isolierten Fulvosäure oder 50 mg · l^{-1} einer Huminsäure mit größerer Molmasse (M) enthielten. Getestet wurden die Flockungsmittel Polyethylenimin ($\overline{M}$ 3 · 10^4 g · mol^{-1}) und Poly(4-vinyl-N-methylpyridiniumchlorid) ($\overline{M}$ 3,3 · 10^5 g · mol^{-1}). Beide Polymere erzielten hohe Eliminationseffekte. Zwischen der Huminstoffkonzentration des Rohwassers und der entsprechenden optimalen Polymerdosis besteht eine lineare Beziehung. Die weitgehende Flockbarkeit von Huminsäuren durch Polyethylenimin bestätigen auch die Versuche von RÜFFER et al. (1973) mit Moorwasser. Nach NARKIS u. REBHUN (1977) beträgt die optimale Polyethylenimindosis für ein Wasser, welches 10 mg · l^{-1} der verwendeten Huminsäure enthält und einen pH-Wert von 6 aufweist, etwa 3 mg. Die Flockung von Huminsäuren mit kationischen Polymeren erfordert demnach relativ große Mengen dieser kostenaufwendigen Chemikalien.

Tabelle 9

Wirksamkeit verschiedener kationischer Polymersorten bei der Behandlung von huminstoffhaltigem Wasser durch Flockungsfiltration (nach VEJCER, 1975)

chemische Bezeichnung des Polymers	D*) (mg · l^{-1})	Restfärbung (%)
Poly(4-vinylbenzyltrimethylammoniumchlorid)	1,0	9
quartärisierter Polymethacrylsäuredialkylaminoethylester	1,4	19
Copolymer von Acrylamid u. Vinylpyridin	1,4	9
N-substituiertes Polyacrylamid (mit Monochlormethan u. Alkylamin behandeltes Polyacrylamid)	4	14
Polyethylenimin I ($\overline{M} \approx 4 \cdot 10^4$ g · mol^{-1})	0,6	4
Polyethylenimin II ($\overline{M} \approx 2 \cdot 10^4$ g · mol^{-1})	0,5	11

*) Polymer(Aktivsubstanz)dosis, die den Farbgrad um 10 mg · l^{-1} Pt senkt

Ein etwas verminderter Flockungsmittelbedarf ist zu erwarten, wenn anstelle der Sedimentationsflockung die Flockungsfiltration angewandt wird, da bei dieser die Polymerdosis nicht so hoch sein muß, daß absetzbare Flocken entstehen (vgl. 3.3.3.).

Vejcer et al. (1975) untersuchten den Einfluß der chemischen Konstitution kationischer Polymere auf die Wirksamkeit der Flockungsfiltration eines Modellwassers mit einem Huminsäuregehalt, der einem Farbgrad von 200 mg $\times\ l^{-1}$ Pt entsprach. Tabelle 9 gibt die für 6 Polymersorten (vorwiegend Versuchsprodukte) erhobenen Befunde wieder; aufgeführt sind die minimale, nicht mehr unterschreitbare Restfärbung und die Flockungsmitteldosis D, die den Farbgrad jeweils um 10 mg $\cdot\ l^{-1}$ Pt erniedrigt.

Demnach eignen sich Produkte auf Polyethyleniminbasis am besten; darauf folgt das Poly(4-vinylbenzyltrimethylamoniumchlorid). Die Eliminationsleistung von Polyethylenimin verschlechtert sich, wenn die mittlere Molmasse wesentlich unter $4 \cdot 10^5$ g $\cdot$ mol^{-1} absinkt oder die Iminogruppe in eine tertiäre oder quartäre Aminogruppe überführt wird (Vejcer et al., 1975). Ein Problem bei der Anwendung des Polyethylenimins als Flockungsmittel ist der Gehalt an Monomer, das eine relativ hohe Toxizität besitzt.

Starke Kationenaktivität und nicht zu geringe Molmasse eines Polymers sind unter Umständen nicht die alleinige Voraussetzung für eine weitgehende Umsetzung mit einem Huminstoff. Auch andere Merkmale der chemischen Konstitution können offenbar dafür maßgebend sein. Darauf deuten die Befunde von Edzwald et al. (1977) hin, die unter anderem die Eignung von Polydimethyldiallylammoniumchlorid (Molmasse etwas geringer als 10^6 g $\cdot$ mol^{-1}) für die Elimination einer Torfhuminsäure durch Flockungsfiltration testeten und dabei ein Modellwasser mit einem Huminstoffgehalt von 5 mg $\cdot\ l^{-1}$ verwendeten. Der Flockungs-pH-Wert betrug 6. Der Huminsäuregehalt ließ sich mit dem genannten Polymer maximal lediglich um etwa 50% senken, wofür eine Dosis von 20 mg $\cdot\ l^{-1}$ erforderlich war.

3.4.1.3. Kombinierte Flockung mit Metallsalz und Polymer

Der Einsatz von Polymeren bei der Elimination von Huminsäure mit Metallsalz bewirkt eine Verbesserung des Absetzverhaltens der entstehenden Flocken, kann aber auch die Langsamrührphase verkürzen. Die zusätzliche Anwendung eines Polymers vermindert somit insbesondere die Dauer der Flockungsbehandlung. Darüber hinaus beseitigen derartige Verbindungen Prozeßverzögerungen, wie sie unter anderem bei niedrigen Wassertemperaturen in Erscheinung treten können (Schilling et al., 1976). Ferner ist zu erwarten, daß kationische Polymere die Verminderung der Metallsalzdosis ermöglichen. In bestimmten Fällen gestatten aber offenbar auch andere Polymerarten eine Verringerung der Metallsalzmenge (s. u.).

FICHTNER (1974) untersuchte unter Verwendung eines Laborflockungsreaktors mit Lichtdurchlässigkeitseinrichtung den Einfluß von zwei anionischen und einem nichtionischen Polyacrylamid(en) (PAA) auf das Absetzverhalten von Flocken, die sich bei der Elimination von Moorwasser-Fulvosäure mit Aluminiumsulfat bildeten. Die mittlere Molmasse der Polymere betrug etwa $1{,}7 \cdot 10^6$ g · mol^{-1}. In Tab. 10 sind die Absetzgeschwindigkeiten angeführt, die bei der Flockung eines 10 mg · l^{-1} Fulvosäure enthaltenden Modellwassers mit optimalen Al- und Polymermengen ermittelt werden konnten. Der pH-Wert des Reinwassers betrug etwa 5,6 und lag damit in dem für das Metallsalz optimalen Bereich (s. 3.4.2.). Zum Vergleich enthält Tab. 10 auch die nach alleinigem Einsatz von Aluminiumsulfat gemessene Flockenabsetzgeschwindigkeit.

Demnach läßt sich die ohne Polymerzusatz zu beobachtende Absetzgeschwindigkeit von nur 0,8 cm · min^{-1} durch das zu 40% hydrolisierte Polyacrylamid lediglich geringfügig, durch das nichtionische und das schwach anionische Polyacrylamid dagegen etwa um das Doppelte erhöhen. Wahrscheinlich ist die schlechte Wirkung des stärker anionischen Polyacrylamids auf eine Abnahme der Streckung und damit des Vernetzungsvermögens der Polymermoleküle beim pH 5,6 zurückzuführen (s. 1.3.2.).

Wie FICHTNER ferner feststellte, verursacht ein Überschreiten der optimalen Polymerdosis eine Verschlechterung des Absetzverhaltens. Außerdem sind die Absetzgeschwindigkeiten von 1,6 und 1,8 cm · min^{-1} nur dann erreichbar, wenn das Polymer nach dem Aluminiumsulfat zugefügt wird und der zeitliche Abstand etwa 1 min beträgt. Demnach wirken nichtionische und anionische Poly-

Tabelle 10

Einfluß organischer Polymere auf das Flockenabsetzverhalten; Flockung von Moorwasser-Fulvosäure (10 mg · l^{-1}) mit Aluminiumsulfat-Polymer-Kombinationen unter Anwendung optimaler Flockungsmittelmengen; Al-Dosis 50 µmol · l^{-1}; Zugabe des Polymers 45 s nach der Metallsalzdosierung; pH-Wert des Reinwassers ≈ 5,6 (nach FICHTNER, 1974)

Polymerart	optimale Polymerdosis (mg · l^{-1} Aktivsubstanz)	Absetzgeschwindigkeit der Flocken (cm · min^{-1})
nichtionisches *PAA*	0,4	1,8
anionisches *PAA* (10% der Amidgruppen hydrolysiert)	0,4	1,6
anionisches *PAA* (40% der Amidgruppen hydrolysiert)	0,6	1,0
ohne Polymer		0,8

mere bei der Flockung von Huminsäure mit optimalen Metallsalzmengen vor allem durch Vernetzung der nach Reaktion des Metallsalzes mit der Huminsäure entstehenden Teilchen (Mikroflocken), da in diesem Fall die Nachdosierung des Polymers den besten Effekt erwarten läßt. Ein weiterer Beweis für das Eintreten des Vernetzungsprozesses ist die von FICHTNER beobachtete Flockenvergrößerung.

RÜFFER u. SCHILLING et al. (1973, 1976) behandelten in einer halbtechnischen klassischen Flockungsanlage ein Oberflächenwasser, dessen organische Belastungen vorwiegend aus Huminsäure besteht, mit den Chemikalienkombinationen Aluminiumsulfat-modifiziertes Polyethylenimin und Aluminiumsulfat-partiell hydrolysiertes Polyacrylamid. Als Bewertungskriterium für die Elimination der organischen Substanz benutzten die Autoren hauptsächlich den Kaliumpermanganatverbrauch, bestimmten aber in 2 Proben des Oberflächenwassers auch die Huminsäurekonzentration, die 12,4 und 19,3 mg · l^{-1} betrug. Die Versuche ergaben, daß das anionische Polymer die Flockung am günstigsten beeinflußt. Nach der Vermischung des Rohwassers mit dem Aluminiumsulfat dosiert, verkürzt der anionische Polyelektrolyt die Dauer der Langsamrührphase bzw. die Aufenthaltszeit im Flockungsbecken und er-

Tabelle 11

Wirkung organischer Polymere auf die Ausflockung einer Torfhuminsäure mit Aluminiumsulfat — Huminsäurekonzentration des Rohwassers 5 mg · l^{-1} — Schnellrührphase 2,5 min, Langsamrührphase 20 min — Polymerzugabe 2,0 min nach der Metallsalzdosierung — pH-Wert des Reinwassers 6; Molmasse des Polymers > 10^6 g · mol^{-1} — Bestimmung der Huminsäurerestkonzentration (C_R) nach Filtration der Proben (nach EDZWALD, 1977)

Metallsalzdosis (µmol · l^{-1} Al)	Polymerdosis (mg · l^{-1}) (-ionogenität)	C_R (%)
30	0	90
150 (D_{max})	0	80
30	0,5 (kationisch)	7,5
30	1,0 (anionisch)	10
	1,0 (nichtionisch)	10

D_{max} — Al-Dosis, die die ohne Polymerzusatz maximal erreichbare Huminsäureelimination erzielt.

möglicht gleichzeitig eine Verminderung der Metallsalzmenge. Die genannten Effekte treten jedoch nur ein, wenn die Energieeintragsbedingungen optimal sind, d. h. die Langsamrührphase kürzer ist als bei alleiniger Anwendung des Metallsalzes.

Polymere vermögen erwartungsgemäß auch solche Schwierigkeiten bei der Huminsäureelimination zu beseitigen, die dadurch bedingt sind, daß sich nach Zugabe eines Metallsalzes zwar Mikroflocken bilden, das Entstehen absetzfähiger Makroflocken aber gehemmt ist. Dies läßt sich aus den Befunden von EDZWALD et al. (1977) ableiten, die bei der alleinigen Zugabe von Aluminiumsulfat zu Modellwasser mit einem Gehalt von 5 bzw. 10 mg · l^{-1} einer Torfhuminsäure nur sehr geringe Eliminationseffekte beobachteten. Die den graphischen Darstellungen der Publikation von EDZWALD et al. entnommenen Werte der Tab. 11 zeigen die positive Wirkung der zusätzlichen Dosierung einer geringen Menge eines kationischen, anionischen oder nichtionischen Polymers. Nähere Angaben über die chemische Konstitution der getesteten Polymere finden sich in der letztgenannten Arbeit nicht.

3.4.2. Einfluß des pH-Wertes

3.4.2.1. Flockung mit Metallsalzen

Tab. 12 enthält die von mehreren Autoren bei der Flockung unterschiedlicher Huminstoffarten und -konzentrationen festgestellten optimalen pH-Wert-Bereiche. Die sich auf das Reinwasser beziehenden pH-Werte sind vorwiegend grafischen Darstellungen entnommen.

Die in Tab. 12 angeführten optimalen pH-Bereiche liegen fast ausschließlich unter pH 7. Sowohl bei der Flockung mit Aluminiumsulfat als auch bei der Behandlung mit Eisenchlorid überlagern sich die für die verschiedenartigen Huminstoffe ermittelten Bereiche in der Regel weitgehend. Eisenchlorid erfordert meist niedrigere pH-Werte als Aluminiumsalz; der Unterschied beträgt 1···2 pH-Einheiten. Nicht selten werden die optimalen pH-Bereiche mit zunehmender Huminstoffbelastung des Rohwassers in das Gebiet kleinerer Werte verschoben und/oder enger.

FICHTNER u. WALTHER (1975) wiesen anhand ihrer Untersuchungen über die Flockung von Moorwasser-Fulvosäure nach, daß die Breite und Lage des optimalen pH-Bereiches sowohl von der Huminstoffkonzentration als auch von der Metallsalzdosis beeinflußt werden. Abb. 11 und 12 verdeutlichen dies an zwei Beispielen. Abb. 11 zeigt die pH-Abhängigkeit der Elimination der Moorwasser-Fulvosäure bei Rohwasserbelastungen von 5 und 20 mg · l^{-1} und einer konstanten Flockungsmitteldosis von 26 μmol · l^{-1} Fe.

Für das Rohwasser mit einem Fulvosäuregehalt von 5 mg · l^{-1} liegt der optimale pH-Bereich zwischen 3,9 und 5,0, in dem die angewandte Fe-Dosis die maximale Elimination von 90% erzielt. (s. 3.4.1.1., Tab. 6). Wird dagegen Wasser, das 20 mg · l^{-1} des Huminstoffs enthält, mit 26 μmol · l^{-1} Fe behandelt, erstreckt sich der optimale pH-Bereich von 3,7 bis 4,2, innerhalb dessen sich 50% der Fulvosäure ausflocken lassen. Im letzten Fall umfaßt das pH-Optimum demnach nur noch 0,5 Einheiten. Abb. 12 ist die Breite der optimalen pH-Bereiche zu entnehmen, die sich bei der Flockung von 5 mg · l^{-1} Moorwasser-Fulvosäure enthaltendem Rohwasser mit 3 verschiedenen Al-Mengen ergeben.

Danach verbreitert sich mit zunehmender Flockungsmitteldosis das Optimum und der Flockungsprozeß wird gegenüber dem pH-Wert-Einfluß unempfindlicher.

Tabelle 12
Optimale pH-Bereiche bei der Flockungsbehandlung von Wässern mit unterschiedlicher Huminstoff-Belastung

Flockungsmittel	Huminstoff	Huminstoffkonz. C_0 des Rohwassers (mg · l^{-1})	optimaler pH-Bereich	Autor	Bemerkungen
Aluminiumsulfat	Humin-Hymatomelansäure (aus Flußwasser isoliert)	5	5,2···6,5	HALL und PACKHAM (1965)	die pH-Werte sind 2 Arten von graphischen Darstellungen entnommen: 1. pH-Wert – Metallsalzdosis, die eine Huminstoffelimination von 50% bewirkt 2. pH-Wert – nicht unterschreitbare Huminstoffrestkonz. des Rohwassers (Klammerwerte)
		10	5,0···6,4 (5,6···7,2)		
		25	4,5···5,2 (5,5···6,3)		
		50	4,7···5,1 (6,0···6,5)		
Eisen(III)-chlorid		10	3,3···4,0		
		50	2,8···3,2 (5,0···5,8)		
Aluminiumsulfat	Fulvosäure (aus Flußwasser isoliert)	5	5,7···6,3		
		10	5,5···6,2 (5,0···6,0)		
		25	5,1···5,5 (5,1···5,7)		
		50	5,1···5,4 (5,3···5,8)		
Eisen(III)-chlorid		10	4,2···5,0		
		50	3,3 (4,5···5,5)		

Tabelle 12 (Fortsetzung)

Flockungs-mittel	Huminstoff	Humin-stoffkonz. C_0 des Rohwassers ($mg \cdot l^{-1}$)	optimaler pH-Bereich	Autor	Bemerkungen
Aluminium-sulfat	Fulvosäure (aus Moor-wasser isoliert)	5 10 20	5,0···5,8 5,0···5,8 5,0···5,5	FICHTNER und WALTHER (1975)	pH-Bereiche bei der Flockung mit optimalen Metallsalzmengen ermittelt
Eisen(III)-chlorid		5 10 20	3,9···4,9		
Aluminium-sulfat	Fulvosäure (aus Binnen-seewasser isoliert)	5 10 100	5,8···6,8 5,2···6,3 4,8···5,5	ALBERT (1975)	pH-Bereiche bei der Flockung mit Metallsalzmengen ermittelt, die eine maximale Elimination bewirken

Insgesamt gesehen ergibt sich somit hinsichtlich der Auswirkung der Flockungsmitteldosis und der Huminstoffkonzentration des Rohwassers auf die Breite des optimalen pH-Bereiches, daß diese von der Relation der beiden Größen bestimmt wird und mit Vergrößerung des Verhältnisses von Metallsalzmenge zu Huminstoffgehalt zunimmt.

Die Abhängigkeit des pH-Optimums von der Flockungsmitteldosis erklärt wahrscheinlich auch den Unterschied zwischen den optimalen Bereichen, die HALL u. PACKHAM bei der Flockung der Flußwasser-Huminstoffe mit suboptimalen und höheren Metallsalzdosen ermittelten (s. Tab. 12). Eine derartige Abhängigkeit macht ferner deutlich, daß die den Publikationen verschiedener Autoren entnommenen Optimumwerte der Tab. 12 nur mit Einschränkung vergleichbar sind, da die Beziehungen zwischen Flockungseffekt und pH-Wert teilweise unter Einsatz suboptimaler, in anderen Fällen unter Anwendung optimaler oder solcher Metallsalzmengen ermittelt wurden, die zu einer maximalen Huminstoffelimination führte.

Nach FICHTNER (1974) liegt die Restmenge an gelöstem Flockungsmittel, die bei der Elimination der Moorwasser-Fulvosäure im optimalen pH-Bereich unter Einsatz der optimalen oder einer höheren Metallsalzdosis im Reinwasser verbleibt, nicht über 3,0 µmol · l^{-1} Al bzw. 1,0 µmol · l^{-1} Fe.

MANGRAVITE et al. (1975) konnten im Rahmen von Untersuchungen über den Einfluß des pH-Wertes und der Al-Dosis auf die Flockung einer aus Torf isolierten Huminsäure nachweisen, daß sich mit zunehmender Flockungsmittelmenge auch der pH-Bereich verbreitert, in dem eine Ausflockung des Huminstoffs eintritt. Die Autoren verwendeten Modellwässer, die Huminsäurekonzentrationen von 5 und 50 mg · l^{-1} aufwiesen, und beobachteten zum Vergleich auch die Ausfällung von Aluminiumhydroxid in einem entsprechenden humin-

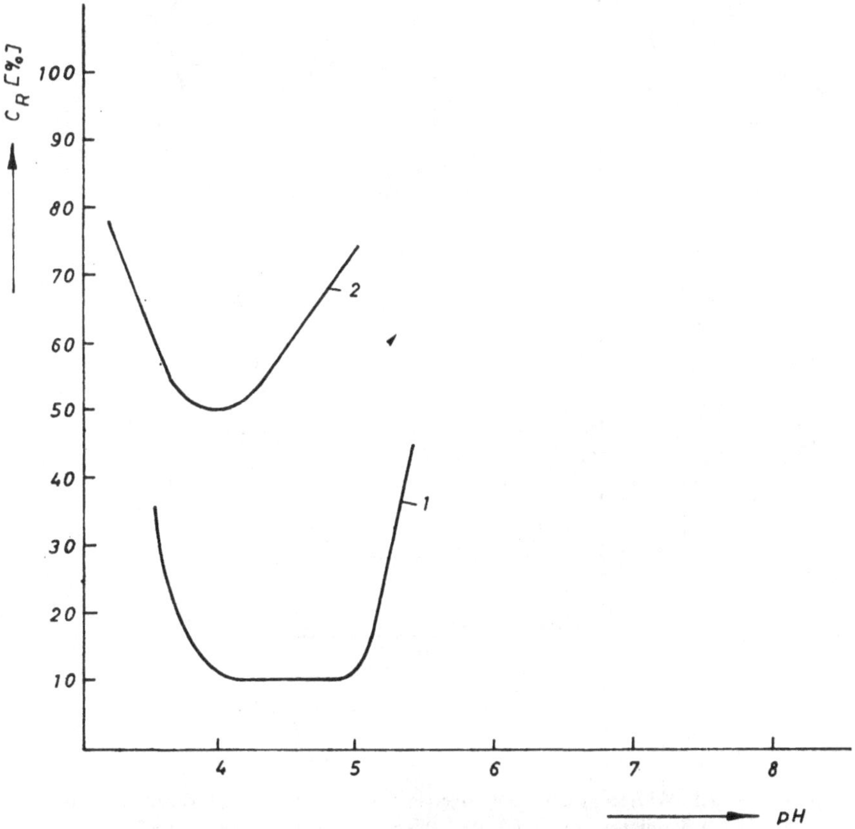

Abb. 11: Abhängigkeit der Breite und Lage des optimalen pH-Bereiches von der Huminstoffkonzentration (C_0) des Rohwassers bei der Flockung von Moorwasser-Fulvosäure mit 26 µmol · l^{-1} Fe.
(Nach FICHTNER u. WALTHER, 1975.)

C_R – Fulvosäurerestgehalt
1 – C_0: 5 mg · l^{-1} Moorwasser-Fulvosäure 2 – C_0: 20 mg · l^{-1} Moorwasser – Fulvosäure

stofffreiem Wasser. Abb. 13 gibt das Zustands(Stabilitäts-)diagramm wieder, das bei der Flockung eines Wassers erhalten wurde, dessen Huminsäurekonzentration 5 mg · l^{-1} betrug und das keine Erdalkalisalze enthielt.

Wie zu erkennen ist, erweitert sich beispielsweise nach Erhöhung der Al-Dosis von 15 auf 30 µmol · l^{-1} das pH-Gebiet, innerhalb dessen es zur Aus-

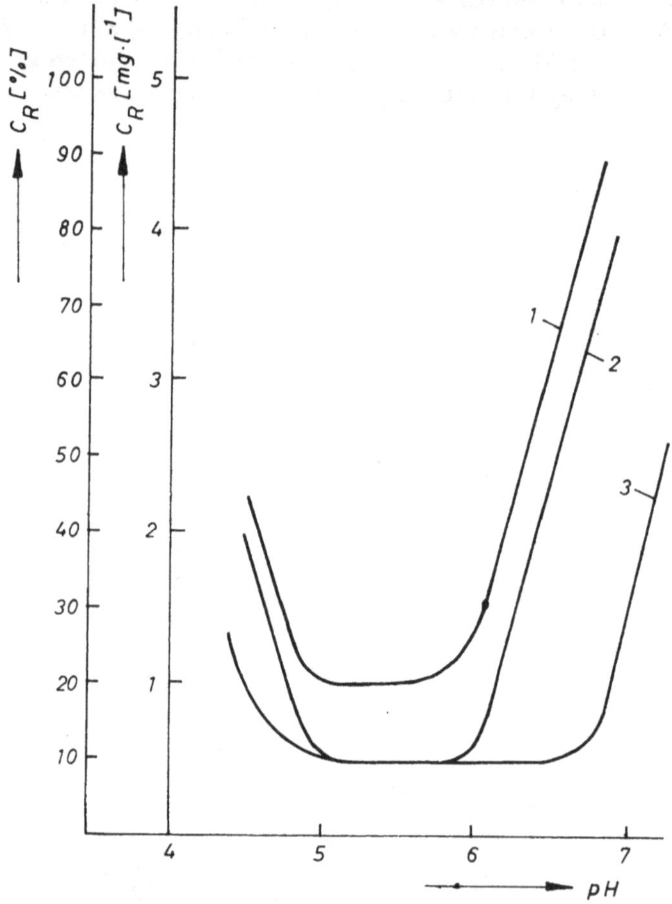

Abb. 12: Abhängigkeit der Breite des optimalen pH-Bereiches von der Flockungsmitteldosis (*D*) bei der Behandlung von Rohwasser mit einem Moorwasser-Fulvosäuregehalt von 5 mg · l^{-1}.
(Nach FICHTNER u. WALTHER, 1975.)

C_R-Fulvosäurerestgehalt
1 D = 17 µmol · l^{-1} Al (optimale Dosis)
2 D = 26 µmol · l^{-1} Al (Dosis, die maximale Elimination erzielt)
3 D = 50 µmol · l^{-1} Al

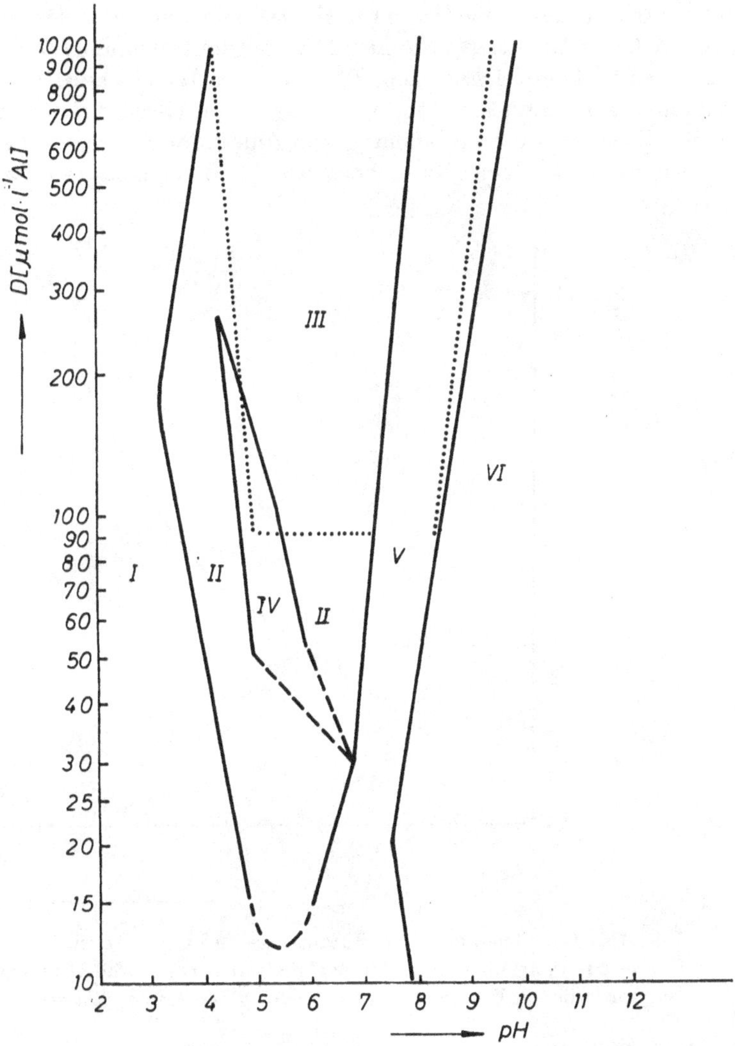

Abb. 13: Abhängigkeit der Ausflockung einer Torfhuminsäure von der Al-Dosis *D* und dem pH-Wert (Zustandsdiagramm); Huminstoffbelastung des erdalkalisalzfreien Rohwassers 5 mg · l^{-1}.
(Nach Mangravite et al., 1975, geändert.)
Die gepunktete Linie umreißt den Bereich, in dem Aluminiumhydroxid bei Abwesenheit von Huminsäure ausfällt.

flockung des Huminstoffes kommt, von 4,8···6,0 auf 4,3···6,8. Im Bereich I findet auf Grund des zu niedrigen pH-Wertes oder/und der zu geringen Al-Konzentration keine Reaktion zwischen Flockungsmittel und Huminsäure statt. Der Bereich II kennzeichnet die Flockung der Huminsäure durch Isopolyaluminiumionen ohne Ausfällung von Aluminiumhydroxid. Im Bereich III erfolgt die Flockung unter Ausfällung von Aluminiumhydroxid; der maximale Eliminationsgrad ist hier ebenso hoch wie im Bereich II. Der Bereich IV ist

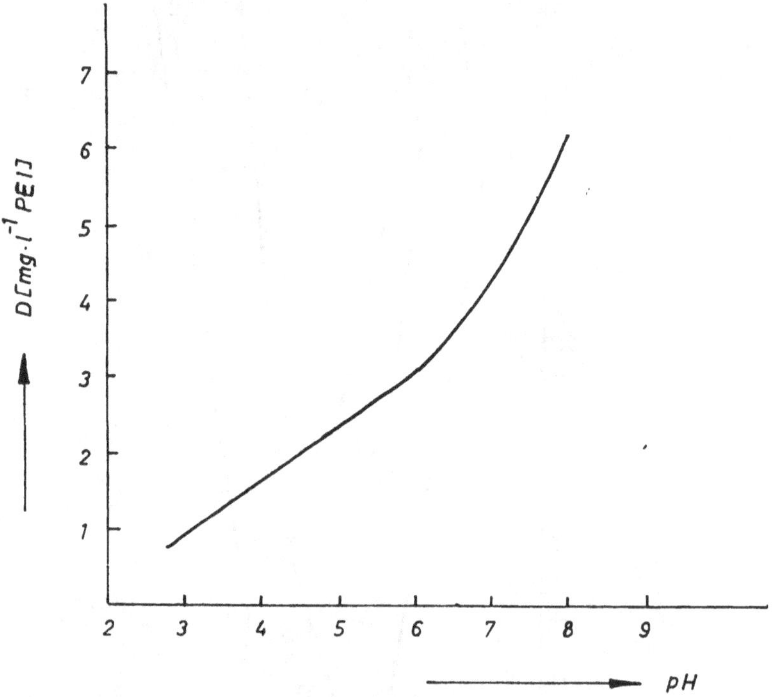

Abb. 14: Flockung von Huminsäure (10 mg · l^{-1}) mit Polyethylenimin (*PEI*-Aktivsubstanz); Abhängigkeit der zur Ladungsneutralisierung erforderlichen Polymermenge (*D*) vom pH-Wert des Wassers.

dadurch charakterisiert, daß das Flockungsmittel zwar mit der Huminsäure reagiert (Erhöhung der Trübung des Wassers), aber keine absetzfähigen Flokken entstehen; wahrscheinlich verursachen adsorbierte Isopolyaluminiumionen eine positive Aufladung, d. h. Stabilisierung der Mikroflocken. Stabilisierte Mikroflocken bilden sich auch im Bereich V. In der Zone VI wird die Reaktion von Flockungsmittel und Huminsäure durch den zu hohen pH-Wert verhindert. MANGRAVITE et al. stellten auch bei der Flockung des 50 mg · l^{-1} Torfhuminsäure enthaltenden Wassers in einem bestimmten D-pH-Gebiet eine Verhinderung der Makroflockenbildung durch Ladungsumkehr fest, und zwar etwa im Al-Konzentrationsbereich von 1···10 mmol · l^{-1} zwischen pH 4 und 6.

3.4.2.2. *Flockung mit kationischen Polymeren*

Die zur Ausflockung von Huminsäure erforderliche Polymermenge nimmt mit sinkendem pH-Wert des Wasers ab. Dies entspricht den theoretischen Vorstellungen über den Mechanismus der Elimination von Huminstoffen durch kationische Polyelektrolyte (s. 3.3.3.). Abb. 14 gibt ein Beispiel wieder für die Beziehung zwischen dem pH-Wert und der Polymermenge, die zur Neutralisierung der Ladung der dissoziierten Huminsäure führt. Die grafische Dar-

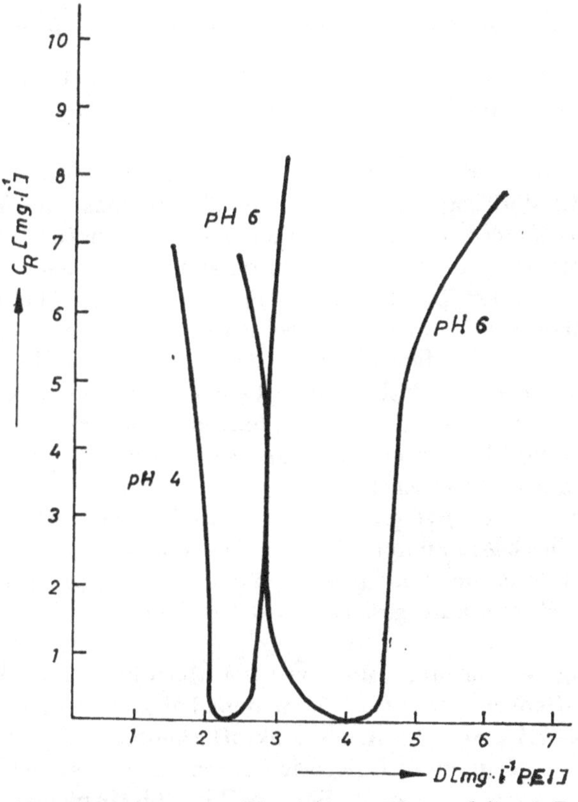

Abb. 15: Reaktion von Huminsäure (10 mg · l^{-1}) mit Polyethylenimin bei pH 4 und 6; Abhängigkeit der nicht an das Polymer gebundenen Huminsäuremenge C_R von der Polymerdosis D.
(Nach NARKIS u. REBHUN, 1977.)

stellung basiert auf Werten, die von NARKIS u. REBHUN (1977) bei Untersuchungen über die Flockung eines 10 mg · l^{-1} Huminsäure enthaltenden Wassers mit Polyethylenimin ($\overline{M}$ 3 · 10^4 g · mol^{-1}) ermittelt wurden. In dem angeführten Fall besteht unterhalb von pH 6 eine lineare Abhängigkeit des Polymerdosis vom pH-Wert.

VEJCER et al. (1975) stellten im Rahmen von Untersuchungen über die Eignung kationischer Polymere für die Huminsäureelimination durch Flockungsfiltration (s. 3.4.1.2.) fest, daß eine pH-Wert-Erniedrigung von 6 auf 3 eine Verminderung der Polyethylenimindosis um etwa 55% ermöglicht.

Andererseits wird der optimale Polymerdosisbereich mit sinkendem pH-Wert enger (s. Abb. 15).

3.4.3. Wirkung von Erdalkali-, Alkali-, Sulfat- und Chloridionen

Die Befunde von Untersuchungen verschiedener Autoren über den Einfluß derartiger Ionen auf die Huminstoffelimination durch Metallsalze weichen teilweise voneinander ab. Dies ist offenbar darauf zurückzuführen, daß das Ausmaß des Einflusses erheblich von der Art der Huminsäure abhängt. Vermutlich nimmt die Wirkung mit kleiner werdender Molmasse des Huminstoffs ab. MAULDING u. HARRIS (1968) behandelten ein huminsäurehaltiges Flußwasser mit Eisen(III)-sulfat und steigerten dabei im Rohwasser die Natrium- und Chloridkonzentration bis 10 mmol · l^{-1}, die Calcium-, Magnesium- und Sulfatkonzentration bis 5 mmol · l^{-1}. Die Autoren konnten folgendes feststellen. Natrium- und Chloridionen wirken sich nicht auf die Flockung der betreffenden Huminsäure aus. Insbesondere Calcium- und Magnesiumionen erweitern mit zunehmender Konzentration den optimalen pH-Bereich. Sulfationen vermindern die Elimination nur dann, wenn keine äquivalenten Mengen Calcium oder Magnesium vorliegen.

MANGRAVITE et al. (1975) verglichen die Abhängigkeit der Elimination einer Torfhuminsäure durch Aluminiumsulfat bei An- und Abwesenheit (s. 3.4.2.1.) von Calcium- und Sulfationen und gelangten bezüglich der pH-Bereiche, innerhalb deren diese Huminsäure geflockt wird, zu dem in Tab. 13 angeführten Ergebnis.

Danach vermag Calciumsulfat, und zwar vor allem infolge der Wirkung des Kations, im pH-Bereich von 5,0···5,8, in dem bei Abwesenheit dieses Erdalkalisalzes (s. 3.4.2.1., Abb. 13) keine Makroflockenbildung stattfindet, eine Ausflockung der Torfhuminsäure herbeizuführen. Somit ist bereits bei sehr geringen Calciumkonzentrationen der Bereich II in Abb. 13 nicht mehr existent. Außerdem verschiebt sich mit zunehmendem Calcium- bzw. Calciumsulfatgehalt des Rohwassers der pH-Bereich, in dem die Torfhuminsäure eliminiert wird, nach höheren Werten.

Tabelle 13

Einfluß von Ca^{2+} und SO_4^{2+} auf die Flockbarkeit von Torfhuminsäure (5 mg · l^{-1} Al), nach MANGRAVITE et al. (1975)

c (mmol · l^{-1})		pH-Bereich der Ausflockung der Huminsäure
Ca^{2+}	SO_4^{2-}	
3,0	3,0	4,7···8,0
0,3	0,2···0,5	3,7···7,6
0	0···0,008	3,9···4,9; 5,9···6,9

FICHTNER (1974) sowie FICHTNER u. WALTHER (1975) verwendeten im Rahmen der Untersuchungen über die Flockung einer Moorwassersulfosäure durch Metallsalze (3.4.1.) Modellwässer (Wassertypen I···III) mit folgenden Calcium-, Magnesium-, Natrium-, Sulfat- und Chloridgehalten:

Tabelle 14

Erdalkali-, Alkali-, Sulfat- und Chloridionenkonzentration der von FICHTNER (1974) sowie FICHTNER und WALTHER (1975) verwendeten moorwasserfulvosäurehaltigen Modellwässer

c	Wassertyp		
(mmol · l^{-1})	I	II	III
Ca^{2+}	0,65	1,75	3,65
Mg^{2+}	0,30	0,40	1,75
Ca^{2+} + Mg^{2+}	0,95	2,15	5,40
Na^{+}	0,60	1,70	9,00
SO_4^{2+}	0,85	0,90	3,35
Cl^{-}	0,40	1,80	9,40

Molverhältnis	I	II	III
Ca^{2+}/Mg^{2+}	2,2	4,3	2,1
Ca^{2+} + Mg^{2+}/SO_4^{2+}	1,1	2,4	1,6

FICHTNER wies nach, daß bei der Elimination der Moorwasser-Fulvosäure aus den 3 Wassertypen kein signifikanter Unterschied auftritt. Dies gilt auch hinsichtlich der pH-Optima (s. 3.4.2.1.). Demnach ist die Flockung der Fulvosäure in einem großen Bereich weitgehend unabhängig von der Konzentration der Erdalkali-, Alkali-, Sulfat- und Chloridionen.

3.4.4. Huminsäureelimination in Gegenwart von anorganischem Trübstoff

Da Oberflächen- und Grundwässer stets mehr oder weniger mit anorganischem Trübstoff belastet sind, ist die Kenntnis der gegenseitigen Beeinflussung von anorganischem Trübstoff und Huminsubstanz bei der Flockung von erheblicher

Bedeutung. Die Trübung verursachenden anorganischen Verbindungen gelangen wie viele andere Substanzen durch Bodenauswaschung in das Wasser; der überwiegende Teil ist silicatischer Natur und besteht vorwiegend aus Tonmineralen (Kaolinit bzw. Kaolin, Montmorillonit, Illit) sowie aus Quarz. Die Größe dieser negativ geladenen Trübstoffpartikel des Wassers schwankt zwischen 0,5 und 10 μm, d. h. die Teilchen liegen kolloidal und in einer solchen grobdispersen Form vor, die noch eine weitgehende Stabilität des Systems Trübstoff—Wasser gegenüber der Schwerkraft bedingt.

3.4.4.1. Flockung mit Metallsalzen

Die Entstabilisierung des anorganischen Trübstoffs kann durch Einschlußflockung und spezifische Koagulation erfolgen. Welche der beiden Mechanismen abläuft bzw. mit welchem Anteil die beiden Prozesse an der Ausflockung des Trübstoffes beteiligt sind, hängt nach den Befunden von Stumm u. O'Mellia (1968), die Versuche mit siliciumdioxidhaltigen Modelldispersionen durchführten, von der Oberflächenkonzentration der dispersen Phase ab. Bei geringer Oberflächenkonzentration wird der Trübstoff ausschließlich durch Einschlußflockung entstabilisiert, die eine relativ hohe Flockungsmitteldosis erfordert. Mit zunehmender Oberflächenkonzentration verringert sich zunächst die notwendige Metallsalzmenge, da neben der Einschlußflockung die spezifische Koagulation in Erscheinung tritt. Erst ein weiteres Ansteigen der Oberflächenkonzentration bedingt wieder eine Erhöhung der Dosis. Selbstverständlich ist die in natürlichen Wässern nur mit sehr hohem Aufwand bestimmbare Oberflächenkonzentration lediglich eine der Einflußgrößen bei der Flockung von anorganischem Trübstoff, die naturgemäß auch stark vom pH-Wert abhängt. Kommt als Metallsalz Aluminiumsulfat zum Einsatz, werden in der Regel pH-Bereiche um den Neutralpunkt als Optima ermittelt (s. z. B. Packham 1963, 1965; Fichtner 1974). Das zeigt, daß die Trübstoffelimination meist in erster Linie auf der Einschlußflockung basiert. Ein weiterer Hinweis auf die dominierende Rolle der Einschlußflockung sind auch die Ergebnisse von Untersuchungen über die Bedeutung der Größe der elektrophoretischen Wanderungsgeschwindigkeit für die Verminderung des Gehaltes an anorganischem Trübstoff. Wie diese Versuche beweisen, stellt die elektrophoretische Wanderungsgeschwindigkeit kein grundsätzlich ausreichendes Kriterium dar (Black u. Hannah, 1961; Black u. Walters, 1964; Hall, 1966).

In Wässern häufig enthaltene Ionen wie SO_4^{2-}, Cl^- und Ca^{2+} können den optimalen pH-Wert-Bereich bei der Flockung silicatischer Trübstoffe erweitern (s. z. B. Packham, 1965; Albert, 1975).

Die Elimination von Huminsäure wird durch anorganischen Trübstoff meist relativ wenig oder gar nicht beeinflußt. Einerseits verändert sich der optimale pH-Bereich in Gegenwart des Trübstoffes im allgemeinen nicht erheblich. Andererseits ist in der Regel auch der Grad der Huminsäureentfernung bei Anwesenheit des Trübstoffs fast oder genauso hoch wie bei dessen Abwesenheit, wenn durch den Metallsalzzusatz lediglich Huminsäure ausgeflockt wird. Im Gegensatz dazu können sich Huminstoffe in viel stärkerem Maße auf die Trübstoffelimination auswirken. Dies gilt sowohl hinsichtlich des pH-Optimums als auch bezüglich der Flockungsmitteldosis.

Eingehende Untersuchungen über die gegenseitige Beeinflussung von Humin- und Trübstoff bei der Flockung mit Aluminiumsulfat führte FICHTNER (1974) durch. Als Trübstoff verwendete der Autor Kaolinit-Ton mit einer maximalen Partikelgröße von 5 µm. Die trübstoffhaltigen Modellwässer besaßen eine Tonkonzentration von 20 mg · l^{-1}. Der Gehalt der Gewässer an anorganischen Ionen betrug 0,65 mmol · l^{-1} Ca^{2+}; 0,30 mmol · l^{-1} Mg^{2+}; 0,6mmol · l^{-1} Na^{+}; 0,85 mmol · l^{-1} SO_4^{2-}; 0,40 mmol · l^{-1} Cl^{-} (s. 3.4.3., Tab. 14).

In den Abb. 16a bis c ist dargestellt die Elimination von Moorwasser-Fulvosäure (s. 3.4.1.1.) bei An- und Abwesenheit des Tons sowie die Elimination des Trübstoffs in Gegenwart und Abwesenheit der Huminsubstanz. Der Flockungseffekt wird gekennzeichnet durch den absoluten und prozentualen Fulvosäurerestgehalt sowie die prozentuale Resttrübung, deren Ermittlung durch Lichtdurchlässigkeitsmessung erfolgte. Die Abbildungen lassen den Einfluß des pH-Wertes des Reinwassers, der Fulvosäurekonzentration des Rohwassers und der Flockungsmitteldosis erkennen.

Im einzelnen zeigen die Abbildungen folgendes:

— Der optimale pH-Bereich für die Fulvosäureelimination ist in Gegenwart des silikatischen Trübstoffs der gleiche oder fast derselbe wie bei Abwesenheit des Tons.

— Wird Fulvosäure und Ton enthaltendes Wasser unter den Bedingungen geflockt, daß der pH-Wert für die Entfernung der Fulvosäure optimal ist und die Metallionendosis die bei Abwesenheit von Ton ermittelte optimale Menge nicht überschreitet, kommt es entweder ausschließlich zur Fulvosäureelimination (16c) oder der Trübstoff vermindert sich im Vergleich zur farbgebenden Substanz nur unwesentlich (Abb. 16b). Dabei ist der Grad der Huminstoffabnahme lediglich unerheblich geringer als nach der Flokkung von trübstofffreiem Wasser. Im fulvosäure- und tonhaltigen Wasser setzt eine stärkere Trübstoffausflockung erst nach Überschreiten der für die Fulvosäureelimination optimalen Metallionendosis ein. Dies läßt zwei Schlußfolgerungen zu: 1. Die Mechanismen, die die Flockung der Fulvosäure und des anorganischen Trübstoffs bewirken, unterscheiden sich. 2. Die Fulvosäure liegt im tonhaltigen Rohwasser in gelöster Form vor, d. h. es tritt auf Grund der negativen Ladung sowohl des Huminstoffs als auch des Tons keine Adsorption der Fulvosäure durch den Trübstoff ein.

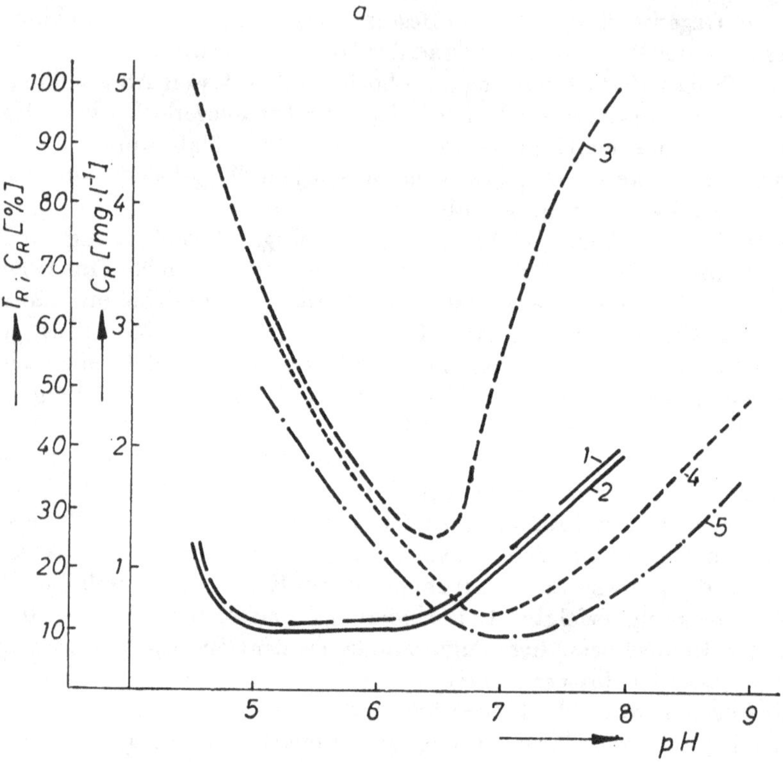

Abb. 16 (a⋯c): Flockung von Fulvosäure bei An- und Abwesenheit des Trübstoffes Ton — Flockung von Ton in Gegenwart und Abwesenheit von Fulvosäure, Abhängigkeit des Fulvosäurerestgehaltes C_R und der Resttrübung T_R vom pH-Wert des Reinwassers bei unterschiedlicher Fulvosäurekonzentration C_0 des Rohwassers und Al-Dosen (D) von 50 und 100 μmol · l^{-1} — Tonkonzentration des Rohwassers 20 mg · l^{-1}. (Nach FICHTNER, 1974.)

Zur Elimination der Fulvosäure im optimalen pH-Bereich bei Abwesenheit des Trübstoffs erforderliche Al-Mengen:

D_{max} = maximale Elimination bewirkende Dosis
D_{opt} = optimale Dosis

a) $C_0 = 5$ mg · l^{-1} Moorwasser-Fulvosäure; $D = 100\,\mu$mol · l^{-1}

1 C_R nach der Flockung von trübstoffhaltigem Wasser
2 C_R nach der Flockung von trübstofffreiem Wasser
3 T_R nach der Flockung von trübstoffhaltigem Wasser

$C_0 = 0$

4 T_R nach der Flockung mit $D = 50\,\mu$mol · l^{-1}
5 T_R nach der Flockung mit $D = 100\,\mu$mol · l^{-1}

— $D_{max} = 26\,\mu$mol · l^{-1}
— $D_{opt} = 18 \cdots 20\,\mu$mol · l^{-1}

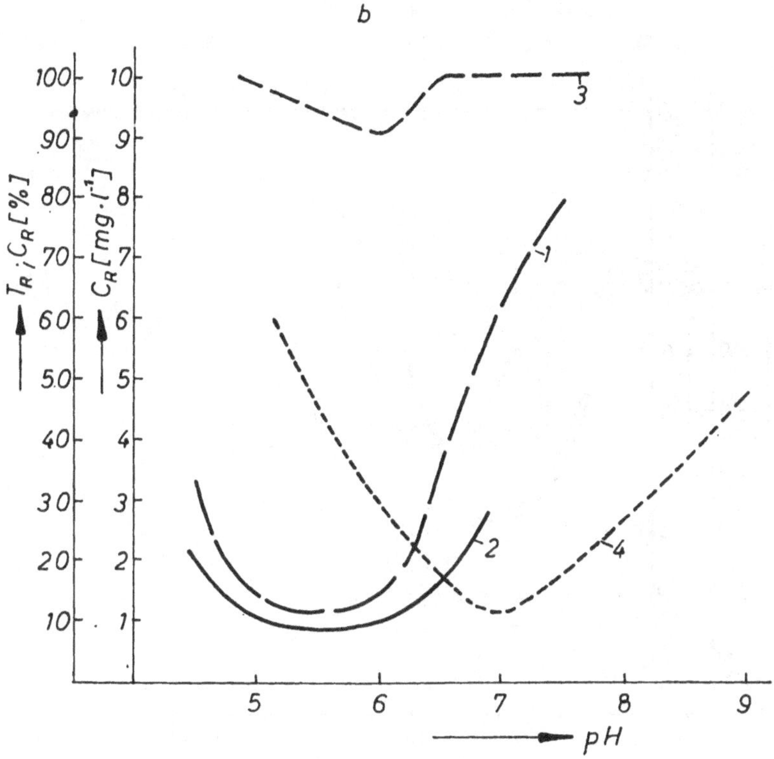

b)	C_0 = 10 mg · l^{-1} Moorwasser-Fulvosäure; D = 50 µmol · l^{-1}
1	C_R nach der Flockung von trübstoffhaltigem Wasser
2	C_R nach der Flockung von trübstofffreiem Wasser
3	T_R nach der Flockung von trübstoffhaltigem Wasser
	C_0 = 0; D = 50 µmol · l^{-1}
4	T_R

– D_{max} = 68 µmol · l^{-1}
– D_{opt} = 40···50 µmol · l^{-1}

- Die Flockungsmitteldosis, die bei Abwesenheit von Trübstoff zur maximalen Auswirkung der Fulvosäure führt, eliminiert diese aus trübstoffhaltigem Wasser fast in gleichem Maße (Abb. 16a).
- In Gegenwart der Huminsubstanz ist der optimale pH-Bereich für die Ausflockung des silicatischen Trübstoffes enger und soweit nach niedrigeren Werten verschoben (Abb. 16a), daß eine bevorzugte oder alleinige Elimination des Tones durch pH-Wert-Erhöhung nicht erreicht werden kann. Bei Abwesenheit der Fulvosäure liegt im pH-Bereich von 6,5···7,5 das Optimum der Trübstoffelimination, die demnach vorwiegend durch Einschlußflockung erfolgt. Ob die in Gegenwart der Fulvosäure zu beobachten-

c

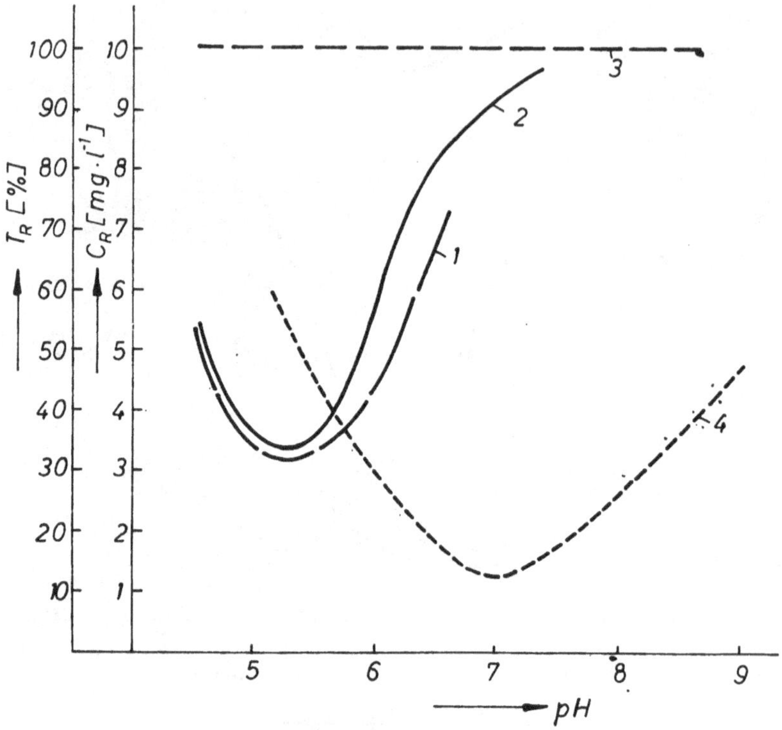

c) | $C_0 = 20$ mg · l^{-1} Moorwasser-Fulvosäure; $D = 50$ µmol · l^{-1}
1 | C_R nach der Flockung von trübstoffhaltigem Wasser
2 | C_R nach der Flockung von trübstofffreiem Wasser
3 | T_R nach der Flockung von trübstoffhaltigem Wasser
| $C_0 = 0$; $D = 50$ µmol · l^{-1}
4 | T_R

— $D_{max} = 133$ µmol · l^{-1}
— $D_{opt} = 60 \cdots 70$ µmol · l^{-1}

de Verschiebung des pH-Optimums in den Bereich von 6,2···6,5 auf eine Änderung des Flockungsmechanismus zurückzuführen ist, bleibt offen.

— Der Ton läßt sich aus fulvosäurehaltigem Wasser auch dann nicht bis zu dem bei Huminstoffabwesenheit erreichbaren Grad entfernen, wenn wesentlich mehr als die Metallionenmenge zugesetzt wird, die sich aus der Summe der die maximale Fulvosäureelimination erzielenden Dosis und der Dosis ergibt, die in fulvosäurefreiem Wasser eine annähernd maximale Tonausflockung hervorruft (Abb. 16a). Huminsubstanzen können demnach die Elimination von anorganischem Trübstoff verringern.

– Die Feststellung, daß sich im allgemeinen bei der Flockung von Huminstoffen der optimale pH-Bereich mit Vergrößerung des Verhältnisses von Flockungsmitteldosis zu Huminstoffgehalt verbreitert (s. 3.4.2.1.), gilt auch im Falle der Anwesenheit von Trübstoff (Abb. 16c, a). Die Erscheinung ist unabhängig davon, ob Trübstoff ausflockt oder nicht.

Hall u. Packham (1965) testeten die gegenseitige Beeinflussung von Kaolin (50 mg $\cdot$ l^{-1}) und Huminstoff bei der Flockung mit Aluminiumsulfat. Die Autoren führten ihre Untersuchungen allerdings lediglich im suboptimalen Flockungsmitteldosisbereich durch und ermittelten die für eine 50%ige Elimination der einzelnen Substanzen erforderliche Flockungsmittelmenge. Hall u. Packham beobachteten in Gegenwart von Huminstoff eine Verschiebung des optimalen pH-Wertes für die Trübstoffverminderung von etwa 7 auf 6,5 und stellten außerdem fest, daß bei stark mit Fulvosäure belastetem Wasser (25 mg $\cdot$ l^{-1}) der Flockungsmittelbedarf des Kaolins wesentlich erhöht ist. Diese Befunde beweisen die Verallgemeinerungsfähigkeit der Aussagen, die Fichtner aus den Untersuchungen über die Flockung von Fulvosäure und silicatischem Trübstoff enthaltenden Wässern ableitete.

Unter Umständen kann in huminstoffbelasteten Wässern nicht nur die Ausflockung von anorganischem Trübstoff gestört sein, sondern letzterer kann auch die Elimination der Huminsubstanz negativ beeinflussen. Eine derartige gegenseitige Störung beobachtete Albert (1975) unterhalb des pH-Wertes 7 bei der Flockung eines Wassers, das Fulvosäure und Quarz als Trübstoff enthielt.

3.4.4.2. Flockung mit kationischen Polymeren

Die Flockungswirksamkeit eines kationischen Polymers auf Vinylpyridinbasis gegenüber Wasser, das mit Montmorillonit-Ton (150 mg $\cdot$ l^{-1}) und Torf-Fulvosäure (50 mg $\cdot$ l^{-1}) oder Huminsäure (10 mg $\cdot$ l^{-1}) belastet war, untersuchten Narkis u. Rebhun (1975). Obwohl letztere das Flockungsmittel Poly(4-vinyl-N-methylpyridiniumjodid) mit einer durchschnittlichen Molmasse von $3{,}3 \cdot 10^5$ g $\cdot$ mol^{-1} lediglich bei einem für die Huminstoffelimination nicht optimalen pH-Wert von 8,0 testeten, lassen die Ergebnisse folgende allgemeine Schlußfolgerungen zu.

Werden einem Wasser, das Huminstoff in ausschließlich gelöster Form sowie silikatischen Trübstoff enthält steigende Mengen kationisches Polymer zugefügt, reagiert das Flockungsmittel zunächst lediglich mit der farbgebenden Substanz. Erst nach Abschluß dieser Reaktion tritt eine Wechselwirkung zwischen Trübstoff und Polymer ein, das die Silicatmoleküle vernetzt. Es besteht die Möglichkeit, Humin- und Trübstoff weitgehend getrennt zu flocken. Bei Einsatz ausreichender Polymermenge können beide Substanzen sehr weitgehend eliminiert werden. In Gegenwart von Trübstoff erfordert die maximale Elimination der farbgebenden Substanz eine etwas größere Polymermenge als bei Abwesenheit.

Ist im Rohwasser der überwiegende Teil der Huminverbindung komplex an den silicatischen Trübstoff gebunden und dessen negative Ladung dadurch erhöht, wird für die maximale Ausflockung des Humin- und Trübstoffes etwas mehr Polymer benötigt als beim Vorliegen lediglich gelöster Huminsubstanz. In Wässern, die sowohl gelöste als auch komplexgebundene Huminverbindungen sowie nicht an Huminsäure gebundenen Trübstoff enthalten, reagiert der kationische Polyelektrolyt zuerst mit dem in Lösung befindlichen Anteil und danach vorzugsweise mit dem Trübstoff-Humin-Komplex. Die Vernetzung der nicht an Humin- oder Fulvosäure gebundenen Trübstoffpartikel findet zuletzt statt.

Im Falle der maximalen Ausflockung der Huminverbindung und des Trübstoffs läßt sich im Reinwasser nur ein sehr geringer Polymerrestgehalt nachweisen; dies gilt unabhängig davon, ob die farbgebende Substanz ausschließlich gelöst oder teilweise an Trübstoff gebunden vorliegt. Überschreitet die Polymerdosis die für die maximale Elimination beider Inhaltsstoffe erforderliche Menge, nimmt der Flockungseffekt ab bzw. restabilisieren sich die Flocken mehr oder weniger. Bei einem Wasser, dessen Huminsubstanz überwiegend an silicatischen Trübstoff gebunden ist, wird zum Auslösen der Restabilisierung eine höhere Polymerdosis benötigt als bei einem Wasser, das dieselbe Menge an Huminsäure in ausschließlich gelöster Form enthält.

3.4.4.3. Kombinierte Behandlung mit Metallsalz und Polymer

Im Rahmen von Grundlagenuntersuchungen wurde der Einfluß anionischer und nichtionischer Polymere vom Acrylamidtyp auf die Flockungsbehandlung von humin- und trübstoffhaltigen Modellwässern mit Metallsalzen geprüft. Die Ergebnisse zeigen, daß bereits geringe Mengen derartiger Polymere ($< 1{,}0\ \mathrm{mg} \cdot l^{-1}$) die Flockung mit Aluminium- oder Eisensalz zu optimieren vermögen. Vor allem steigt in jedem Falle die Absetzgeschwindigkeit der Flocken sehr stark an. Wie weiterhin beobachtet wurde, läßt sich die Langsamrührphase verkürzen, unter Umständen aber auch der Grad der Elimination von Humin- und silicatischem Trübstoff erhöhen sowie die Metallsalzdosis vermindern. Die Dosierung des Polymers ist zeitlich optimal, wenn sie 45···60 s nach Zusatz des Primärflockungsmittels stattfindet.

Fichtner (1974) testete die Wirkung von nichtionischem und anionischem Polyacrylamid mit mittleren Molmassen von $1{,}7 \cdot 10^6$ g auf die Flockung mit Aluminiumsulfat bei Anwesenheit von Moorwasser-Fulvosäure und silikatischen Trübstoff. Das Polymer wurde 45 s nach der Metallsalzzugabe dosiert. Der Autor stellte folgendes fest: Wie bei der Behandlung von lediglich Fulvosäure enthaltendem Wasser (s. 3.4.1.3.) erhöhen nichtionisches und schwach anionisches Polyacrylamid die Flockenabsetzgeschwindigkeit am stärksten; zugleich erzielen diese Polymerarten die geringste Restextinktion des Reinwassers. Die Steigerung der Absetzgeschwindigkeit wird insbesondere durch Vergrößerung der Flocken hervorgerufen. Enthält das Rohwasser beispielsweise 10 mg · l^{-1} Moorwasser-Fulvosäure (s. 3.4.2.1.) sowie 20 mg · l^{-1} Kaolinit-Ton (s. 3.4.4.1.) und kommen bei der Flockung im pH-Optimum optimale Mengen Aluminiumsulfat (100 μmol · l^{-1} Al) und nichtionisches Polyacrylamid (0,4 mg · l^{-1} Aktivsubstanz) zur Anwendung, entstehen Flocken mit einer Absetzgeschwindigkeit von 3,5 cm · min^{-1}. Wird ein solches Wasser lediglich mit Metallsalz geflockt, beträgt die Absetzgeschwindigkeit nur etwa 1,2 cm · min^{-1}. Nach Tab. 10 (3.4.1.3.) sinken die Flocken, die nach der Behandlung des entsprechenden trübstofffreien Wassers mit Aluminiumsulfat und dem nichtionischen Polyacrylamid anfallen, mit einer Geschwindigkeit von maximal 1,8 cm · min^{-1}. Demnach kann die Absetzfähigkeit trübstoffhaltiger Flocken in wesentlich stärkerem Maße verbessert werden. Die Polymerdosis, die bei der Behandlung eines humin- und trübstoffhaltigen Wassers mit Metallsalz und Polyacrylamid zum Erreichen des maximalen Effektes erforderlich ist, liegt nur geringfügig über der Menge, die bei Abwesenheit des Trübstoffs die größte Wirkung erzielt.

Durch den Einsatz von anionischen Polyacrylamiden bei der Flockungsbehandlung eines Torfhuminsäure und Ton enthaltenden Wassers mit Aluminiumsulfat bzw. Eisensalzen konnten GROSSMAN et al. (1974) zum Teil die Humin- und Trübstoffkonzentration des Reinwassers bis zur Hälfte der Konzentration senken, die nach Flockung ohne Polymer auftrat. Im Maximalfall betrug die durch Polymerzusatz erreichte Verminderung der Metallsalzdosis etwa 50%. Aktivierte Kieselsäure verbesserte den Flockungsprozeß nicht in dem Maße wie die anionischen Polyacrylamide, über deren Hydrolysegrad die Autoren keine Angaben machen. Das von GROSSMAN et al. benutzte Modellwasser wies folgende Güteparameter auf: Farbgrad 40 mg · l^{-1} Pt, Trübung 80 mg · l^{-1} SiO_2, CSV 6,8···8,0 mg · l^{-1} O_2, pH-Wert 7,4···7,6. Ohne Polymer läßt sich die Belastung dieses Modellwassers mit Aluminiumsulfat auf 20 mg · l^{-1} Pt und 10 mg · l^{-1} SiO_2 senken, wofür 234 μmol · l^{-1} Al erforderlich sind.

Polymere auf Acrylamidbasis sind auch in der Lage, die Ausflockung von Huminsubstanz und anorganischem Trübstoff in solchen Fällen herbeizuführen, in denen die Bildung absetzfähiger Flocken nach dem Metallsalzzusatz mehr oder weniger gehemmt ist (s. 3.4.4.1.). Dies beobachtete ALBERT (1975) bei der Flockung fulvosäurehaltiger Quarzdispersionen.

Der Schlamm, der nach der Flockung mit Metallsalz-Polymer-Kombinationen anfällt, läßt sich wesentlich besser entwässern als der lediglich nach Metallsalzzusatz entstehende Schlamm. Dies konnte LEWANDOWSKI (1978) anhand der Messung des Filterwiderstandes (Methode nach COACKLY u. JONES, 1956) von Schlämmen nachweisen, die durch die Behandlung eines Modellwassers gewonnen wurden. Letzteres bestand aus einem mit Torf-Huminsäure und kolloidalem Siliciumdioxid versetzten Leitungswasser und war durch folgende Kriterien gekennzeichnet: Farbgrad 100 mg · l^{-1} Pt, Trübung 50 mg · l^{-1} SiO_2, Säureverbrauch bis pH 4,5:4,1 (mmol · l^{-1} H^+), Abdampfrückstand ≈ 500 mg × l^{-1}; Chlorid- und Sulfatgehalt 62,2 bzw. 91,4 mg · l^{-1}. Als Flockungsmittel kamen Aluminiumsulfat und 4 anionische Polymere auf Acrylamidbasis zum Einsatz. Der durch Flockung des oben beschriebenen Modellwassers mit der optimalen Metallsalzdosis (180 μmol · l^{-1} Al) erzeugte Schlamm besitzt (nach 24stündiger Eindickung) bei einem Filtrationsdruck von 4 · 10^1 Pa einen Filterwiderstand von 5,11 · 10^{11} cm · g^{-1}; sein Wassergehalt beträgt 91,4%. Werden dagegen 1 min nach Beginn der Langsamrührphase zusätzlich 0,4···0,6 mg × l^{-1} anionisches Polymer zugefügt, ist der Filterwiderstand 30 bis 40% geringer. Erfolgt die Polymerdosierung erst 1 min vor dem Ende der Langsamrührphase, sinkt der Filterwiderstand sogar um 40 bis 60%, da dann sehr große Flocken entstehen, die gut entwässerbar sind. Der Wassergehalt der nach Polymerzugabe anfallenden Schlämme liegt zwischen 73 und 76%. Bei seinen Untersuchungen konnte LEWANDOWSKI gleichzeitig beobachtet, daß die Anwendung der genannten Polymere eine Verminderung der Metallsalzdosis von 15···30% zuläßt.

3.4.5. Abhängigkeit des Flockungsvorganges vom Energieeintrag

Über die Auswirkung des Energieeintrages auf den Prozeß der Ausflockung von Huminsubstanzen wurden nur sehr wenige Untersuchungen durchgeführt.

SONTHEIMER (1967) unterwarf im Laborversuch ein huminsäurehaltiges Wasser der kombinierten Flockung mit Aluminiumsulfat sowie einem modifizierten natürlichen organischen Polymer und erhöhte die Dauer der Schnellführ(-Misch)phase, in der die Rührerdrehzahl 20 min^{-1} betrug, bis zu 20 min. Der Autor beobachtete mit zunehmender Dauer der Schnellrührphase eine Verminderung des Entfärbungsgrades und bei Verlängerung der Langsamrührphase eine Verstärkung des Entfärbungseffektes. Der zuletzt erwähnte Befund ließ sich jedoch nur im Falle einer relativ kurzen Mischphase erheben.

Im Abschnitt 3.4.1.3. wurde auf Untersuchungen von RÜFFER u. SCHILLING et al. (1973, 1976) eingegangen, die in einer halbtechnischen klassischen Flokkungsanlage ein stark huminsäurehaltiges Oberflächenwasser mit Aluminiumsulfat sowie mit Aluminiumsulfat-Polymer-Kombinationen behandelten. Die Autoren ermittelten dabei auch die Abhängigkeit der Reinwasserqualität vom Energieeintrag in der Langsamrührphase, d. h. von der Umfangsgeschwindigkeit des Rührers und von der Aufenthaltszeit im Flockungsbecken, geben aber bezüglich der weitgehend vergleichbaren Energieeintragsgrößen $\bar{G}$ und Ca nur Schätzwerte an. Danach erfordert das getestete Wasser bei Einsatz von Aluminiumsulfat-Polymer-Kombinationen ein $\bar{G}$ von $70\,s^{-1}$. Wird Aluminiumsulfat in Verbindung mit teilhydrolysiertem Polyacrylamid verwendet, ist die geschätzte optimale Camp-Zahl $84 \cdot 10^3$. Erfolgt lediglich Aluminiumsulfatzugabe, soll der optimale Ca-Wert um $250 \cdot 10^3$ liegen.

Fichtner und Walther (1975) untersuchten den Einfluß des Energieeintrages in der für die Makroflockenbildung entscheidenden Langsamrührphase bei der Flockung von Moorwasser-Fulvosäure (3.4.1.1.) mit Aluminiumsulfat und Eisen(III)-chlorid. Das benutzte Modellrohwasser war organisch lediglich durch den Huminstoff belastet und der verwendete Laborflockungsreaktor bezüglich des Geschwindigkeitsgradienten $\bar{G}$ geeicht (1.2.2.8.). Der zylinderförmige, mit Lichtdurchlässigkeitsmeßeinrichtung versehene Reaktor besaß ein Nutzvolumen von 3 l und enthielt einen Gabelrührer. In der 30 s dauernden Schnellrührphase betrug $\bar{G} = 170\,s^{-1}$, Ca demnach rd. 10^4. Dieser Energieeintrag garantierte eine schnelle Vermischung von Rohwasser und Flockungsmittel. Die chemischen Flockungsbedingungen (Metallsalzdosis, pH-Wert) waren optimal. Als Bewertungskriterium für den Einfluß des Energieeintrages dienten insbesondere der Aluminium- bzw. Eisengehalt und die Extinktion des Reinwassers. Des weiteren wurden die Flockenabsetzgeschwindigkeit ermittelt, die relative mittlere Größe der Flocken in der Langsamrührphase beurteilt sowie die Fulvosäure- und Aluminium- und Eisenkonzentration nach der Filtration des Reinwassers bestimmt.

Abb. 17 zeigt die Abhängigkeit des Eisenrestgehaltes C_R des unfiltrierten Reinwassers von der Camp-Zahl für die Gradienten 5, 12, 20, 40 und $60\,s^{-1}$. Analoge Kurven ergaben sich für die Restextinktion (E_R).

Demnach nehmen im Gradientenbereich von $5 \cdots > 40\,s^{-1}$ C_R und E_R mit steigender Camp-Zahl, d. h. mit der Dauer der Langsamrührphase bis zu einem bestimmten Wert ab. Im Bereich von etwa $10 \cdots 20\,\bar{G}$ erreichen C_R und E_R die niedrigsten Werte. Beträgt der Energieeintrag $60\,\bar{G}$, bleiben der Eisengehalt sowie die Restextinktion des Reinwassers sehr hoch und die Dauer der Langsamrührphase wirkt sich auf die beiden Größen nur noch geringfügig aus.

Insgesamt betrachtet lassen die Untersuchungen über den Einfluß des Energieeintrages auf die Flockung von Fulvosäure mit Metallsalz folgende Aussagen zu:

— In der Phase der Makroflockenbildung wird nur geringe Rührenergiezufuhr benötigt; die Energieeintragsoptima sind durch nachstehende Grenzwerte gekennzeichnet:

Flockung mit Aluminiumsalz $G \approx 10\,s^{-1}$

$Ca \approx 20 \cdot 10^3 \cdots 25 \cdot 10^3$

Flockung mit Eisen(III)-chlorid $G \approx 10 \cdots 20\ s^{-1}$
$Ca \approx 40\ 10^3 \cdots 60 \cdot 10^3$

— Die Aluminium- oder Eisenkonzentration im filtrierten Reinwasser, also der Gehalt an gelöstem Aluminium oder Eisen, ist nach der Flockung bei $\bar{G}$-Werten, die wesentlich über dem Optimum liegen, nicht höher als nach der Flockung im optimalen $\bar{G}$-Bereich, d. h. $< 3\ \mu mol \cdot l^{-1}$ Al und $< 1\ \mu mol \times l^{-1}$ Fe. Analoges gilt auch für den Restgehalt an gelöster Fulvosäure. Die Bindung zwischen der Fulvosäure und dem kationischen Teil des Flockungsmittelhydrolyseproduktes läßt sich somit durch mechanische Kräfte nicht zerstören. Dies ist ein weiterer Hinweis darauf, daß Fulvosäuren durch eine Ionenreaktion (Ligandenaustausch, s. 3.3.1.) geflockt

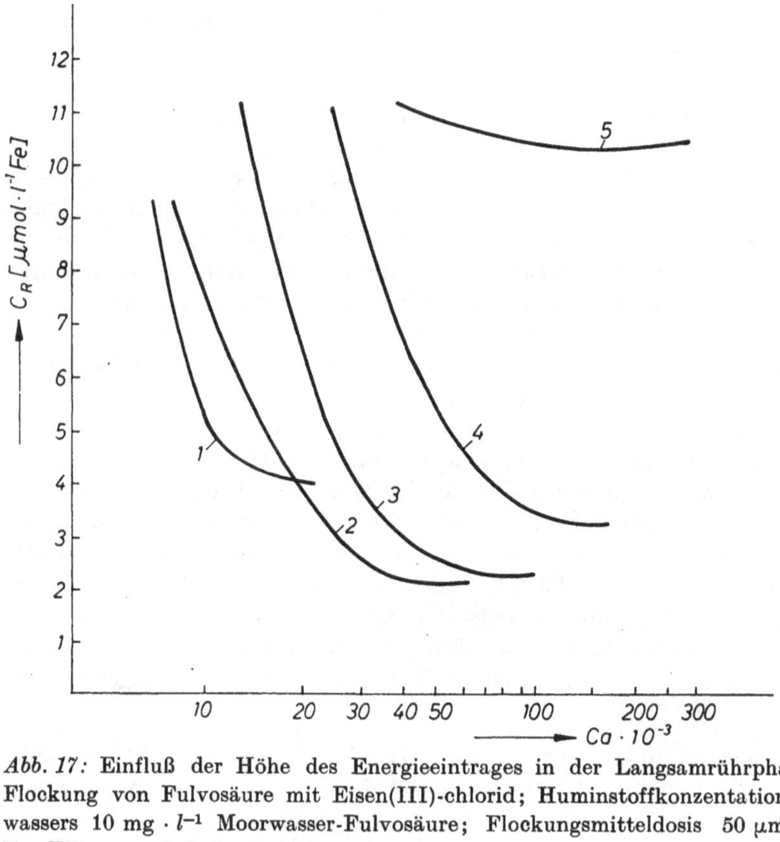

Abb. 17: Einfluß der Höhe des Energieeintrages in der Langsamrührphase auf die Flockung von Fulvosäure mit Eisen(III)-chlorid; Huminstoffkonzentation des Rohwassers 10 mg $\cdot\ l^{-1}$ Moorwasser-Fulvosäure; Flockungsmitteldosis 50 $\mu mol \cdot l^{-1}$ Fe; Fe_R-Eisenrestgehalt des Reinwassers.
(Nach Fichtner u. Walther, 1975.)

1 – G: 5 s^{-1} *2* – G: 12 s^{-1} *3* – G: 20 s^{-1} *4* – G: 40 s^{-1} *5* – G: 60 s^{-1}

werden und nicht durch einen Mechanismus, der nur eine lockere Bindung bewirkt. Nach CAMP (1968) sind die chemischen Bindungskräfte etwa um den Faktor 10^8 größer als die mechanischen Scherkräfte, die bei einem $\bar{G}$ von $12{,}5 \cdot 10^3\ s^{-1}$ auftreten.

- Die Flockengröße verringert sich erwartungsgemäß mit zunehmendem Geschwindigkeitsgradient. Der einem bestimmten $\bar{G}$-Wert entsprechende Flockendurchmesser kann auch durch Verlängerung der Langsamrührphase nicht vergrößert werden.
- Nach optimalem Energieeintrag setzten sich die Flocken bei Einsatz von Eisenchlorid mit einer Geschwindigkeit von $1{,}5 \cdots 1{,}8\ cm \cdot min^{-1}$ ab, bei Anwendung von Aluminiumsulfat nur mit einer Geschwindigkeit von etwa $0{,}85\ cm \cdot min^{-1}$.

3.5. Ligninsulfosäureelimination

3.5.1. Einfluß der Flockungsmittelart und -dosis, der Konzentration und Art der Ligninsulfosäure

3.5.1.1. Flockung mit Metallsalz und Kalkhydrat

Die Metallsalze eliminieren im allgemeinen nicht nur Huminsäure (3.4.1.1.), sondern auch Ligninsulfosäure weitergehend als das Kalkhydrat. HABERER u. NORMANN (1976) prüften die Flockungsleistung von Eisen(III)-chlorid und Kalkhydrat gegenüber Ligninsulfosäure anhand einer Reinwasserprobe (Schlierstein) und fanden, daß Kalkhydrat auch unter der Bedingung einer Flockenanreicherung die Wirksamkeit des Eisenchlorids nicht zu erreichen vermag.

FICHTNER (1974) befaßte sich mit der Flockung von Ligninsulfosäure durch Aluminiumsulfat sowie durch Eisen(III)-chlorid und verwendete Modellwässer, die bis zu $20\ mg \cdot l^{-1}$ Ligninsulfosäure enthielten. Als Testsubstanzen wurden 3 aus einer Fichtenholzsulfitablauge isolierte Ligninsulfosäuregemische benutzt. Eine dieser Testsubstanzen (*LSS-B*) bestand aus dem Gemisch aller Ligninsulfosäuren der Ablauge, die beiden anderen (*LSS-A*), *LSS-C*) waren Fraktionen von *LSS-B*. Letztere setzte sich aus 50% *LSS-A* und 43% *LSS-B* zusammen. Die chemischen Kenndaten der 3 Ligninsulfosäuregemische sind in Tab. 15 angeführt.

Tab. 16 und Abb. 18 weisen die mit Aluminiumsulfat bei unterschiedlicher Rohwasserbelastung erzielten maximalen Effekte aus. In Tab. 16 sind außerdem die für die maximale Elimination erforderliche Flockungsmittelmenge, die optimale Dosis und der damit erreichte Eliminationsgrad angegeben.

Tabelle 15
Chemische Kenndaten der von FICHTNER (1974) für die Prüfung der Flockbarkeit benutzten Ligninsulfosäuregemische

Testsubstanz	Prozentgehalt				spezif. Farbwert	
	Kohlenstoff	Wasserstoff	Schwefel	Stickstoff	$(mg\,Pt \cdot mg^{-1})$	$\overline{M}\,(g \cdot mol^{-1})$
LSS-A	41,0	5,9	7,9	6,0	0,6	6000
LSS-B	44,7	6,0	7,0	4,4	0,8	2500
LSS-C	48,7	5,6	6,5	3,0	1,5	1000

Tabelle 16
Einfluß der Ligninsulfosäureart und -konzentration auf die Elimination und die erforderliche Al-Dosis, nach FICHTNER (1974)

C_0 Ligninsulfosäurekonzentration des Rohwassers
$C_{R-\min}$ minimale nicht unterschreitbare Ligninsulfosäurekonzentration des Reinwassers
$D_{\max}$ Al-Dosis, die $C_{R-\min}$ erzielt
D_{opt} optimale Flockungsmitteldosis

LSS-Art Test-(substanz)	C_0 $(mg \cdot l^{-1})$	$C_{R-\min}$ $(mg \cdot l^{-1})$	$C_{R-\min}$ (%)	Elimin.-grad (%)	$D_{\max}$ $(\mu mol \cdot l^{-1}\,Al)$	D_{opt} $(\mu mol \cdot l^{-1}\,Al)$	Elimin.-grad (%) bei Zusatz von D_{opt}
LSS-A	5	0,7	14	86	85···100	40···50	79···80
	10	1,5	15	85	125···135	$\approx$ 60	$\approx$ 78
	20	5,0	25	75	$\gg$ 135	$\approx$ 100	$\approx$ 70
LSS-B	5	1,6	32	68	50···65	$\approx$ 33	$\approx$ 60
	10	3,5	35	65	$\approx$ 100	$\approx$ 50	$\approx$ 57
	20	7,5	38	62	$\approx$ 135	$\approx$ 60	$\approx$ 55
LSS-C	5	2,7	54	46	33···55	23···27	38···40
	10	5,5	55	45	65···85	$\approx$ 33	$\approx$ 37
	20	11	55	45	100···120	$\approx$ 50	$\approx$ 37

(Werte graphischen Darstellungen des Autors entnommen)

Die dargelegten Versuchsergebnisse lassen zunächst 2 Feststellungen zu:

— Mit ansteigender Rohwasserbelastung erhöht sich in starkem Maße die minimale Ligninsulfosäurekonzentration; in der Regel nimmt mit der

Rohwasserbelastung auch die prozentuale Restkonzentration zu bzw. der prozentuale Eliminationsgrad ab.

— Die Eliminierbarkeit der getesteten Ligninsulfosäure verringert sich erheblich in der Reihenfolge *LSS-A*, *LSS-B*, *LSS-C*. Dementsprechend vermindern sich auch die Flockungsmittelmengen D_{max} und D_{opt}, da der mit dem Flockungsmittel reagierende Ligninsulfosäureanteil kleiner wird.

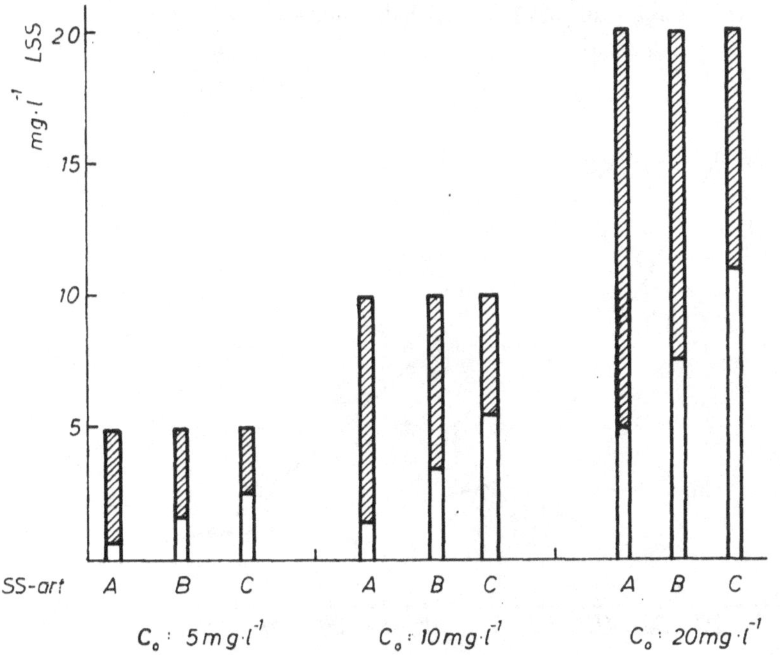

Abb. 18: Abhängigkeit der maximalen Ligninsulfosäureelimination durch Aluminiumsulfat von der Ligninsulfosäureart und -konzentration (C_0) des Rohwassers. Der weiße Teil der Säulen entspricht der minimalen Restkonzentration C_{R-min}; (nach Tab. 16).

In der gleichen Reihenfolge wie die Eliminierbarkeit nehmen die mittlere Molmasse und der S- bzw. SO_3-Gehalt der 3 Ligninsulfosäuren ab. Das Verhältnis *LSS-A* : *LSS-B* : *LSS-C* beträgt bezüglich der Molmassen 6,0 : 2,5 : 1,0, hinsichtlich der S-Gehalte 1,2 : 1,1 : 1,0. Die Relation der aus den C_0- und C_{R-min}-Werten der Tab. 13 berechneten Eliminationsraten ist bei gleicher Rohwasserbelastung etwas unterschiedlich und ergibt sich zu 1,2 : 1,1 : 1,0. Da demnach das Verhältnis der SO_3-Gehalte in geringerem Maße von dem der Eliminationsraten abweicht, wird wahrscheinlich der Grad der Flockbarkeit der Ligninsulfosäure stärker von der Anzahl der SO_3-Gruppen als von der Molmasse bestimmt. Dies kann wiederum als ein Hinweis darauf aufgefaßt werden, daß die Ausflockung von Ligninsulfosäure vorrangig durch Ligandenaustauschreaktion erfolgt.

Nach Tab. 16 lassen sich durch Aluminiumsulfat aus einem Wasser, dessen Ligninsulfosäurekonzentration 20 mg · l^{-1} beträgt, maximal 75% der farbgebenden Substanz entfernen. Denselben Wert ermittelte Albert (1975), der ein Modellwasser, das 20 mg · l^{-1} einer nicht näher charakterisierten Ligninsulfosäure enthielt, mit 110 μmol · l^{-1} Al behandelte.

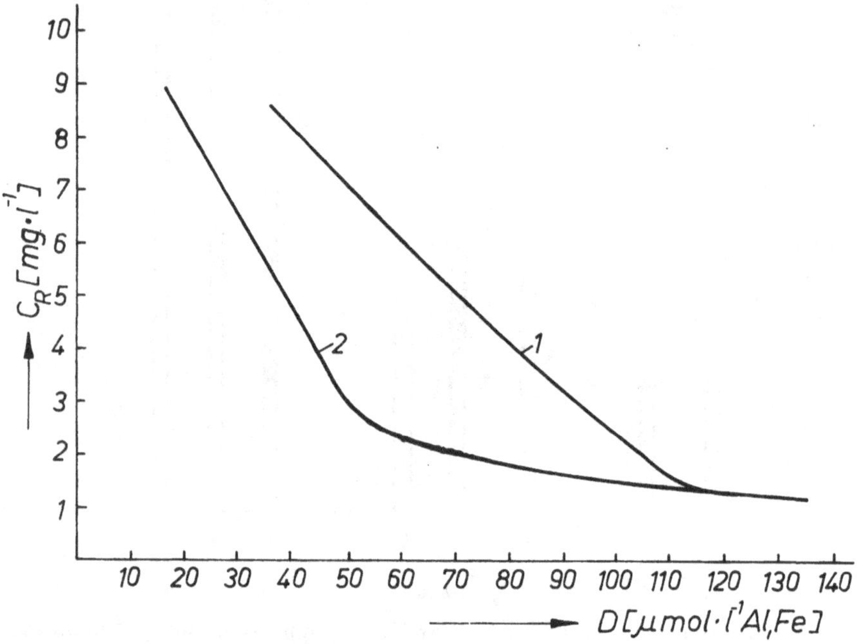

Abb. 19: Abhängigkeit der *LSS-A*-Restkonzentration C_R von der Flockungsmitteldosis *D*. *LSS-A*-Gehalt des Rohwassers 10 mg · l^{-1}.
(Nach Fichtner, 1974.)

1 — Flockung mit Eisen(III)-chlorid *2* — Flockung mit Aluminiumsulfat

Bei der Flockung der Ligninsulfosäuregemische *A*, *B* und *C* mit Eisen(III)-chlorid ergeben ich annähernd die gleichen $C_{R\text{-min}}$- und D_{max}-Werte wie beim Einsatz von Aluminiumsulfat (s. Tab. 16); kommen aber Fe-Konzentrationen zur Anwendung, die kleiner als D_{max} sind, ist der Eliminationsgrad in der Regel erheblich geringer als nach Zusatz der entsprechenden molaren Al-Menge.

Abb. 19 zeigt die Abhängigkeit des Ligninsulfosäurerestgehaltes von der Fe- und Al-Dosis für ein mit 10 mg · l^{-1} *LSS-A* belastetes Rohwasser.

Danach verbleiben im Reinwasser nach der Flockung mit 60 μmol $\cdot$ l^{-1} Al ($\triangleq D_{opt}$; s. Tab. 16) 2,2 mg $\cdot$ l^{-1} Ligninsulfosäure, nach Zusatz von 60 μmol $\cdot$ l^{-1} Fe aber noch etwa 6 mg $\cdot$ l^{-1} der farbgebenden Verbindung. Erst 100$\cdots$105 μmol $\times$ l^{-1} Fe senken die Ligninsulfosäurekonzentration auf 2,2 mg $\cdot$ l^{-1}. Abb. 19 verdeutlicht auch, daß sich im Gegensatz zu den Verhältnissen bei der Flockung mit Aluminiumsulfat die optimale Fe-Dosis nur sehr wenig von der Fe-Menge unterscheidet, die die maximale Elimination erzielt.

Insgesamt betrachtet sind Ligninsulfosäuren schlechter flockbar als Huminsäure. Dies zeigen einerseits der Flockungsmittelbedarf und zum anderen die Höhe der minimalen Restkonzentration im Reinwasser. Beispielsweise liegen die molaren Al-Dosen (D_{max}), die zum Erreichen der maximalen Elimination erforderlich sind, für die noch relativ gute flockbare Ligninsulfosäure *LSS-A* etwa um das 2- bis 3fache höher (Tab. 16) als für die ebenfalls von Fichtner getestete Moorwasser-Fulvosäure (3.4.1.1., Tab. 7). Vergleicht man die minimalen *LSS-A*-Restkonzentrationen (Tab. 16) mit den entsprechenden minimalen Restgehalten, die nach der Flockung der letztgenannten Fulvosäure und der von Hall u. Packham benutzten Huminstoffe (3.4.1.1., Tab. 6) im Reinwasser verbleiben, ergibt sich, daß die Huminstoffrestkonzentration in jedem Fall geringer ist.

3.5.1.2. Kombinierte Flockung mit Metallsalz und Polymer

Nichtionische und schwach anionische Polyacrylamide vermögen die Absetzgeschwindigkeit von Flocken, die bei der Behandlung von ligninsulfosäurehaltigen Wässern mit Metallsalz entstehen, in starkem Maße zu erhöhen. Die Polymere bewirken Vernetzungsprozesse und dadurch eine Vergrößerung der Flocken.

Die Zugabe erfolgt am günstigsten kurze Zeit (etwa 1 min) nach der Dosierung des Metallsalzes. Fichtner (1974) beobachtete bei der Ausflockung von Ligninsulfosäure mit Aluminiumsulfat, daß unter optimalen chemischen Bedingungen schwach anionisches Polyacrylamid ($\overline{M}$ 1,7 $\cdot$ 10^6 g $\cdot$ mol^{-1}) die Absetzgeschwindigkeit um das 2- bis 2,5fache, d. h. auf 2,5 cm $\cdot$ min^{-1} erhöht.

3.5.2. Einfluß des pH-Wertes auf die Flockung mit Metallsalzen

Die Untersuchungen von Fichtner (1974) über die Flockung von 3 verschiedenen Ligninsulfosäuren (s. 3.5.1.1.) lassen bezüglich des pH-Wert-Einflusses die folgenden Aussagen zu.

Der optimale pH-Bereich hängt nicht signifikant von der Art der Ligninsulfosäure und von der Höhe des Ligninsulfosäuregehaltes des Rohwassers ab. Werden optimale oder geringere Flockungsmittelmengen angewandt, liegt das pH-Optimum für Aluminiumsulfat zwischen 5,0 und 6,0, für Eisen(III)-chlorid zwischen 4,0 und 5,1. Die Feststellung, daß die Flockung mit Eisenchlorid ein niedrigeres pH-Optimum aufweist, stimmt mit den Beobachtungen überein, die bei der Behandlung von ligninsulfosäurehaltigen Abwässern der Zellstoffindustrie gemacht wurden (s. z. B. SMITH u. CHRISTMAN, 1969).

Bereits ein relativ geringfügiges Unter- oder Überschreiten der Grenzwerte des optimalen pH-Bereiches vermindert den Grad der Ligninsulfosäureelimination erheblich.

Nach der Flockung im pH-Optimum unter Einsatz der optimalen Metallsalzdosis beträgt der Restgehalt an gelöstem Flockungsmittel maximal 3,0 μmol $\times\ l^{-1}$ Al bzw. 1,0 μmol $\cdot\ l^{-1}$ Fe.

Wird eine Flockungsmittelmenge zugesetzt, die wesentlich größer als die optimale Dosis ist, erhöht sich die obere Grenze des optimalen pH-Bereiches etwas, und zwar für Aluminiumsulfat auf pH 6,2···6,3 und für Eisen(III)-chlorid maximal auf pH 5,5.

Der bezüglich Aluminiumsulfat konstatierte optimale pH-Bereich von 5,0 bis 6,0 (5,0···6,3) ist fast gleich dem Optimum, das ALBERT (1975) zwischen pH 5,1 und 6,1 bei der Flockung eines 20 mg $\cdot\ l^{-1}$ Ligninsulfosäure enthaltenden Wassers mit Aluminiumsulfat beobachtete (s. 3.5.1.1.).

3.5.3. Wirkung von Erdalkali-, Alkali-, Sulfat- und Chloridionen

Calcium-, Magnesium-, Natrium-, Sulfat- und Chloridionen wirken sich in einem großen Konzentrationsbereich nicht signifikant auf die Elimination von Ligninsulfosäure durch Metallsalze aus. Dies geht aus den Befunden hervor, die von FICHTNER (1974) anhand von Modellwässern mit sehr unterschiedlichem Gehalt an derartigen Ionen erhoben wurden. Die Ionenkonzentrationen der Modellwässer waren die gleichen, die bei der Testung des Einflusses dieser Ionen auf die Elimination von Moorwasser-Fulvosäure vorlagen (s. 3.4.3., Tab. 14).

3.5.4. Ligninsulfosäureelimination in Gegenwart von anorganischem Trübstoff

3.5.4.1. Flockung mit Metallsalzen

Bei der Flockung von Wässern, die Ligninsulfosäure und silicatischen Trübstoff enthalten, lassen sich zum Teil ähnliche Beobachtungen machen, wie bei der Flockung von fulvosäure- und trübstoffhaltigen Wässern.

Der optimale pH-Bereich für die Ligninsulfosäureelimination ist in Gegenwart und Abwesenheit des Trübstoffs gleich.

Wird einem Wasser, in dem neben Ligninsulfosäure silicatischer Trübstoff vorliegt, eine bezüglich der Ligninsulfosäure suboptimale Metallsalzdosis zugesetzt, kommt es lediglich zur Elimination der organischen Verbindung. Diese Elimination tritt unterhalb pH 7 ein und ist fast so hoch wie bei Abwesenheit von Trübstoff. Gelangt eine für Ligninsulfosäure optimale Metallsalzdosis zum Einsatz, kann der Trübstoff in dem pH-Bereich, innerhalb dessen farbgebende Substanz entfernt wird, in erheblichem Maße mit ausflocken; der Ligninsulfosäurerestgehalt weist dann einen höheren Wert auf als nach der Flockung von trübstofffreiem Wasser. Durch Steigerung der Metallsalzdosis läßt sich die Ligninsulfosäurekonzentration annähernd bis zu dem Wert senken, der bei Abwesenheit von Trübstoff zu erzielen ist; außerdem kann in dem für die Flockung der Ligninsulfosäure optimalen pH-Bereich die gleiche Trübstoffelimination optimal werden wie im ligninsulfosäurefreien Wasser. Im Gegensatz zur Fulvosäure (s. 3.4.4.1.) stört demnach Ligninsulfosäure unter der Voraussetzung der Zugabe einer ausreichenden Metallsalzmenge die Flockung von silicatischem Trübstoff nicht.

Abb. 20 gibt die pH-Abhängigkeit der Ligninsulfosäure- und Trübstoffrestkonzentration wieder, die FICHTNER (1974) nach der Behandlung eines Modellwassers mit 2 verschiedenen Aluminiumsulfatmengen ermittelte, das je 20 mg $\times\ l^{-1}$ Ligninsulfosäure (*LSS-B*, s. 3.5.1.1.) und Kaolinit-Ton (maximale Teilchengröße 5 μm) sowie bestimmte Erdalkali- und Alkalisalze (s. 3.4.3., Tab. 14, Spalte I) enthielt. Zum Vergleich sind auch die Restgehalte eingetragen, die bei Abwesenheit der Ligninsulfosäure oder des Tons auftreten. Wie Abb. 20 zeigt, liegt bei Zusatz von 100 $\mu mol \cdot l^{-1}$ Al zum ligninsulfosäure- und tonhaltigen Wasser das pH-Optimum für die Trübstoffelimination zwischen 5,1 und 6,0, d. h. innerhalb des für die Ligninsulfosäureelimination optimalen Bereiches.

3.5.4.2. Kombinierte Behandlung mit Metallsalz und Polymer

Das Absetzverhalten der Flocken, die bei der gleichzeitigen Elimination von Ligninsulfosäure und silicatischem Trübstoff mit Metallsalz anfallen, wird durch nichtionisches und schwach anionisches Polyacrylamid bedeutend verbessert. FICHTNER (1974) ermittelte nach der Zugabe der optimalen Aluminiumsulfat- und Polyacrylamiddosis zu einem Modellwasser, das mit je 20 $mg \cdot l^{-1}$ Ligninsulfosäure und Kaolinit-Ton belastet war, eine Absetzgeschwindigkeit von 9 $cm \cdot min^{-1}$, ohne Polymer dagegen nur eine Geschwindigkeit von 1,8 $cm \cdot min^{-1}$.

Um mit einer Metallsalz-Polyacrylamid-Kombination die jeweils maximale Flockenabsetzgeschwindigkeit zu erzielen, wird beim ligninsulfosäure- und zugleich trübstoffhaltigen Wasser nur eine geringfügig höhere Polymerdosis benötigt als bei dem entsprechenden trübstofffreiem Wasser. Wie erwähnt, gilt dies auch bezüglich der Flockung von Huminsäure und Trübstoff (3.4.4.3.).

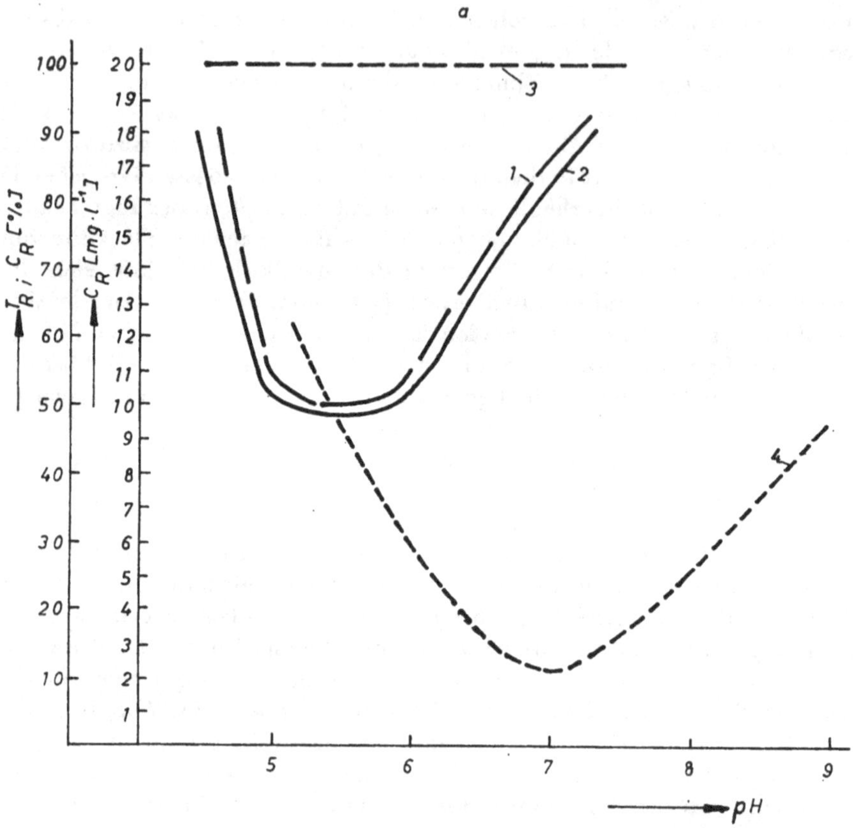

Abb. 20 (*a, b*): Flockung von Ligninsulfosäure bei An- und Abwesenheit des Trübstoffes Ton; Flockung von Ton in Gegenwart und Abwesenheit von Ligninsulfosäure; Abhängigkeit des Ligninsulfosäurerestgehaltes C_R und der Resttrübung T_R vom pH-Wert des Reinwassers bei Al-Dosen (D) von 50 sowie 100 μmol · l^{-1}; Tonkonzentration des trübstoffhaltigen Rohwassers 20 mg · l^{-1}; C_0 Ligninsulfosäuregehalt des Rohwassers.
(Nach FICHTNER, 1974.)

Optimale Flockungsmitteldosis (D_{opt}) bei der Elimination der Ligninsulfosäure (B) aus trübstoffreiem Wasser im optimalen pH-Bereich $\approx 60\ \mu$mol · l^{-1}

a)	$C_0 = 20$ mg · l^{-1} Ligninsulfosäure (B); $D = 50\ \mu$mol · l^{-1}
1	C_R nach der Flockung von trübstoffhaltigem Wasser
2	C_R nach der Flockung von trübstoffreiem Wasser
3	T_R nach der Flockung von trübstoffhaltigem Wasser
	$C_0 = 0$; $D = 50\ \mu$mol · l^{-1}
4	T_R

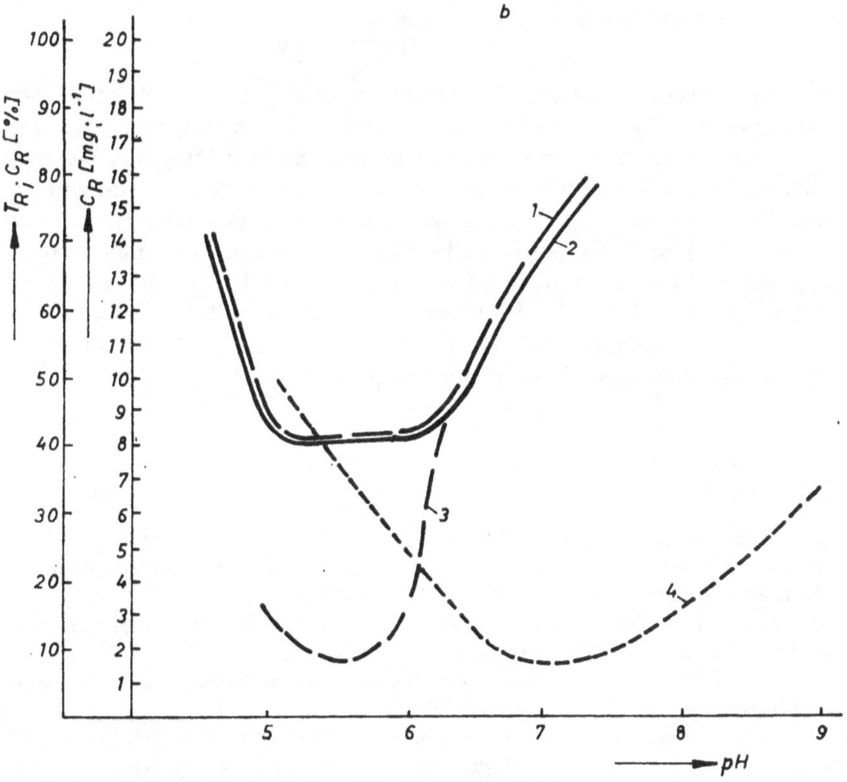

b) $C_0 = 20\ mg \cdot l^{-1}$ Ligninsulfosäure (B); $D = 100\ \mu mol \cdot l^{-1}$

1 C_R nach der Flockung von trübstoffhaltigem Wasser
2 C_R nach der Flockung von trübstofffreiem Wasser
3 T_R nach der Flockung von trübstoffhaltigem Wasser

$C_0 = 0$; $D = 100\ \mu mol \cdot l^{-1}$

4 T_R

3.5.5. Abhängigkeit des Flockungsvorganges vom Energieeintrag

Hinsichtlich des Einflusses des Energieeintrages unterscheidet sich die Flokkung der Ligninsulfosäure nicht oder nur unwesentlich von der der Fulvosäure. Nach Fichtner u. Walther (1975), die die Auswirkung des Energieeintrages auf die Elimination von Ligninsulfosäure (*LSS-B*, s. 3.5.1.) und von Fulvosäure in der gleichen Weise testeten (s. 3.4.5.), stimmen die Energieeintragsoptima für die Langsamrührphase mit den bei der Fulvosäureelimination ermittelten Optima (3.4.5.) überein:

Flockung mit Aluminiumsalz $G \approx 10\ s^{-1}$
$Ca \approx 20 \cdot 10^3 \cdots 25 \cdot 10^3$

Flockung mit Eisen(III)-salz G 10…20 s^{-1}
Ca 40 · 10^3…60 · 10^3

Werden die oberen Grenzwerte der optimalen Bereiche überschritten, verringern sich nur die Größe der Flocken und deren Absetzfähigkeit; eine Freisetzung von Ligninsulfosäure erfolgt auf Grund der Ionenbindung zwischen dem kationischen Teil des Flockungsmittels und der farbgebenden Substanz nicht. Bei der Flockung von Ligninsulfosäure unter optimalen chemischen und Energieeintragsbedingungen beträgt die Flockenabsetzgeschwindigkeit nach Dosierung von Aluminiumsulfat ca. 1,2 cm · min^{-1}, nach der Zugabe von Eisen-(III)-chlorid 2,5 cm · min^{-1}. Vergleicht man diese Werte mit den entsprechenden Absetzgeschwindigkeiten fulvosäurehaltiger Flocken (3.4.5.), ergibt sich, daß ligninsulfosäurehaltige Flocken ein etwas besseres Absetzverhalten aufweisen.

Literatur

ALBERT, G.: Die Elimination organischer Substanzen durch Flockung. In: Veröffentlichungen des Bereiches und des Lehrstuhles für Wasserchemie der Universität Karlsruhe, Heft 9 (Adsorption), S. 309—324, Karlsruhe 1975.

ATHERTON, N. M., P. A. CRANWELL, A. J. FLOY u. R. D. HAWORTH: Huminsäuren I. Tetrahedron (London) **23**, (1967), 1653.

BENES, P., E. T. GJESSING u. E. STEINNES: Interactions between humus and trace elements in fresh water. Water Res. **10**, (1976), 711—716.

BENKO, J.: Measurement of the relative molecular weight of ligninsulfonates by diffusion. I. Methods for molecular weight determination and for separation of interfering substances by Ion exclusion or by exhaustive dialysis. Tappi **44**, (1961), 766—771. II. Determination of relative molecular weights on various ligninsulfonates. Tappi **44**, (1961), 771—775.

BENKO, J.: The measurement of molecular weight of ligninsulfonic acids and related materials by diffusion IV. Tappi **47**, (1964), 508—514.

BILOZOR, S.: The constants of fulvic and humic acids in natural waters and the effectiveness of haloform reaction. Tagungsmaterial der 3. Konferenz für Wassergüte und Wassertechnologie der Ungarischen Hydrologischen Gesellschaft, Budapest 1979. — Beitrag aus dem Forschungsinstitut für Umweltschutz Poznan.

BLACK, A. P., u. R. F. CHRISTMAN: Characteristics of colored surface waters. J. Amer. Water Works Assoc. **55**, (1963), 753—770.

BLACK, A. P., u. R. F. CHRISTMAN: Chemical characteristics of fulvic acids. J. Amer. Water Works Assoc. **55**, (1963), 897—912.

BLACK, A. P., u. S. A. HANNAH: Electrophoretic studies of turbidity removal by coagulation with aluminiumsulfate. A. Amer. Water Works Assoc. **53**, (1961), 438—452.

BLACK, A. P., J. E. SINGLEY, G. P. WHITTLE u. J. S. MAULDING: Stoichometrie of the coagulation of color causing organic compounds with ferric sulfate. J. Amer. Water Works Assoc. **55**, (1963), 1347—1366.

BLACK, A. P., u. J. V. WALTERS: Electrophoretic studies of turbidity removal with ferric sulfate. J. Amer. Water Works Assoc. 56, (1964), 99–110.

BLACK, A. P., u. D. G. WILLEMS: Electrophoretic studies of coagulation of organic color. J. Amer. Water Works Assoc. 55, (1961), 589–604.

CAMP, T. R.: Floc volume concentration. J. Amer. Water Works Assoc. 60, (1968), 656–673.

CHALUPA, J.: Chemische Probleme der gefärbten organischen Stoffe in Oberflächengewässern. Mitt. Internat. Verein. Limnol. 14, (1968), 5–13.

COACKLEY, P., u. B. R. S. JONES: Vacuum sludge filtration, Part 1 — Interpretation of results by the concept of specific resistance. Sewage ind. Wastes 28, (1956), 963.

EBERLE, S. H., u. K. H. SCHWEER: Bestimmung von Huminsäure und Ligninsulfosäure im Wasser durch Flüssig-Flüssigextraktion. Vom Wasser 41, (1973), 27–44.

EDZWALD, J. K.; J. D. HAFF u. J. W. BOAK: Polymer coagulation of humic acid waters. J. Environm. Engrs. Div. 103, (1977), 989–100.

FICHTNER, N.: Grundlagenuntersuchungen zur Eliminierung von farbgebenden Wasserinhaltsstoffen durch Flockung. Dissertationsschrift, Technische Universität Dresden, 1974.

FICHTNER, N., u. H.-J. WALTHER: Untersuchungen über die Elimination einer Moorwasser-Fulvosäure und von Ligninsulfosäure durch Aluminiumsulfat und Eisen(III)-chlorid (1975). Unveröff.

FORSS, K., u. B. STENLUND: Molecular weights of ligninsulfonates fractionated by gel chromatography. Paper och trä (Paper and Timber) 51, (1969), 93–105.

GROSSMAN, A., W. KUSZNIK, A. KSIĘŹIK-SIKORA, W. PAWLITA u. J. SIKORA: Badania przydatności wybranych flokulantów krajowych w procesie koagulacji objętościowej (Untersuchungen zur Anwendung von Flockulanten bei der Flockung). In: Koagulacja zanieczyszczén wody (Prace Naukowe Institutu Iźnynierii Ochrony Środowiska Politechniki Wrocławskiej, Nr. 27, S. 19–41, Polytechnika Wrocławska, Wrocław 1974.

HABERER, K., u. S. NORMANN: Entfernbarkeit organischer Stoffe aus Rheinwasser durch Fällung und Flockung. Vom Wasser 47, (1976), 399–419.

HALL, E. S., u. R. F. PACKHAM: Coagulation of organic color with hydrolyzing coagulants. J. Amer. Water Works Assoc. 57, (1965), 1149–1166.

HALL, E. S.: Electrokinetic study of dispersions of clay in hydrolyzed aluminium solutions. Discuss. Faraday Soc. 42, (1966), 197–203.

v. HARPE, Th., u. D. EICHELSDÖRFER: Aufbereitungsversuche an einem stark huminstoffbelasteten Tiefengrundwasser. Vom Wasser 42, (1974), 207–220.

HUHN, W.: Ein Beitrag zur quantitativen Bestimmung und zum Abbau von Calciumlignosulfonat im Flußwasser. Diplomarbeit, Technische Hochschule Dresden, 1961.

KEIL, R., L. KALBE u. F. RANDOW: Das Gütebild der Warnow. Schweiz. Z. Hydrol. 25, (1963), 351–379.

KLAPPER, H., R. OBENAUS u. K. H. SCHMIDT: Das Vorkommen von Huminsäure in Oberflächenwässern und eine Methode zu ihrer quantitativen Bestimmung. Wasserwirtsch. — Wassertechn. 10, (1960), 367–370.

KLÖCKING, R.: Stabile Naturstoffe in Gewässern. Fortschr. Wasserchemie 14, (1972), 127–135.

LEWANDOWSKI, Z.: Wpływ flokulantów na zdolność odwadniania osadów pokoagulacyjnych (Einfluß von Flockulanten auf die Entwässerung des Schlammes nach der Koagulation). Gaz, Woda Techn. Sanit. 52, (1978), 107–109.

MANGRAVITE, F. J., T. D. BUZZEL, E. A. CASELL, E. MATIJEVIC u. G. B. SAXTON: Removal of humic acid by coagulation and microflotation. J. Amer. Water Works Assoc. 67, (1975), 88–94.

MAULDING, J. S., u. R. H. HARRIS: Effect of ionic environment and temperature on the coagulation of color-causing organic compounds with ferric sulfate. J. Amer. Water Works Assoc. 60, (1968), 460–476.

NARKIS, N., u. M. REBHUN: The mechanism of flocculation processes in the presence of humic substances. J. Amer. Water Works Assoc. 67, (1975), 101–107.

NARKIS, N., u. M. REBHUN: Stoichiometric relationship between humic and fulvic acids and flocculants. J. Amer. Water Works Assoc. 69, (1977), 325–328.

OGNER, G., u. M. SCHNITZER: Humic substances: Fulvic acid-dialkylphthalate complexes and their role in pollution. Science (Washington) 170, (1970), 317–318.

PACKHAM, R. F.: Studies of organic color in natural water. Proc. Soc. Water Treat. Exam. 13, (1964), 316–334.

ROOK, J.: Chlorination reactions of fulvic acids in natural water. Environmental Sci. Techn. 11, (1977), 478–482.

RUDEK, R., u. H. SONTHEIMER: Einfluß natürlicher Wasserinhaltsstoffe auf die Ausfallgeschwindigkeit von $CaCO_3$. Vom Wasser 47, (1976), 421–431.

RÜFFER, H., K. A. MÖHLE u. J. SCHILLING: Versuche zur Aufbereitung huminsäurehaltigen Oberflächenwassers. Vom Wasser 41, (1973), 243–276.

SCHEFFER, F., u. H. SCHLÜTER: Über Aufbau und Eigenschaften der Grau- und Braunhuminsäuren. Z. Pflanzenernähr., Düng., Bodenkunde 84, (1959), 184–193.

SCHILLING, J., H. RÜFFER u. K. A. MÖHLE: Versuche zur Aufbereitung huminsäurehaltigen Oberflächenwassers II. Vom Wasser 46, (1976), 199–219.

SCHOTTON, P. G., P. C. HEWLETT u. A. N. JAMES: The polydisperse nature of ligninsulfonates. Tappi 55, (1972), 407–415.

SMITH, E. E., u. R. F. CHRISTMAN: Coagulation of pulping wastes for the removal of color. J. Water Pollut. Control. Federat. 41, (1969), 222–232.

SONTHEIMER, H.: Verfahrenstechnische Richtlinien für Bau und Betrieb von Flockungsanlagen und für die Koagulationsfiltration. In: Veröffentlichungen der Abteilung und des Lehrstuhles für Wasserchemie der Universität Karlsruhe, Heft 3 (Flockung), S. 189–223, Karlsruhe 1967.

STUMM, W., u. C. R. O'MELIA: Stoichometry of coagulation. J. Amer. Water Works Assoc. 60, (1968), 514–539.

VEJCER, Ju. I., G. N. LUCENKO u. B. M. KOLCOWA: Sintez, svojstva i praktičeskoe ispol'szvanie PEI; (Synthese, Eigenschaften und praktische Anwendung von PEI). Sammelband wissenschaftlicher Arbeiten No. 2, Akademie der Wissenschaften der UdSSR, Institut für Petrolchemische Synthese, Moskau 1975.

WALTHER, H.-J.: Die Auswirkung der thermischen Regenerierung von Kalk auf den Flockungs- und Fällungseffekt (1978). Unveröff.

WERSHAW, R. L., P. J. BURCAR u. M. C. GOLDBERG: Interaction of pesticides with natural organic material. Environmental Sci. Technol. 3, (1969), 271.

WILDENHAIN, W.: Chemie der Humin- und Fulvosäuren. Freiberger Forschungshefte (Angewandte Naturwissenschaften), VEB Verlag für Grundstoffindustrie, Leipzig 1969.

ŽÁČEK, L.: Vliv složeni směsi huminových látek účinek koagulace (Einfluß der Zusammensetzung der Huminstoffmischungen auf den Koagulationseffekt). In: Hydrochemia '73, S. 271–286, Bratislava 1973.

ŽÁČEK, L.: Přispěvek ke studiu struktury a vlastnosti huminových látek (Beitrag zur Untersuchung der Struktur und der Eigenschaften der Huminstoffe). In: Hydrochemia '74, S. 347–365, Bratislava 1974.

ŽÁČEK, L.: Kriteria pro automatickon kontrolu jakosti vody a řizeni processu úpravy huminových vod (Kriterien zur automatischen Wassergütekontrolle und Steuerung des Aufbereitungsprozesses für huminhaltige Wässer). In: Hydrochemie '76, S. 279 bis 296, Bratislava 1976.

Kapitel 4:

Flockungsbehandlung von kommunalem Abwasser unter Einsatz von organischen Polymeren

4.1. Art und Höhe der Belastung von kommunalem Abwasser — Bedeutung der Flockung von kommunalem Abwasser — Primär- und Sekundärfällung — Leistung der Behandlung mit Metallsalz oder Kalkhydrat

Läßt man Chlorid-, Sulfat-, Natrium- und Kaliumionen außer Betracht, wird kommunales bzw. häusliches Abwasser vor allem durch folgende Stoffgruppen und -verbindungen belastet:

- Kohlenhydrate (Mono-, Oligo- und Polysaccharide), Eiweißstoffe und Fette,
- Abbauprodukte der Kohlenhydrate, Eiweißstoffe und Fette,
- Orthophosphat,
- Tenside,
- Polyphosphate.

Bei der Stadtentwässerung durch das Mischverfahren tritt nach Regen auch eine erhebliche Belastung durch silikatische Trübstoffe ein.

Die Eiweißstoffe, Polysaccharide und silicatischen Trübstoffe können kolloidal und grobdispers vorliegen, die Mono- und Oligosaccharide sind molekulardispers. Der grobdispersen Form der Eiweißstoffe lassen sich vereinfachend auch die im häuslichen und kommunalen Abwasser in großer Zahl enthaltenen Mikroorganismen — insbesondere Bakterien — zuordnen. Im Durchschnitt sind ca. 50% des Orthophosphates gelöst und der ungelöste Anteil ist mehr oder weniger an absetzbare und abfiltrierbare Inhaltsstoffe adsorbiert.

Nach Painter (1971) liegen der Kohlenhydrat- und Fettgehalt von häuslichem Abwasser zwischen 50 und 120 mg $\cdot\, l^{-1}$ bzw. zwischen 40 und 100 mg $\cdot\, l^{-1}$; für den durchschnittlichen Gehalt (24-Stundenmittel) an ungelöstem Protein wurden Werte von 28 (Großbritannien) und 42 mg $\cdot\, l^{-1}$ (USA) ermittelt. Angaben über die Belastung durch weitere spezifische Gruppen organischer Stoffe wie Aminosäuren und Amide finden sich in der gleichen Publikation von Painter.

Im allgemeinen werden die organischen Inhaltsstoffe von kommunalem Abwasser lediglich durch Summenbestimmungsmethoden erfaßt und spezifische Stoffgruppen oder Einzelverbindungen nur relativ selten ermittelt. Eine Ausnahme stellen teilweise die anionischen Tenside dar. Wie Bartoszewski (1978) feststellen konnte, besteht eine relativ gute Korrelation zwischen dem BSB_5

oder *CSV* und dem Gesamtgehalt an Protein und Kohlenhydraten. Meist liegen die organische und die P-Belastung von kommunalem Rohabwasser innerhalb folgender Grenzwerte:

BSB_5	(mg · l^{-1} O_2)	80···600
CSV-Mn	(mg · l^{-1} O_2)	60···500
*TOC**)	(mg · l^{-1})	50···200
*DOC***)	(mg · l^{-1})	20···100
N-org. gebunden	(mg · l^{-1})	12···35
P-gesamt	(mg · l^{-1})	3···20

Der pH-Wert des Abwassers unter- bzw. überschreitet den Bereich von 6,7···8,2 nur selten.

Painter (1971) gibt an, daß sich der *TOC*-Gehalt von kommunalem Abwasser wie folgt zusammensetzt:

- etwa 30% aus den absetzbaren Stoffen
- 19···24% aus den Schwebestoffen
- 10···14% aus den kolloidal gelösten Stoffen
- 31···40% aus den echt gelösten Substanzen.

Im 24-Stundenmittel kann nach Imhoff (1972) in Mitteleuropa für häusliches Abwasser eine BSB_5-Belastung von 300 mg · l^{-1} O_2 angenommen werden; davon entfallen 100 mg auf die absetzbaren und 50 mg auf die Schwebestoffe, die zusammen die abfiltrierbaren („ungelösten") Substanzen bilden, und 150 mg auf die gelösten Stoffe. Der Richtwert für den BSB_5 von 300 mg · l^{-1} O_2 basiert auf der Annahme, daß pro Einwohner und Tag 200 *l* Abwasser mit der einem BSB_5 von 60 g O_2 entsprechenden Schmutzstoffmenge anfallen.

Tab. 17 enthält die von Pöpel (1974) angeführte mittlere Menge und Zusammensetzung der gelösten und suspendierten (grobdispersen) Feststoffe im Abwasser eines Einwohners.

Die Flockungsbehandlung von kommunalem bzw. häuslichem Abwasser ist vor allem unter den nachstehend angeführten Aspekten von Bedeutung:

- Möglichkeit der schnell realisierbaren Leistungssteigerung von mechanischen Kläranlagen ohne hohe Investititionskosten. Die Verbesserung der Wirkung einer mechanischen Klärung im Absetzbecken durch Flockungsmitteleinsatz wird allerdings oft nur als Zwischenlösung bis zur Einrichtung einer biologischen Behandlung angesehen, da die Flockung bei Anlagen mit großer Kapazität insbesondere auf Grund des Chemikalienverbrauchs höhere Betriebskosten als die biologische Reinigung erfordert.
- Reinigung von lediglich zeitweise anfallendem Abwasser (Saisonbetrieb).

*) Total Organic Carbon
**) Dissolved Organic Carbon

Tabelle 17
Mittlere Zusammensetzung der Feststoffe im Abwasser eines Einwohners (nach PÖPEL, 1974)

Art der Feststoffe		absetzbare Stoffe	Schwebe- stoffe	gelöste Stoffe	gesamte Stoffe
		($g \cdot E^{-1} \cdot d^{-1}$)			
mineralische Stoffe		20	10	40	70
organische Stoffe		**40**	**20**	**60**	**120**
gesamte Stoffe		60	30	100	190
Die organischen Stoffe enthalten etwa:					
Kohlenhydrate		13	6	20	39
Fette und Fettsäuren		14	7	15	36
Proteine		13	7	25	45
Kohlenstoff in den					
— Kohlenhydraten	0,42 Anteile	5,46	2,52	8,40	16,38
— Fetten und Fett- säuren	0,71 Anteile	9,94	4,97	10,65	25,56
— Proteinen	0,525 Anteile	**6,83**	**3,67**	**13,13**	**23,63**
gesamter C-Gehalt	0,546 Anteile	22,23	15,16	32,18	65,57
Stickstoff	(N)	3,70	2,00	7,10	12,80
Phosphor	(P)	0,74	0,52	1,74	3,01
Kalium	(K)	1,66	0,91	3,24	5,81

— Hochgradige Reinigung von kommunalem Abwasser durch Prozeßstufenkombinationen, deren erste Stufe die Flockung ist, die mit einer mechanischen Vorklärung gekoppelt sein kann. Derartige Prozeßstufenkombinationen sind beispielsweise:

Flockung (Vorfällung) — biologische Behandlung
Flockung — biologische Behandlung — Filtration — Adsorption
Flockung — Filtration
Flockung — Adsorption
Flockung — Filtration — Adsorption
} physikalisch-chemische Behandlung

Bekanntlich vermindert die Flockung die BSB_5-Belastung von kommunalem Abwasser in geringerem Maße als die konventionelle biologische Behandlung. Andererseits weist die Flockung mit einem Metallsalz oder mit Kalkhydrat gegenüber der biologischen Behandlung aber auch Vorteile auf:

— Weitgehende Elimination der P-Verbindungen
— Mindestens teilweise Entfernung der sogenannten refraktären organischen Verbindungen, die biochemisch nicht oder nur schwer abbaubar sind und die toxische Eigenschaften besitzen können.

- Hochgradige Elimination von Mikroorganismen (Bakterien, Viren), bei Kalkhydrateinsatz auch von toxischen Schwermetallen.
- Wegfall der Einarbeitungszeit der Anlage und Möglichkeit der sofortigen Anpassung des Verfahrens an Belastungsstöße.

Unter dem Gesichtspunkt der P-Elimination unterscheidet man bei der Flockung von kommunalem Abwasser 2 Verfahrensarten: Die *Primär-* und

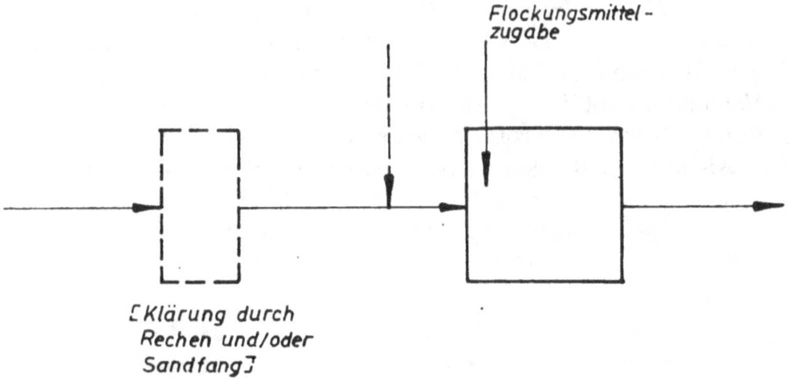

Abb. 21: Schema der Primärfällung.

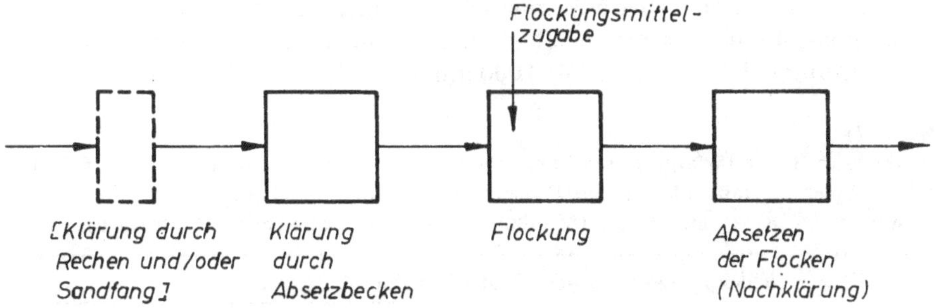

Abb. *22:* Schema der Sekundärfällung.

die *Sekundärfällung* (s. Abb. 21 u. 22). Die Primärfällung ist dadurch gekennzeichnet, daß das höchstens durch Rechen- und/oder Sandfang vorgereinigte Abwasser geflockt wird und Flockenbildung und -sedimentation meist im gleichen Becken stattfinden; die Chemikalienzugabe erfolgt unmittelbar vor dem oder im Becken. Bei der Sekundärfällung dosiert man das Flockungsmittel erst nach der Klärung des Abwassers im Absetzbecken; Flockung und Flockensedimentation werden im allgemeinen in verschiedenen Becken durchgeführt.

Über die Wirkung von Aluminiumsulfat, Eisen(III)-salzen und Kalkhydrat bei der Behandlung von nicht oder im Absetzbecken vorgeklärtem Abwasser liegt eine größere Anzahl von Untersuchungen vor. Genannt seien zum Beispiel die Befunde von BUZZEL u. SAWYER (1967), SCHUSTER (1973, 1975), SCHUSTER u. HEINE (1973), BERNHARDT (1975), NARKIS et al. (1975), MÜHLE (1975), WALTHER (1976), DATHE (1978).

In der Regel lassen sich mit Kalkhydrat die gleichen Eliminationseffekte erzielen wie mit den Metallsalzen. Nach CHUNG u. BHAGAT (1973) weicht die Leistung der Eisen(II)-salze nicht wesentlich von der der Eisen(III)-salze ab. MÜHLE (1975) u. WALTHER (1976) verglichen die Flockungswirksamkeit von Aluminiumsulfat und Eisen(III)-chlorid anhand von Abwasserproben, die relativ gering durch absetzbare Stoffe belastet waren und stellten fest, daß gleiche molare Al- und Fe-Mengen meist annähernd die gleiche Reinigungsleistung bringen.

Bei der Primär- und Sekundärfällung liegt die Abnahme der Belastungsgrößen fast stets innerhalb folgender Bereiche:

BSB_5	50···70%	Trübung	80···95%
CSV	40···70%	N-org. gebunden	35···75%
P-gesamt	80···95%	N-gesamt	15···20%

Während die toxischen Schwermetalle durch Kalkhydrat sehr weitgehend entfernt werden, sind durch die Metallsalze ohne zusätzliche Polymerdosierung Eliminationsraten von über 50% nur selten zu erreichen (s. z. B. TÓTH, 1978).

Die angegebenen optimalen Flockungsmittelmengen schwanken zwischen 300···900 μmol · l^{-1} Al und 180···1000 μmol · l^{-1} Fe. Der Einsatz von Kalk-

Tabelle 18

Primär- und Sekundärfällung von kommunalem Abwasser mit Metallsalzen und Kalkhydrat, Flockungsmitteldosen und Restbelastung; Rohwasserbelastung: BSB_5 100 bis 250 mg · l^{-1} O_2, 8···12 mg · l^{-1} P, 150···300 mg · l^{-1} Feststoffe (nach BERNHARDT, 1975)

		Flockungsmitteldosis	Restbelastung des Reinwassers			
			BSB_5	P-gesamt		Feststoffe
			(mg · l^{-1} O_2)	(mg · l^{-1})	(μmol · l^{-1})	(mg · l^{-1})
Primär-fällung	Al	300···520 μmol · l^{-1}	60···100	0,8···1,2	25,8···38,7	25···40
	Fe	180···450 μmol · l^{-1}	60···100	0,8···1,2	25,8···38,7	25···40
	Ca	3,5···9 mmol · l^{-1}	60···100	0,8···1,2	25,8···38,7	30···50
Sekundär-fällung	Al	300···520 μmol · l^{-1}	50···90	0,6···0,8	19,4···25,8	10···30
	Fe	180···450 μmol · l^{-1}	50···90	0,6···0,8	19,4···25,8	10···30
	Ca	3,5···9 mmol · l^{-1}	50···90	0,6···0,8	19,4···25,8	30···50

hydrat erfordert infolge der Reaktion dieser Verbindung mit den Erdalkalihydrogenkarbonaten und dem Kohlendioxid bzw. der Kohlensäure des Abwassers bedeutend höhere molare Ca-Mengen.

Nach dem von Bernhardt (1975) veröffentlichten Datenmaterial werden bei der Primär- und Sekundärfällung von kommunalem Abwasser, dessen Belastung 100···250 mg · l^{-1} BSB_5, 8···12 mg · l^{-1} P und 150···300 mg · l^{-1} Feststoffe beträgt, die in Tab. 18 angegebenen Flockungsmitteldosen und Restkonzentrationen zugesetzt bzw. erreicht.

4.2. Wirkung anionischer und nichtionischer Polymere

Im Vergleich zu den stark kationischen organischen Polymeren und den anorganischen Flockungsmitteln ist die Leistung der anionischen und nichtionischen Polymere gering, da letztere lediglich eine mehr oder weniger starke Vernetzung der abfiltrierbaren Stoffe, aber keine Entstabilisierung kleinerer Partikel wie der Kolloide herbeiführen. Die „Flockungswirkung" der anionischen und nichtanionischen Polymere beruht ausschließlich auf der Verbesserung des Absetzverhaltens der ungelösten Abwasserinhaltsstoffe, so daß diese Polymerarten in einem im Absetzbecken vorgeklärten Abwasser nur unbedeutende Effekte hervorrufen. Eine derartig schlechte Leistung kann aber auch bei der Behandlung von nicht vorgeklärtem kommunalem Abwasser auftreten. Dies stellte u. a. Dathe (1978) fest, der die Wirkung von zwei nichtionischen Polyacrylamidsorten und eines anionisch modifizierten Polyacrylamids auf die Rohabwässer von zwei Großstädten untersuchte.

Die anionischen und nichtionischen Polymere werden vor allem eingesetzt, um durch die Erhöhung der Leistung des Absetzvorganges eine nachfolgende Prozeßstufe — in erster Linie die biochemische — zu entlasten. Polymere auf Polyacrylamidbasis sind offenbar am besten geeignet (Vostrčil u. Juračka, 1973). Für die anionischen Polyelektrolyte liegen die erforderlichen Dosiermengen zwischen 0,2 und 20 mg · l^{-1} (Vejcer et al., 1971). Meist läßt sich die Abnahme der abfiltrierbaren Stoffe im Absetzbecken durch anionische Polymere nicht mehr als um das 1,1···1,3-fache steigern.

4.3. Einfluß anionischer und nichtionischer Polymere auf die Flockung mit Metallsalz und Kalkhydrat

Die zusätzliche Dosierung eines anionischen oder nichtionischen Polymers (Sekundärflockungsmittel) bei der Flockung mit Metallsalz oder Kalkhydrat (Primärflockungsmittel) bewirkt in der Phase der Transportvorgänge, d. h.

während der Bildung absetzfähiger Flocken, Vernetzungs- und Verdichtungsprozesse. Die Polymere können die Flocken vergrößern und ihre Dichte erhöhen, also sowohl die Flockenabsetzgeschwindigkeit steigern als auch das Volumen des Schlammes und dessen Wassergehalt vermindern; darüber hinaus vermögen sie die Flockenbildungsgeschwindigkeit zu erhöhen. Durch die beiden Polymerarten läßt sich somit insbesondere die Dauer der Flockungsbehandlung verkürzen, ein zusätzliches Ausflocken von Inhaltsstoffen dagegen höchstens in geringem Maße erreichen und die Primärflockungsmittelmenge somit nicht erheblich reduzieren.

Die Erhöhung der Flockenabsetzgeschwindigkeit ist nicht nur von der Polymerkonzentration und der Art der Primärflockungsmittels abhängig, sondern in sehr erheblichem Maße von der Art und Höhe der Belastung des kommunalen Abwassers. Tab. 19 gibt Richtwerte für die Polymerdosis und die damit maximal erzielbaren Steigerungsfaktoren wieder.

Im Extremfall können 2···3 mg · l^{-1} Polymer die Absetzgeschwindigkeit bei der Flockung mit einem Metallsalz auf 6,7 cm · min^{-1} und bei Zugabe von Kalkhydrat auf etwa 4,7 cm · min^{-1} steigern. Nichtionische Polymere verbessern das Flockenabsetzverhalten nicht selten etwas stärker als anionische Polyelektrolyte.

Die oben dargelegten Befunde basieren auf den Untersuchungen von WALTHER (1976) u. DATHE (1978) mit Abwässern verschiedener Großstädte. Der Industrieanteil an diesen Abwässern beträgt im Durchschnitt 30···40 Vol.-%. Die Flockung erfolgte in Laborreaktoren unter Verwendung optimaler Primärflockungsmittelmengen, die in den Bereichen 300···370 µmol · l^{-1} Al, 380 bis 450 µmol · l^{-1} Fe und 2,5···6,3 mmol · l^{-1} Ca lagen. Getestet wurden 1 nichtionisches und 3 anionische Polymere:

— Polyacrylamid ($\overline{M}$ 1,7···3,6 · 10^6 g · mol^{-1})
— anionisch modifiziertes Polyacrylamid
  (40% der Amidgruppen hydrolysiert, $\overline{M}$ ≈ 10^6 g · mol^{-1})
— anionisch modifiziertes Polyacrylnitril ($\overline{M}$ ≈ 10^6 g · mol^{-1})
— Polyacrylat ($\overline{M}$ 1,7···2,0 · 10^6 g · mol^{-1})

Die Flockungsbehandlung verlief folgendermaßen:

Phase 1: 0,5···1,0 min Schnellrühren; $\overline{G}$ 150···300 s^{-1};
am Anfang Zugabe des Primärflockungsmittels.
Phase 2: 0,5···1,0 min Fortsetzung des Schnellrührens; $\overline{G}$ 150···300 s^{-1};
am Beginn Zusatz des Sekundärflockungsmittels.
Phase 3: 10···18 min Langsamrühren, $\overline{G}$ 25···35 s^{-1}.
Phase 4: Sedimentation der Flocken.

Nichtionische und anionische Polymere vermindern den Schlammanfall bei der Flockung von kommunalem Abwasser mit Metallsalz oder Kalkhydrat

Tabelle 19
Steigerung der Flockenabsetzgeschwindigkeit durch nichtionische und anionische Polymere bei der Behandlung von kommunalem Abwasser mit Metallsalz oder Kalkhydrat

Primärflockungsmittel	Polymerdosis ($mg \cdot l^{-1}$ Aktivsubstanz)	maximaler Steigerungsfaktor für die Absetzgeschwindigkeit
Aluminiumsulfat oder	0,5	≈ 1,3
Eisen(III)-chlorid	2···3	2,0···2,6
Kalkhydrat	2···3	1,2···1,4

auch nach Zusatz höherer Dosen meist nicht mehr als um 15···25% (Walther, 1976; Dathe, 1978). Ist das Primärflockungsmittel ein Metallsalz, läßt sich diese Schlammvolumenverringerung oft bereits mit 0,5···1,0 $mg \cdot l^{-1}$ Aktivsubstanz erreichen.

Großtechnische Versuche unter Einsatz der Flockungsmittelkombination Aluminiumsulfat-Polyacrylamid wurden in der UdSSR im Rahmen der Vorbereitung des Baues von Anlagen zur physikalisch-chemischen Behandlung von kommunalem Abwasser durch die beiden Prozeßstufen *Sedimentationsflockung—Filtration* durchgeführt. Die angewandten Flockungsmittelmengen betrugen 590 $\mu mol \cdot l^{-1}$ Al und 1,0 $mg \cdot l^{-1}$ Polyacrylamid, die BSB_5-Belastung des Rohwassers lag im Bereich von 97···183 $mg \cdot l^{-1}$ O_2. Der Schlammanfall machte 0,75% der Abwassermenge aus; der Wassergehalt des Schlammes schwankte zwischen 95,5···96% (Luzenko et al., 1977).

Anionische und nichtionische Polymere gelangen auch im Rahmen der chemisch-biologischen Behandlung von kommunalem Abwasser bei der sogenannten Vorfällung zum Einsatz. Beispielsweise berichtete Kläntschi (1973) über die kombinierte Anwendung von Eisen(III)-salz und einem nichtionischen Polymer. Das Masseverhältnis Fe/Polymer betrug etwa 16:1.

4.4. Flockung mit kationischen Polymeren

4.4.1. Allgemeines

Von den kationischen Polymeren wurden vor allem die folgenden Typen auf ihre Eignung für die Behandlung von kommunalem Abwasser getestet:

— *Polyethylenimine*
  Kurzbezeichnung *PEI*
  mittlere Molmasse der Testsubstanzen im Bereich ≈ $2{,}5 \cdot 10^4 \cdots 6 \cdot 10^4$ $g \cdot mol^{-1}$

— *Quartärisierte Polyaminocarbonsäureester* (s. Tab. 2):
Copolymere von Acrylamid und quartärisiertem Acrylsäuredialkylaminoäthylester (bzw. Methacrylsäuredialkylaminoäthylester) mit unterschiedlichem K/N-Verhältnis (K-Anzahl der kationischen Gruppen, N-Anzahl der nichtionischen Amidgruppen)

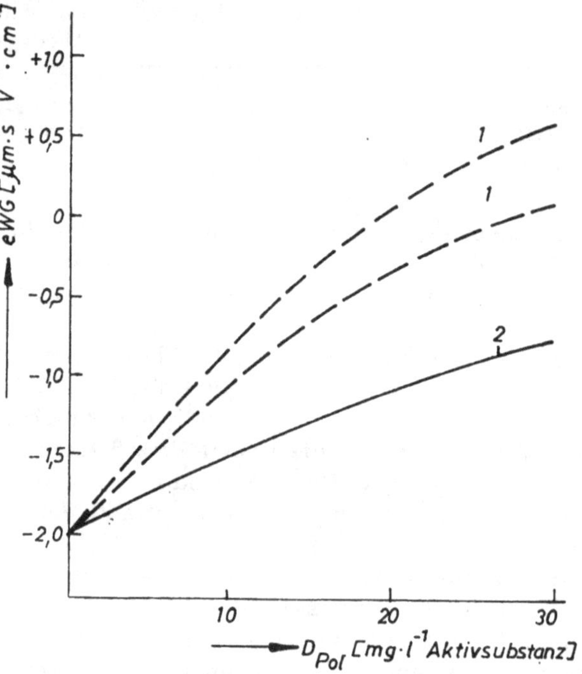

Abb. 23: Verminderung der elektrophoretischen Wanderungsgeschwindigkeit der kolloidalen Inhaltsstoffe eines kommunalen Abwassers durch kationische Polyelektrolyte.
(Nach MÜHLE, 1975.)

D_{Pol} — Polymerdosis, *eWG* — elektrophoretische Wanderungsgeschwindigkeit.
1 — Bereich der elektrophoretischen Wanderungsgeschwindigkeit bei Einsatz der stark kationischen Polymere *PEI*($\overline{M}$ $4 \cdot 10^4$ g · mol^{-1}); *P(AA-qACE)*1/5; *P(AA-qACE)*1/4; *PVBA*.
2 — Elektrophoretische Wanderungsgeschwindigkeit bei Anwendung des schwach kationischen *P(AA-qACE)*1/8.

Kurzbezeichnung *P(AA-qACE)K/N*
mittlere Molmasse der Testsubstanzen im Bereich von $10^6 \cdots 3 \cdot 10^6$ g · mol^{-1}

— *Poly(4-vinylbenzyltrimethylammoniumchlorid)*
Kurzbezeichnung *PVBA*
mittlere Molmasse $\approx 2 \cdot 10^4$ g · mol^{-1}

Weiterhin sind Polymere, die sich vom *2-Methyl-5-Vinylpyridin* (Kurzbezeichnung *PMVP*), *modifizierte Stärkeprodukte* und *Polydimethyldiallylammoniumchlorid* (Poly(N,N-dimethyl-3,4-methylen-pyrrolidiniumchlorid)), Kurzbezeichnung *PDMP*) getestet worden.

Die Untersuchungen haben gezeigt, daß ohne zusätzliche Anwendung eines anorganischen Flockungsmittels schwach kationische Verbindungen wie *P(AA-qACE)*1/8 und modifizierte Stärke nur verhältnismäßig geringe Effekte erzielen. Die schlechte Leistung dieser Polymere läßt sich auch durch eine starke Steigerung der Dosis nicht nennenswert verbessern; ebenso erhöht das Vernetzen der schwach kationischen Polyaminocarbonsäureester die Flockungswirksamkeit nicht. Eine große Reinigungsleistung entwickeln lediglich stark kationische Polymere, in deren Molekülen die positiven Ladungen nicht weit voneinander getrennt sind: *PEI*, *PVBA*, *PMVP*, *P(AA-qACE)* mit einem K/N-Verhältnis $\geqq 1/5$, *PDMP*.

In Abb. 23 ist die Abnahme der elektrophoretischen Wanderungsgeschwindigkeit und damit der Stabilität der kolloidalen Inhaltsstoffe eines kommunalen Abwassers bei Zusatz verschiedener kationischer Polymere dargestellt. Danach weisen die stark kationischen Polymere eine viel größere Entstabilisierungswirkung auf als die schwach kationischen Verbindungen.

4.4.2. *Notwendige Flockungsmitteldosen*

Die optimalen Dosen der stark kationischen Polymere können in Abhängigkeit von der Abwasserbelastung etwa zwischen 1,0 und 25 mg · l^{-1} Aktivsubstanz schwanken. Die extremen Werte sind jedoch selten.

Mühle (1975) u. Walther (1976) bestimmten die optimale Menge für zahlreiche Proben des Abwassers einer Großstadt. Die Probenahme erfolgte zu einer Tageszeit (7.45···8.15 Uhr), in der das Abwasser im allgemeinen eine mittlere Belastung aufweist (s. 4.4.3.). Der durchschnittliche Industrieanteil am Abwasser beträgt 37 Vol.-%. Als Polymere kamen vor allem zum Einsatz *P(AA-qACE)*1/4, *P(AA-qACE)*1/5, *PVBA* sowie mehrere *PEI*-Sorten mit $\overline{M}$-Werten von $4 \cdot 10^4$ g · mol^{-1} und $> 4 \cdot 10^4$ g · mol^{-1}. Die optimalen Dosiswerte waren weitgehend unabhängig von der Polymerart und lagen meist zwischen 8 und 12 mg · l^{-1} Aktivsubstanz. Dieser Befund steht im Einklang mit den Ergebnissen von Vejcer et al. (1971, 1975), Vejcer u. Kolobova (1968), die ein *PÄI*-Produkt mit einer mittleren Molmasse von $2 \cdot 10^4$ g · mol^{-1} sowie *PVBA* testeten und Abwasserproben verwendeten, deren organische Belastung etwa ebenso groß war wie bei dem von Mühle u. Walther getesteten Abwasser. Vejcer et al. ermittelten für beide Flockungsmittel eine optimale Dosis von 10 mg · l^{-1}. Somit kann unter der Voraussetzung, daß das Abwasser eine mittlere organische Belastung hat, als grober Richtwert für die optimale Aktivsubstanzdosis eine Menge von 10 bzw. 8···12 mg · l^{-1} angenommen werden. Selbstverständlich gibt es aber Ausnahmen; beispielsweise erfordert nach VEJCER et al. (1971) die Flockung von kommunalem Abwasser mit *PMVP* im Durchschnitt 20 mg · l^{-1} Aktivsubstanz.

Die elektrophoretische Wanderungsgeschwindigkeit bzw. die Ladung der Abwasserkolloide liegt nach Zugabe der optimalen Polymerdosis in der Mehrzahl der Fälle noch erheblich über Null. MÜHLE (1975) beobachtete bei der Flockung mit verschiedenen Polymersorten meist ein Absinken der elektrophoretischen Wanderungsgeschwindigkeit von etwa —2,5 auf —1,0···1,2 $\mu \cdot s^{-1} \times V^{-1} \cdot cm^{-1}$; der Wert Null wurde nur selten gemessen. In der Regel gilt somit, daß der der optimalen Polymerdosis entsprechende Reinigungseffekt nicht erst nach einer sehr weitgehenden oder vollständigen Ladungsneutralisation eintritt und letztere eine viel höhere Dosis notwendig macht (s. Abb. 23). Ähnliche Erscheinungen stellte MÜHLE bei der Flockung von kommunalem Abwasser mit Aluminiumsulfat oder Eisen(III)-chlorid fest.

4.4.3. Reinigungsleistung

Die summarische Betrachtung der Ergebnisse, die von mehreren Autoren (VEJCER et al., 1971; MINC et al., 1973; MÜHLE, 1975; WALTHER, 1976, 1979; DATHE, 1978; LUZENKO et al., 1977) bei der Behandlung kommunaler Abwässer mit optimalen Mengen stark kationischer Polymere erhalten wurden, läßt folgende Aussagen zu:

- Die Flockung von Roh- oder im Absetzbecken vorbehandeltem Abwasser vermindert im allgemeinen den BSB_5 um 30···70%, den *CSV* um 30···60% und den P-Gehalt um 20···50%. Der Rest-BSB_5 liegt meist im Bereich von 50···150 mg · l^{-1} O_2. Die Abnahme des organisch gebundenen Stickstoffs schwankt in einem sehr großen Bereich von etwa 10···80%.
- Aus Rohabwässern können 60···90% der abfiltrierbaren Stoffe entfernt werden.

Der Rest-BSB_5-Bereich von 50···120 mg · l^{-1} O_2 überlagert sich teilweise dem Restgehaltsbereich, der für die sogenannte biologische Teilreinigung gilt (45···90 mg · l^{-1} O_2).

Vergleicht man die Reinigungsleistung der Flockung durch kationische Polymere mit der Wirkung der ausschließlich mechanischen Behandlung im Absetzbecken, ergibt sich, daß nach der Flockung des Rohabwassers die Verminderung der abfiltrierbaren Stoffe um das 1,5···1,7fache und die Abnahme des P-Gehaltes um das 2···5fache größer sind.

Kationische Polymere reduzieren in bedeutendem Maße auch die Belastung des kommunalen Abwassers durch anionische Tenside und Schwermetalle. Allerdings verringert sich die prozentuale Elimination mit steigender Konzentration dieser Verbindungen. Im Tensidkonzentrationsbereich von 2,5···6 mg × l^{-1} beträgt die Elimination 70···40% (MINC et al., 1973). MINC et al. (1973) flockten Abwasser, das 2,3···4 mg · l^{-1} Cu^{2+} und 2,7···11 mg · l^{-1} Cr^{6+} enthielt, und ermittelten Reinigungseffekte von 78···60% bzw. von 69···24%.

In Abb. 24 (a—f) ist ein typisches Beispiel für die Änderung verschiedener Kriterien von kommunalem Abwasser bei zunehmender Polymerdosis dargestellt. Den Befunden liegen Versuche in einem Laborflockungsreaktor mit Abwasserproben gleicher Belastung zugrunde. Das Flockungsmittel war ein *PEI*-Produkt mit einer mittleren Molmasse von etwa 4 · 10^4 g · mol^{-1}. Zum Vergleich zeigt die Abb. 24 auch die Änderung der Parameter bei der Flockung mit Aluminiumsulfat. Die Ordinatenwerte, die in den Abb. 24a—d der Flockungsmittelkonzentration Null entsprechen, sind die Reinigungseffekte, die nach der Behandlung von flockungsmittelfreiem Abwasser im Reaktor auftreten. Danach bewirkt bereits allein der Eintrag von Rührenergie eine erhebliche Bildung absetzfähiger Agglomerationen ungelöster Inhaltsstoffe.

Wie die Abb. 24a—d erkennen lassen, nimmt der bei Flockung mit dem Polymer am stärksten die Trübung ab. Die Kurven für den prozentualen Rest-BSB_5, -*CSV*, -*TOC*- und -P-Gehalt verlaufen demgemäß flacher als die Kurve für die prozentuale Resttrübung. Die Minima aller die Restbelastung kennzeichnenden Kurven liegen jedoch im gleichen Polymerkonzentrationsbereich, was im allgemeinen auch zu erwarten ist. Die in einfacher Weise bestimmbare Resttrübung eignet sich somit besonders gut für die Festlegung der optimalen Polymerdosis bzw. für die Steuerung der Polymerdosierung. Natürlich darf diese Aussage im Hinblick auf die große Varianz von Menge und Art der Inhaltsstoffe kommunaler Abwässer nur im Sinne einer Regel gewertet werden.

Beim erheblichen Überschreiten der Polymerdosis, die die minimale Restbelastung erzielt, tritt eine Restabilisierung entladener Teilchen ein und die Werte für die elektrophoretische Wanderungsgeschwindigkeit weisen dann ein positives Vorzeichen auf. Dieser Vorgang ist mit einer Abnahme des Reinigungseffektes verbunden, die sich mit steigendem Polymerüberschuß vergrößert (vgl. Abb. 24c mit den Abb. 24a—d). Der Vergleich der beim Einsatz des kationischen Polymers erhaltenen Kurven mit denen, die bei Anwendung von Aluminiumsulfat ermittelt wurden, läßt insbesondere drei Feststellungen zu:

1. Die Flockungsbehandlung mit Metallsalz ist hinsichtlich der Restabilisierung durch Chemikalienüberschuß bedeutend weniger störanfällig.

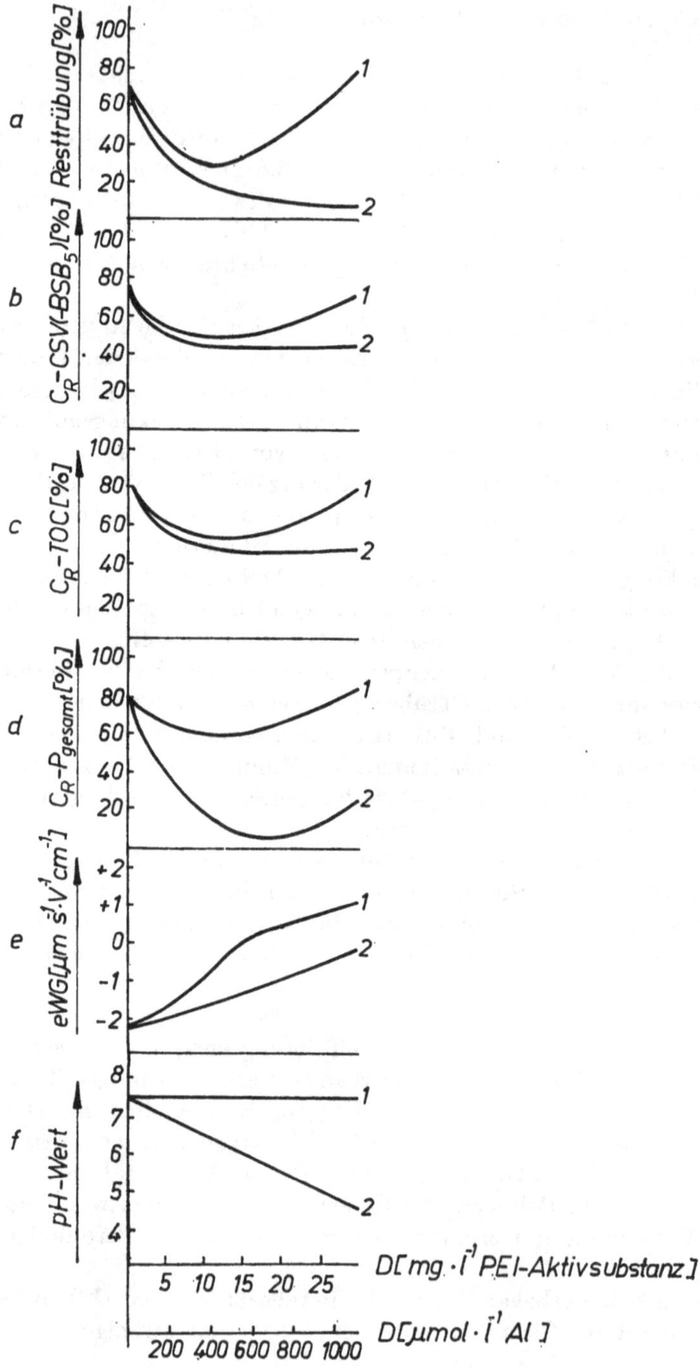

a
Resttrübung [%]
b
C_R-CSV(-BSB_5) [%]
c
C_R-TOC [%]
d
C_R-P_gesamt [%]
e
eWG [µm s⁻¹·V⁻¹cm⁻¹]
f
pH-Wert
100
80
60
40
20
+2
+1
0
-1
-2
8
7
6
5
4
1
2
5 10 15 20 25
D[mg · l⁻¹ PEI-Aktivsubstanz]
200 400 600 800 1000
D[µmol · l⁻¹ Al]

2. Im Gegensatz zu den anorganischen Flockungsmitteln verändern kationische Polymere auch nach Zugabe hoher Dosen den pH-Wert des Abwassers nicht.
3. Anorganische Flockungsmittel bewirken eine wesentlich stärkere P-Elimination als kationische Polymere.

Abb. 25 zeigt die Flockungseffekte, die MÜHLE (1975) u. WALTHER (1976) bei der Behandlung eines kommunalen Abwassers mit optimalen Dosen verschiedener kationischer Polymere und anorganischer Flockungsmittel erzielen; dargestellt sind die anhand einer Häufigkeitsverteilungsanalyse bestimmten häufigsten prozentualen Restbelastungswerte. Die Beschaffenheit der bei den Laborversuchen verwendeten Abwasserproben kennzeichnen die nachstehenden Werte. Die Proben waren durch Sieben vorbehandelt (Maschenweite des Siebgewebes etwa 0,1 mm) und enthielten im Durchschnitt 3 $ml \cdot l^{-1}$ absetzbare Stoffe.

Kriterium	Bereich	Mittelwert	Kriterium	Bereich	Mittelwert
Trübung ($TE \cdot l^{-1}$)	11···50	21	N-org. geb. ($mg \cdot l^{-1}$)	13···24	18
CSV-Cr ($mg \cdot l^{-1}$ O_2)	170···810	410	abfiltrierbare Stoffe ($mg \cdot l^{-1}$)	120···850	340
BSB_5 ($mg \cdot l^{-1}$ O_2)	120···460	220	pH-Wert	7,0···8,1	7,4
TOC ($mg \cdot l^{-1}$)	76···200	125	Säureverbrauch bis pH 4,5 ($mmol \cdot l^{-1}$ H^+)	4,0···6,0	5,2
P-gesamt ($mg \cdot l^{-1}$)	2···100	5			

Abb. 24 (a–f): Flockung von kommunalem Abwasser mit *PEI* und Aluminiumsulfat; Abhängigkeit verschiedener Reinwasserkriterien von der Flockungsmittelmenge *D*. (Nach MÜHLE, 1975.)

C_R – Restgehalt, *eWG* – elektrophoretische Wanderungsgeschwindigkeit der Abwasserkolloide, *1* – *PEI*, *2* – Aluminiumsulfat.

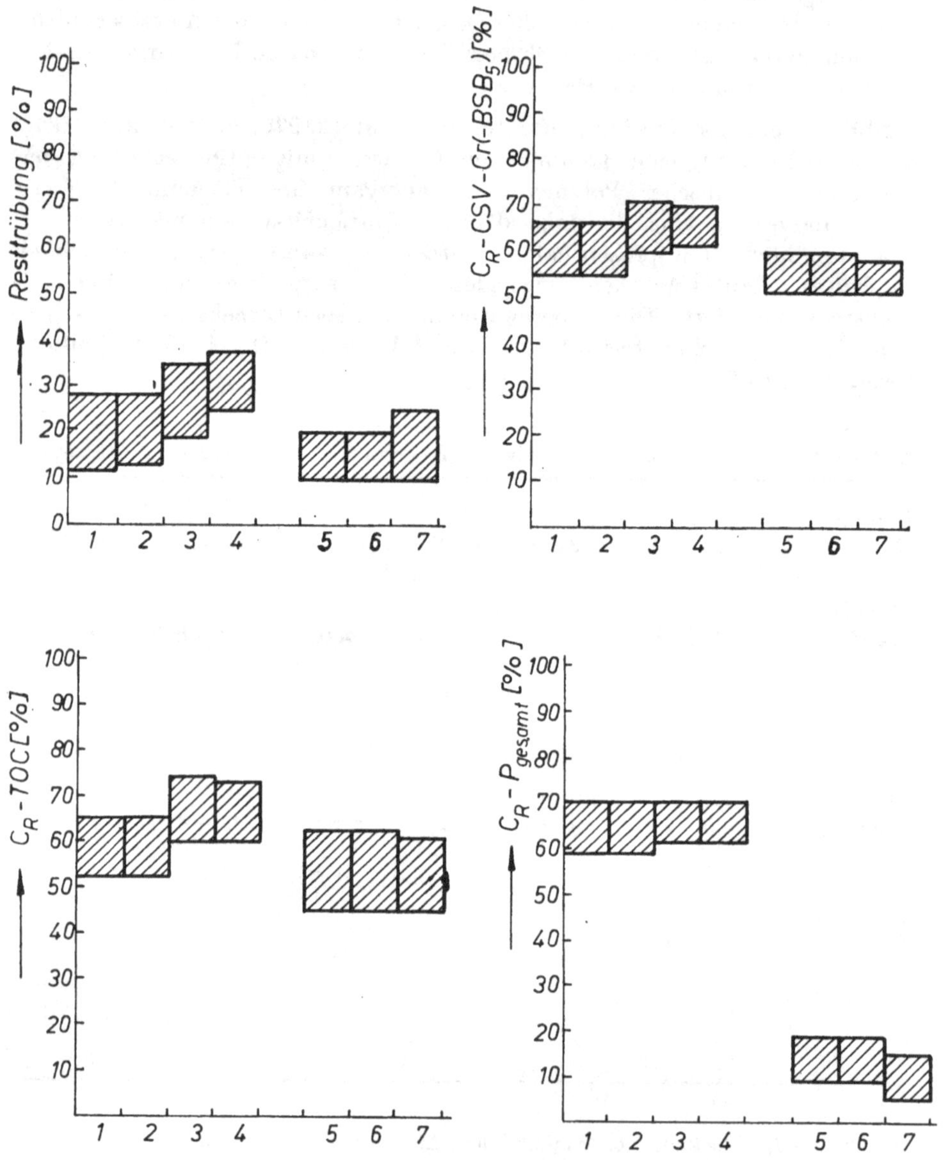
Resttrübung [%]
0
10
20
30
40
50
60
70
80
90
100
1 2 3 4 5 6 7
C_R - CSV - Cr(-BSB_5) [%]
10
20
30
40
50
60
70
80
90
100
1 2 3 4 5 6 7
C_R - TOC [%]
10
20
30
40
50
60
70
80
90
100
1 2 3 4 5 6 7
C_R - P_{gesamt} [%]
10
20
30
40
50
60
70
80
90
100
1 2 3 4 5 6 7

Die nach der Flockung mit den kationischen Polymeren ermittelten absoluten Restbelastungswerte lagen innerhalb folgender Grenzen:

Trübung ($TE\ l^{-1}$)	2···6
CSV-Cr ($mg \cdot l^{-1}\ O_2$)	110···320
BSB_5 ($mg \cdot l^{-1}\ O_2$)	80···150
TOC ($mg \cdot l^{-1}$)	50···160
P-gesamt ($mg \cdot l^{-1}$)	1,9···5,6

Wie die entsprechenden Werte für die prozentuale Resttrübung sowie für die prozentuale *CSV*-, BSB_5- und *TOC*-Restbelastung in der Abb. 25 beweisen, sind die Polymertypen *PVBA* und *PEI* im Durchschnitt etwas wirksamer als die Verbindungen des Typs *P*(*AA*-*qACE*). Da die Dichte der positiven Ladung am *PVBA*-und *PEI*-Molekül beträchtlich höher ist als am *P*(*AA*-*qACE*)-Molekül (s. 1.3.1., Tab. 2), nimmt demnach die Reinigungsleistung mit der Ladungsdichte zu. Ladungsdichteunterschiede sind sicherlich auch der Grund dafür, daß das *P*(*AA*-*qACE*)1/4 im Vergleich zum (*PAA*-*qACE*1/5 eine geringfügig stärkere durchschnittliche Trübungsverminderung hervorruft.

Bei der Flockung einiger Abwasserproben beobachtete MÜHLE (1975) sehr große Unterschiede des Eliminationsvermögens der o. g. Polymerarten. Im Extremfall waren die prozentualen Resttrübungswerte nach Einsatz von *PVBA* oder *PEI* um zwei Drittel kleiner als nach Anwendung von *P*(*AA*-*qACE*)1/5.

Vergleicht man in der Abb. 25 die Restbelastungswerte, welche die kationischen Polymere erzielen, mit den durch die anorganischen Flockungsmittel erreichten Werten, ergibt sich folgendes. In bezug auf die Kriterien, Trübung, *CSV*, BSB_5 und *TOC*, die vorwiegend oder ausschließlich die organische Be-

Abb. 25: Flockung von kommunalem Abwasser mit kationischen Polymeren und anorganischen Chemikalien; Prozentuale Restbelastung C_R bei Anwendung optischer Flockungsmittelmengen.
(Nach MÜHLE, 1975 u. WALTHER, 1976.)

Nr.	Flockungsmittel (M[$g \cdot mol^{-1}$])	optimale Dosis in der Regel im Bereich
1	*PVBA* ($\approx 2 \cdot 10^4$)	8···12 $mg \cdot l^{-1}$ Aktivsubstanz
2	*PEI* ($\approx 4 \cdot 10^4$; $> 4 \cdot 10^4$)	
3	*P*(*AA*-*qACE*)1/4 ($\approx 10^6$)	
4	*P*(*AA*-*qACE*)1/5 ($10^6 \cdots 3 \cdot 10^6$)	
5	Aluminiumsulfat	300···450 $\mu mol \cdot l^{-1}$ Al
6	Eisen(III)-chlorid	300···450 $\mu mol \cdot l^{-1}$ Fe
7	Kalkhydrat	2,7···4,0 $mmol \cdot l^{-1}$ Ca

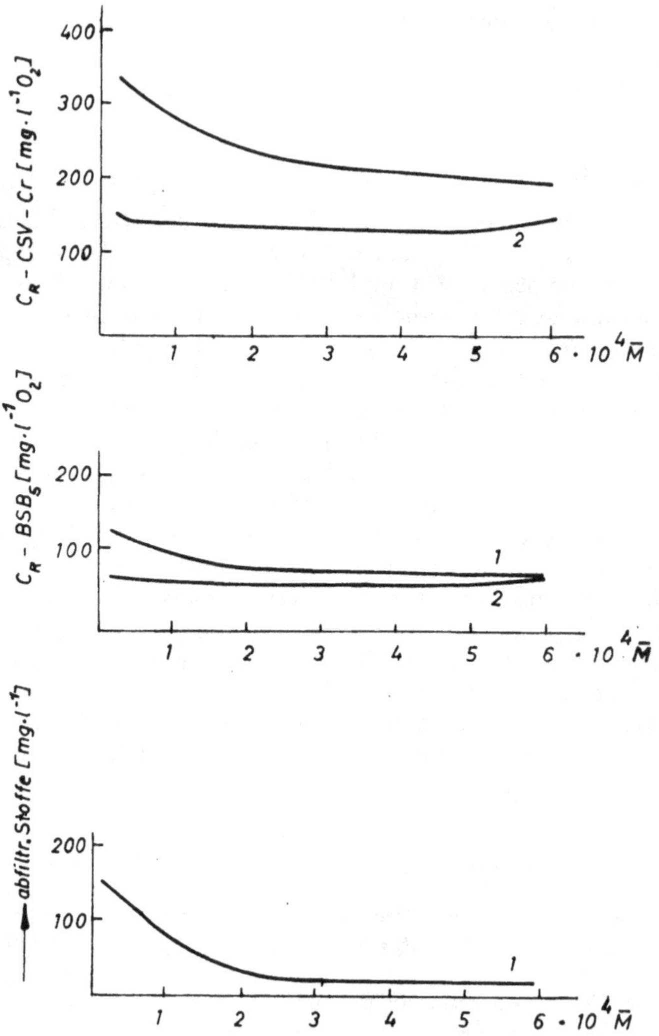

Abb. 26: Flockung von kommunalem Abwasser mit Polyethylenimin. (Nach VEJCER u. KOLOBOVA, 1978.)

1 – Abhängigkeit der Restbelastung C_R von der mittleren Molmasse $\overline{M}$ (g · mol⁻¹) des Polymers; Polymerdosis 10 mg · l^{-1} Aktivsubstanz

2 – Restbelastung nach zusätzlicher Filtration

lastung kennzeichnen, ist die Reinigungsleistung der anorganischen Verbindungen im Durchschnitt nur geringfügig besser (vgl. auch Abb. 24a—c). Wahrscheinlich läßt sich die etwas größere Eliminationswirkung der anorganischen Flockungsmittel hinsichtlich der organischen Inhaltsstoffe vor allem darauf zurückführen, daß letztere teilweise auch echt gelöste organische Substanzen durch Ligandenaustausch- oder Fällungsreaktionen entfernen. Im Gegensatz zu den Metallsalzen und zum Kalkhydrat, die den P-Gehalt um etwa 80···90% reduzieren, senken die kationischen Polymere die P-Konzentration lediglich um 30···40%, da letztere nur die in ungelöster Form vorliegenden P-haltigen Verbindungen ausflocken können. Die anorganischen Chemikalien fällen dagegen auch die gelösten Phosphorverbindungen, deren Anteil am Gesamt-P-Gehalt von kommunalem Abwasser größer ist.

Die Reinigungsleistung des Polyethylenimins sinkt erheblich ab, wenn die mittlere Molmasse des Flockungsmittels den Wert von $2 \cdot 10^4\,\mathrm{g \cdot mol^{-1}}$ wesentlich unterschreitet. Oberhalb dieses Wertes nimmt das Flockungsvermögen mit größer werdender Molmasse nur noch geringfügig zu. Abb. 26 verdeutlicht die Abhängigkeit der Reinigungsleistung des *PEI* von der molaren Masse an einem Beispiel. Die Befunde wurden anhand von Abwasserproben gleicher Beschaffenheit erhalten. In Abb. 26 sind auch die *CSV*- und BSB_5-Restkonzentrationen angeführt, die nach einer sich an die Flockung anschließenden Filtration (Sandfilter) auftraten. Wie sich ergibt, beeinflußt die Molmasse des *PEI* bei der kombinierten Behandlung von kommunalem Abwasser durch Sedimentationsflockung und Filtration die Reinwasserqualität nur wenig.

Nach Walther (1979) lassen sich durch Sedimentationsflockung von kommunalem Abwasser mit Polydimethyldiallylammoniumchlorid meist ebenso große Reinigungseffekte wie mit Polyethylenimin ($\overline{M} \geqq 2 \cdot 10^4\,\mathrm{g \cdot mol^{-1}}$) erzielen.

4.4.4. *Einfluß des Energieeintrages*

Die Auswirkung der Höhe des Energieeintrages auf die Flockungsbehandlung von kommunalem Abwasser mit stark kationischen Polymeren untersuchten Mühle (1975) und Vejcer et al. (1975).

Ersterer verwendete als Flockungsmittel einen quartärisierten Polyaminocarbonsäureester, letztere ein Polyethylenimin (s. Tab. 20). Bei den in Laborreaktoren durchgeführten Versuchen wurde der Energieeintrag in der Langsamrührphase variiert, in der kurzen Schnellrührphase jedoch stets konstant gehalten ($\overline{G} \approx 200\,\mathrm{s^{-1}}$). Als Bewertungskriterium für den Flockungsprozeß diente vor allem die Trübung. Die eingesetzten Polymermengen waren optimal.

Tabelle 20
Optimaler Energieeintrag bei der Flockung von kommunalem Abwasser mit stark kationischen Polymeren

Polymertyp	$\overline{M}$ (g · mol^{-1})	Dosis (mg · l^{-1} Aktiv-substanz)	optimaler Energieeintrag	
			$\overline{G}_1$ (s^{-1})	*Ca*
P(AA-qACE)1/4	$\approx 10^6$	10	100···140	$10 \cdot 10^4 \cdots 15 \cdot 10^4$
PEI	$2 \cdot 10^4$	10	≈ 50	$5 \cdot 10^4 \cdots 8 \cdot 10^4$

Nach Tab. 20 erfordern quartärisierte Polyaminocarbonsäureester einen höheren Energieeintrag als die eine stets geringere Molmasse aufweisenden Polyethylenimine. Theoretisch ist allerdings zu erwarten, daß der notwendige Energieeintrag mit zunehmender Molmasse auf Grund einer Verlängerung des gestreckten Polymermoleküls kleiner wird. Die gegenteilige Feststellung läßt sich möglicherweise u. a. auf den größeren Abstand der positiven Ladungen am Polyaminocarbonsäureestermolekül und damit auf eine relativ schwache Streckung dieses Moleküls zurückführen. Wie die höheren optimalen $\overline{G}$-Werte für die Flockung mit dem Polyaminocarbonsäureester beweisen, sind die hierbei entstehenden Flocken gegenüber Scherkräften nicht so empfindlich wie die Flocken, welche sich nach Polyethyleniminzusatz bilden. Diese Feststellung stimmt damit überein, daß die eine größere Molmasse besitzenden Polyaminocarbonsäureester meist Flocken mit einem höheren Feststoffgehalt hervorrufen, die schneller sedimentieren (s. 4.5.5.1.). Der optimale CAMP-Zahl-Bereich für die Polyaminocarbonsäureester liegt noch über dem optimalen CAMP-Zahl-Bereich für die Aluminiumsalze. Nach MÜHLE (1975) sind die Energieeintragungsbedingungen bei der Flockung von kommunalem Abwasser mit Aluminiumsulfat (300 µmol · l^{-1} Al) am günstigsten, wenn in der Langsamrührphase die CAMP-Zahl $1{,}5 \cdot 10^4 \cdots 6 \cdot 10^4$ beträgt und $\overline{G}$ den Wert von 80 s^{-1} nicht wesentlich überschreitet.

VEJCER et al. (1975) geben an, daß die im Laborreaktor für das Polyethylenimin ermittelten optimalen $\overline{G}$ und *Ca*-Werte bei Versuchen in 2 großtechnischen Anlagen bestätigt werden konnten (s. auch LUZENKO et al., 1977).

4.4.5. Eigenschaften und Volumen des Flockenschlammes

4.4.5.1. Absetzgeschwindigkeit der Flocken

Die Flockensinkgeschwindigkeit ist abhängig von der Dosis und vom Typ des kationischen Polymers sowie vom Energieeintrag in der orthokinetischen Phase; außerdem wird sie von der Abwasserbeschaffenheit beeinflußt.

Im suboptimalen Dosisbereich erhöht sich mit zunehmender Polymerkonzentration die Absetzgeschwindigkeit infolge einer stetigen Flockenvergrößerung. Bei der optimalen Dosis erreicht die Sinkgeschwindigkeit ihr Maximum. Wird diese Menge erheblich überschritten, verschlechtert sich auf Grund von Restabilisierungseffekten das Absetzverhalten wieder.

Tab. 21 enthält die beim Einsatz optimaler Dosen unterschiedlicher kationischer Polymerarten und anorganischer Flockungsmittel auftretenden Sinkgeschwindigkeiten. Die Werte wurden im nicht durchströmten Reaktor bzw. Absetzbecken nach der Flockung unter optimalen Energieeintragsbedingungen bestimmt.

Tabelle 21
Flockenabsetzgeschwindigkeiten (v_s) bei der Behandlung von kommunalem Abwasser mit stark kationischen organischen Polymeren und anorganischen Flockungsmitteln unter optimalen chemischen und Energieeintragsbedingungen. (Nach WALTHER, 1976.)

Flockungsmittel	$\overline{M}$ (g · mol^{-1})	Dosis	v_s (cm · min^{-1})
P(AA-qACE)	$10^6 \cdots 3 \cdot 10^6$	$8 \cdots 12$ mg · l^{-1}	3,3···6,7
PEI	$4 \cdot 10^4$; $> 4 \cdot 10^4$	≈ 10 mg · l^{-1}	≈ 2,2
PVBA	$\approx 2 \cdot 10^4$	≈ 10 mg · l^{-1}	≈ 1,7
Aluminiumsulfat		300···450 µmol · l^{-1} Al	1,5···2,7
Eisen(III)-chlorid		300···450 µmol · l^{-1} Fe	1,7···2,7
Kalkhydrat		2,7···4,0 mmol · l^{-1} Ca	2,7···3,7

Es zeigt sich, daß mit abnehmender Molmasse der kationischen Polymere die Sinkgeschwindigkeit geringer wird. Quartärisierte Polyaminocarbonsäureester bewirken wesentlich höhere v_s-Werte als Polyethylenimine und Poly(4-vinylbenzyltrimethylammoniumchlorid). Letztere bilden kleinere Flocken, deren Absetzverhalten etwa dem der Flocken entspricht, die nach Anwendung von Metallsalzen entstehen. Die geschilderten Befunde stehen im Einklang mit den Untersuchungsergebnissen von JONES (1968) und WALTHER (1979), die beim Prüfen der Eignung von Polydimethyldiallylammoniumchlorid (*PDMP*) Chargen mit unterschiedlicher Molmasse einsetzen. Die von WALTHER getesteten Chargen besaßen $\overline{M}$-Werte von etwa $2{,}5 \cdot 10^4$ g · mol^{-1} und 10^5 g × mol^{-1}. Beide Autoren stellten fest, daß die verschiedenen Chargen bei ausreichender Flockenabsetzzeit die gleiche Eliminationsleistung erzielten, jedoch die Produkte mit der größten Molmasse die Flocken mit der höchsten Sinkgeschwindigkeit bildeten. Das eine Molmasse von 10^5 g · mol^{-1} aufweisende *PDMP* erzeugte Flocken, deren Absetzgeschwindigkeit um das 2···3fache höher war als die Sinkgeschwindigkeit der Flocken, die nach Zusatz des *PDMP* mit der Molmasse von $2{,}5 \cdot 10^4$ g · mol^{-1} entstanden. Nach JONES nimmt auch die Größe der Flocken und deren Stabilität gegenüber Scherkräften mit steigender Molmasse des *PDMP* zu.

Bei der Behandlung von kommunalem Abwasser mit kationischen Polymeren erhöht sich die Absetzgeschwindigkeit der Flocken mit abnehmendem $\overline{G}$ in der Langsamrührphase stark. Nach MÜHLE (1975) wird beispielsweise die Absetzgeschwindigkeit der Flocken, die nach Zusatz von Polyaminocarbonsäureestern entstehen, um das 6···7fache erhöht, wenn $\overline{G}$ von 160 auf 20 s^{-1} sinkt. Im Hinblick auf die Erzielung des maximalen Reinigungseffektes darf jedoch, wie bereits erwähnt, der $\overline{G}$-Wert den diesbezüglich optimalen Bereich nicht unterschreiten, der für die Flockungsmittel vom Polyaminocarbonsäuretyp zwischen 100···140 s^{-1} liegt (s. 4.4.4., Tab. 20).

4.4.5.2. Schlammvolumen und -feststoffgehalt

Bei der Behandlung von kommunalem Abwasser durch stark kationische Polymere fällt weniger Schlamm an als bei der Flockung mit anorganischen Chemikalien. Besonders groß ist dieser Unterschied bezüglich der Flockung mit Metallsalz. Dementsprechend weist auch der sich nach Polymerzusatz bildende Schlamm einen wesentlich höheren prozentualen Feststoffgehalt auf als der Schlamm, der nach der Flockung mit einem Metallsalz entsteht.

In Abb. 27 sind die Schlammvolumen- und Feststoffgehaltsbereiche dargestellt, die MÜHLE (1975) u. WALTHER (1976) bei der Behandlung von kommunalem Abwasser mit optimalen Mengen der Polymertypen *PVBA*, *PEI* und *P(AA-qACE)* sowie der anorganischen Chemikalien ermittelten. Die verwendeten Abwasserproben enthielten in der Regel 2,0···4,0 m*l* · l^{-1} und im Durchschnitt 3,0 m*l* · l^{-1} absetzbare Stoffe. Weitere Angaben über die Beschaffenheit des Abwassers finden sich im Abschnitt 4.4.3. Das Flockungsschlammvolumen wurde im IMHOFF-Trichter (1 *l*) unter Einhaltung einer Absetzzeit von 60 min bestimmt.

Nach den Ergebnissen von MÜHLE u. WALTHER stehen die bei der Flockung mit den kationischen Polymeren, dem Kalkhydrat und den Metallsalzen anfallenden Schlammengen im Durchschnitt im Verhältnis 1:1,5:2,7. Der prozentuale Feststoffgehalt, der durch die Polymertypen *PEI* und *P(AA-qACE)* erzeugten Schlämme ist mindestens doppelt so hoch wie die prozentuale Feststoffkonzentration der von den Metallsalzen gebildeten Schlämme. Abb. 27 läßt weiterhin die Tendenz erkennen, daß mit ansteigender Molmasse der Polymere das Schlammvolumen ab- bzw. der prozentuale Feststoffgehalt zunimmt. Dem hohen Feststoffgehalt des Schlammes, der nach der Flockung mit *P(AA-qACE)* entsteht, entspricht die große Absetzgeschwindigkeit dieses Schlammes (s. 4.4.5.1., Tab. 21).

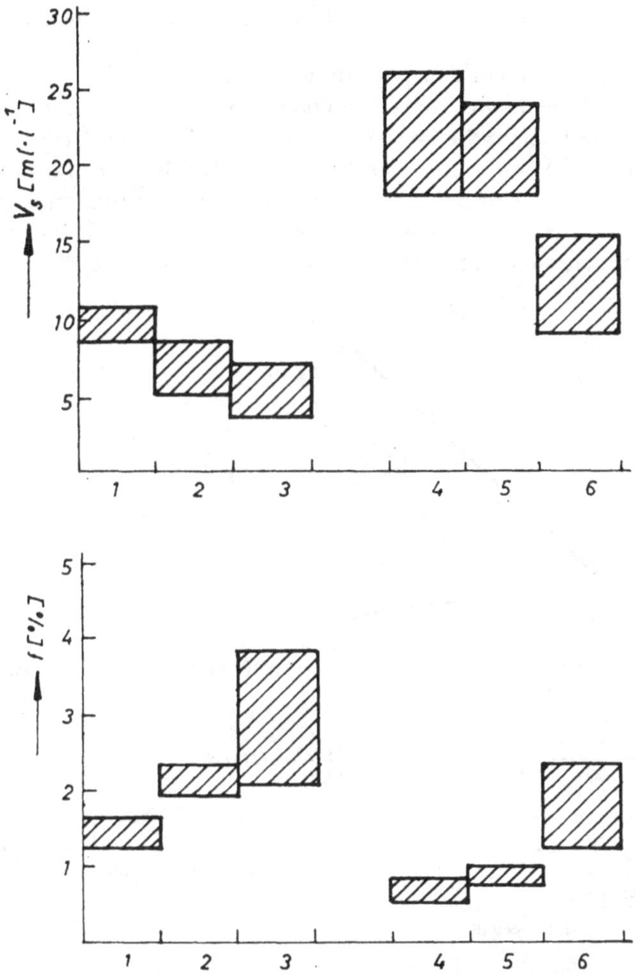

Abb. 27: Behandlung von kommunalem Abwasser mit kationischen Polymeren und anorganischen Flockungsmitteln unter optimalen chemischen und Energieeintragsbedingungen. Schlammanfall (Schlammvolumen V_S) und prozentualer Schlammfeststoffgehalt (*f*); Durchschnittlicher Gehalt des Abwassers an absetzbaren Stoffen 3,0 ml · l^{-1}.
(Nach MÜHLE, 1975, WALTHER, 1976.)

Nr.	Flockungsmittel ($\overline{M}$[$g \cdot mol^{-1}$])	optimale Dosis in der Regel im Bereich
1	*PVBA* (≈ 2 · 10^4)	
2	*PEI* (≈ 4 · 10^4; > 4 · 10^4)	8···12 mg · l^{-1} Aktivsubstanz
3	*P(AA-qACE)* (10^6···3 · 10^6)	
4	Aluminiumsulfat	300···450 μmol · l^{-1} Al
5	Eisen(III)-chlorid	300···450 μmol · l^{-1} Fe
6	Kalkhydrat	2,7···4,0 mmol · l^{-1} Ca

Abb. 28 zeigt an einem Beispiel die unterschiedliche Art der Abhängigkeit des Schlammvolumens von der Chemikaliendosis bei der Flockung mit einem kationischen Polymer und einem Metallsalz. Die Befunde basieren auf Untersuchungen mit Proben gleicher Beschaffenheit. Die Proben waren die gleichen, anhand deren die in Abb. 24 dargestellten Ergebnisse erhalten wurden.

Bei der Flockung mit Metallsalzen besteht eine lineare Beziehung zwischen dem Schlammvolumen und der Chemikaliendosis. Wird mit einem kationischen

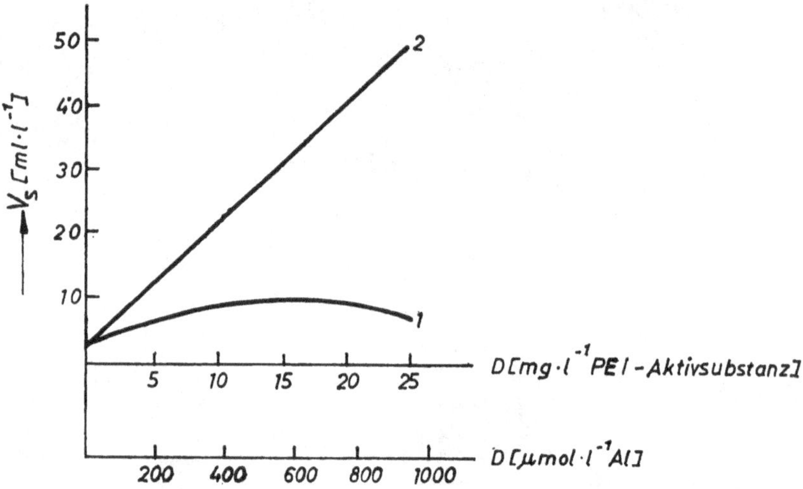

Abb. 28: Flockung von kommunalem Abwassers mit Polyethylenimin und Aluminiumsulfat; Abhängigkeit der Flockenschlammenge (V_S) von der Flockungsmitteldosis D; optimale *PEI*-Dosis 10 mg · l^{-1}, optimale Al-Dosis 350···400 µmol · l^{-1}. (Nach MÜHLE, 1975.)

1 – *PÄI*; *2* – Aluminiumsulfat

Polymer geflockt, erreicht das Schlammvolumen bei der optimalen oder einer etwas höheren Dosis das Maximum; nach weiterer starker Steigerung der Dosis nimmt die Schlammenge infolge von Restabilisierungseffekten wieder ab. Die Abhängigkeit des Schlammvolumens von der Polymerdosis ist somit analog der Abhängigkeit der Flockenabsetzgeschwindigkeit von der Polymerdosis (s. 4.4.5.1.).

Nach MÜHLE (1975) u. WALTHER (1976) entsteht bei der Flockung von kommunalem Abwasser mit kationischen Polymeren eine Schlammenge, die etwa 2···2,5 mal so groß ist wie die ohne Flockungsmittel im Absetzbecken anfallende Menge. Der prozentuale Feststoffgehalt des durch quartärisierte Polyaminocarbonsäureester erzeugten Flockenschlammes liegt im Durchschnitt um das 2fache höher als der prozentuale Feststoffgehalt des Schlammes, der sich bei der mechanischen Reinigung des Abwassers absetzt.

4.4.5.3. Spezifischer Filterwiderstand

Auf Grund der schwankenden Beschaffenheit von kommunalem Abwasser erstreckt sich der Filterwiderstand des Flockenschlammes über einen größeren Bereich.

MÜHLE (1975) ermittelte anhand zahlreicher Proben (Beschaffenheit siehe 4.4.3.) die mittleren spezifischen Filterwiderstände (r) der Schlämme, die sich bei der Flockung mit dem Polymertyp *P(AA-qACE)* ($\overline{M} \approx 10^6$ g · mol^{-1}), Aluminiumsulfat und Eisen(III)-chlorid bilden. Die Bestimmung der r-Werte wurde in Anlehnung an die Vorschrift des Werkstandards *WAB* 0034/01 (1973) durchgeführt. Der Filtrationsdruck betrug 4 · 10^4 Pa. Abb. 29 gibt die nach Einsatz optimaler Flockungsmittelmengen festgestellten r-Werte-Bereiche wieder.

Demnach überschneiden sich die r-Bereiche der durch die 3 Flockungsmittelarten erzeugten Schlämme mehr oder weniger stark. Andererseits ist zu beobachten, daß die Minimal- und Maximalwerte entsprechend der Reihenfolge Aluminiumsulfat-Eisen(III)-chlorid-*P(AA-qACE)* abnehmen. Somit weisen die nach der Flockung mit dem kationischen Polymer anfallenden Schlämme in der Regel das beste Entwässerungsverhalten auf.

Wird die optimale Polymerdosis soweit überschritten, daß eine Ladungsumkehr bzw. Restabilisierung von kolloidalen Abwasserinhaltsstoffen eintritt, erhöht sich durch diese kolloidalen Teilchen der Filterwiderstand des Flockenschlammes in starkem Maße.

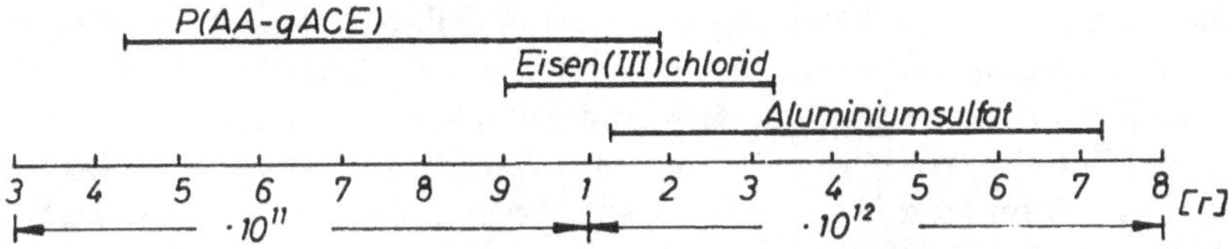

Abb. 29: Spezifischer Filterwiderstand (r) von Flockenschlämmen, die bei der Behandlung von kommunalem Abwasser mit optimalen Mengen *P(AA-qACE)*, Aluminiumsulfat bzw. Eisen(III)-chlorid anfallen.
(Nach MÜHLE, 1975.)
Optimale Dosen: 240···445 µmol · l^{-1} Al, 290···500 µmol · l^{-1} Fe, 10 mg · l^{-1} *P(AA-qACE)*1/4.

4.5. Flockung mit Kombinationen von Metallsalz und kationischem Polymer

4.5.1. Allgemeines

Wie im Abschnitt 4.4.5.2. dargelegt wurde, weisen im Vergleich zu den Metallsalzen die kationischen Polymere insbesondere den Vorteil auf, daß sie einen viel geringeren Schlammanfall verursachen. Die quartärisierten Polyaminocarbonsäureester mit einer Molmasse von 10^6 g · mol^{-1} und darüber erzeugen außerdem Flocken mit einer wesentlich höheren Sinkgeschwindigkeit (s. 4.4.5.1.). Andererseits besitzen die Metallsalze ein stärkeres P-Eliminationsvermögen als die kationischen Polyelektrolyte.

Bis zu einem gewissen Grade lassen sich die Vorteile der kationischen Verbindungen und der Metallsalze vereinen bzw. die nachteiligen Eigenschaften mindern, wenn die beiden Flockungsmittelarten kombiniert angewandt werden.

Bei der Flockung mit derartigen Kombinationen sind hinsichtlich der Flokkungsmittelmengen zwei Varianten von Bedeutung:

a) Die Metallsalzmenge entspricht der Dosis, die für die Flockung ohne Polymer optimal ist. Die Polymermenge ist im Vergleich zur Metallsalzdosis sehr gering. Wird Aluminiumsulfat benutzt, weist das Al/Polymer-Masseverhältnis Werte über 8/1···10/1 auf.

b) Die Metallsalzdosis liegt niedriger als die ohne Polymereinsatz erforderliche optimale Dosis. Das Masseverhältnis Al/Polymer ist wesentlich kleiner als 8/1.

   Die Polymerkonzentration unterschreitet aber in jedem Fall noch die für die nicht kombinierte Anwendung ermittelte Optimaldosis.

Im folgenden werden die Variante a) als Kombination mit großem *Me*-Polymer-Masseverhältnis und die Variante b) als Kombination mit kleinem *Me*/Polymer-Masseverhältnis bezeichnet.

Die Dosierung der beiden Flockungsmittelarten soll der Reihenfolge Metallsalz (Primärflockungsmittel) — kationisches Polymer (Sekundärflockungsmittel) entsprechen. Der optimale zeitliche Abstand zwischen Metallsalz- und Polymerzusatz beträgt 1 min (± 15 s). Eine Abweichung von der geschilderten Verfahrensweise kann den Reinigungseffekt vermindern, insbesondere aber das Absetzverhalten der Flocken verschlechtern.

4.5.2. Reinigungsleistung und Flockenabsetzungsgeschwindigkeit, Einfluß des Energieeintrages

4.5.2.1. Kombination mit großem Me/Polymer-Masseverhältnis

Bei der Flockung von kommunalem Abwasser mit der optimalen Metallsalzmenge wird durch die zusätzliche Dosierung eines stark kationischen Polymers die Flockungsabsetzgeschwindigkeit erhöht und gleichzeitig noch die Reinigungsleistung gesteigert. Die Dosierung eines schwach kationischen Polymers verbessert ebenfalls das Absetzverhalten der Flocken, aber nur geringfügig den Reinigungseffekt. Die Steigerung der Sinkgeschwindigkeit durch kationische Polyelektrolyte beruht vor allem auf einer Vergrößerung der Flocken, deren Durchmesser maximale Werte von 3···4 mm erreichen kann; ohne Polymerzusatz liegt die durchschnittliche Flockengröße meist unter 1 mm.

Die Energieeintragsbedingungen sind am günstigsten, wenn die Flockung in Anlehnung an die klassische Verfahrensweise erfolgt: a) Kurze Schnellrührphase, in der das Metallsalz und das Polymer zugesetzt werden (s. 4. 5.1.), b) Längere Langsamrührphase. Dieser Energieeintragsverlauf gewährleistet, daß fast im gesamten Zeitraum der Makroflockenbildung die Scherkräfte gering sind. Stark kationische quartärisierte Polyaminocarbonsäureester sind besonders gut geeignet, die Flockung von kommunalem Abwasser mit der optimalen Metallsalzdosis zu verbessern. Die graphischen Darstellungen der Abb. 30 ent-

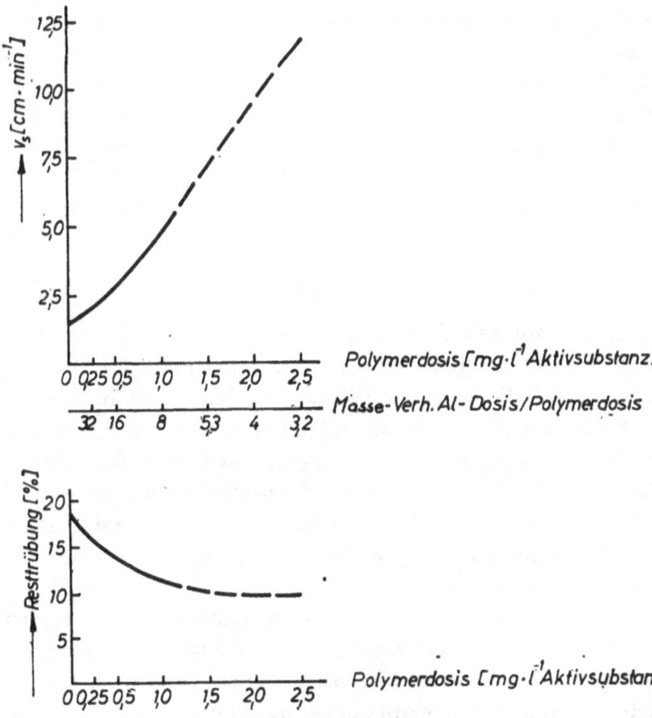

Abb. 30: Flockung eines kommunalen Abwassers mit optimaler Aluminiumsulfatdosis (8 mg · l^{-1} Al) und $P(AA\text{-}qACE)1/4$ ($\bar{M} \approx 10^6$). Abhängigkeit der Flockenabsetzgeschwindigkeit v_s und der prozentualen Resttrübung von der Polymerdosis; v_s und Resttrübung nach der Flockung ohne Polymer 1,7 cm · min^{-1} bzw. 18,5%; Energieeintrag: 2 min $G \approx$ 200 s^{-1}, 8 min $G \approx 25\ s^{-1}$, Polymerzugabe nach der 1. Minute.
(Nach MÜHLE, 1975.)

halten die Flockensinkgeschwindigkeiten und prozentualen Resttrübungswerte, die MÜHLE (1975) nach der Flockung mit der Kombination Aluminiumsulfat-*P*(*AA*-*qACE*)1/4 bei steigender Polymerdosis beobachtete. Die Werte repräsentieren maximal erreichbare Effekte. Die graphischen Darstellungen geben auch Absetzgeschwindigkeit und Resttrübung wieder, die bei Al/Polymer-Masseverhältnissen unter 8/1 ermittelt wurden.

Bereits eine Polymerdosis von 0,5 mg · l^{-1} erhöht die Absetzgeschwindigkeit der Flocken um 70%. Oberhalb dieser Dosis besteht eine annähernd lineare Beziehung zu v_s. Polymerzusätze über 1,0 mg · l^{-1} vermindern aber die Trübung nur noch in unbedeutendem Maße. Bemerkenswert ist, daß die relativ hohe Polymerdosis von 1 mg · l^{-1} keine Restabilisierungserscheinungen hervorruft. Somit entstehen nach der Zugabe des Metallsalzes Mikroflocken, deren Inhaltsstoffe durch das später dosierte Polymer (s. 4.5.1.) nicht mehr remobilisiert werden können.

Vergleicht man die in Abb. 30 angeführten Flockenabsetzgeschwindigkeiten mit den entsprechenden v_s-Werten, die beim kombinierten Einsatz von Metallsalz und einem anionischen oder nichtionischen Polymer festzustellen sind (s. 4.3.), zeigt sich, daß stark kationische Polymere des Types *P*(*AA*-*qACE*)1/4 Flocken mit wesentlich besserem Absetzverhalten erzeugen.

4.5.2.2. Kombinationen mit kleinem Me/Polymer-Masseverhältnis

Meist können mit solchen Kombinationen in bezug auf die Elimination der organischen Abwasserinhaltsstoffe und hinsichtlich der Verminderung der Trübung annähernd die gleichen Effekte erzielt werden, die nach alleiniger Zugabe der optimalen Dosis des Metallsalzes oder des Polymers auftreten. Die Elimination der P-haltigen Verbindungen verringert sich erwartungsgemäß mit abnehmender Metallsalzmenge. In Kombination mit kleinem Me/Polymer-Masseverhältnis soll die Metallsalzdosis 40···10% und die Polymerdosis 25···70% der beim nicht kombinierten Einsatz erforderlichen optimalen Flokkungsmittelmenge betragen.

Die anhand von Abwasserproben gleicher Beschaffenheit ermittelten Werte der Tab. 22 kennzeichnen die Reinigungsleistung von 2 Kombinationen mit unterschiedlichem *Me*/Polymer-Verhältnis sowie die durch die optimalen Dosen der nicht kombinierten Substanzen hervorgerufenen Effekte. Die Flokkungsbehandlung der Proben erfolgte entsprechend der klassischen Verfahrensweise: a) Kurze Schnellrührphase, in der die bzw. das Flockungsmittel zugefügt wurde(n), b) längere Langsamrührphase.

In dem angeführten Fall verminderte sich der organisch gebundene Kohlenstoff und die Trübung nach Einsatz der Kombination 2,6 mg · l^{-1} Al — 2 mg × l^{-1} *P*(*AA*-*qACE*)1/4 oder 0,8 mg · l^{-1} Al — 5 mg · l^{-1} *P*(*AA*-*qACE*)1/4 etwa

Tabelle 22
Abnahme der Belastung eines kommunalen Abwassers bei der Behandlung mit Aluminiumsulfat, *P(AA-qACE)*1/4 (opt. Dosen) und 2 Kombinationen dieser Chemikalien; Energieeintrag während der Flockung mit den Kombinationen: 2 min $G \approx 200\ s^{-1}$ – 18 min G 40 s^{-1}; – Polymerzugabe nach der 1. Minute (nach MÜHLE, 1975)

Al-Dosis (mg · l^{-1})	% der opt. Dosis bei nicht komb. Anwendung	Polymer-Dosis (mg · l^{-1})	% der opt. Dosis bei nicht komb. Anwendung	Al/Polymer-Masse-Verhältnis	Verminderung der Belastung (%) Trübung	*TOC*	P-ges.
6,4	100	0	–	–	80	38	90
2,6	41	2	27	1,3/1	80	40	70
0,8	12,5	5	67	0,16/1	80	34	55
0	–	7,5	100	–	74	33	38

in dem gleichen Maße wie nach Zugabe von 6,4 mg · l^{-1} Al oder 7,5 mg · l^{-1} des stark kationischen Polymers.

Die in Abb. 31 dargestellten Befunde basieren ebenfalls auf Untersuchungen mit Abwasserproben gleicher Zusammensetzung. Die Abbildung gibt die Abhängigkeit der Trübungsabnahme von der Konzentration der Polymere *PEI* (Kurve 1) und *P(AA-qACE)*1/8 (Kurve 2) bei Anwendung von Kombinationen mit der konstanten Al-Dosis von 3,2 mg · l^{-1} wieder; Kurve 3 zeigt die Trübungsverminderung nach alleiniger Dosierung von 3,2···12 mg · l^{-1} Al.

Bei der Flockung mit Aluminiumsulfat und Polyethylenimin ($\overline{M}$ 4 · 10^4) konnte die maximale Trübungsabnahme nach Zugabe von ca. 5,5 mg · l^{-1} Polymer erreicht werden, ohne Polymer waren zur Erzielung des gleichen Effektes 10···11 mg · l^{-1} Al erforderlich. Die Kombination des Aluminiumsulfates mit den schwach kationischen Polyaminocarbonsäureester ($\overline{M} \approx 10^6$) entwickelte eine wesentlich schlechtere Reinigungsleistung als die Kombination von Aluminiumsulfat und Polyethylenimin. Somit tritt unter den Energieeintragsbedingungen, die für die klassische Flockung charakteristisch sind, das geringe Leistungsvermögen schwach kationischer Polyaminocabonsäureester nach der kombinierten Dosierung mit Metallsalz ebenso stark in Erscheinung wie nach alleiniger Zugabe.

Beim Einsatz von Kombinationen mit kleinem *Me*/Polymer-Masseverhältnis gelten unter klassischen Energieeintragsbedingungen für die Schnellrührphase die gleichen Richtwerte wie bei der Verwendung von Kombinationen mit großem *Me*/Polymer-Verhältnis: 2 min $G \approx 200\ s^{-1}$ (*Ca* 25 · 10^3). Für Kombinationen von Aluminiumsulfat und stark kationischen quartärisierten Polyamincarbonsäureestern liegt der optimale Energieeintrag in der Langsamrührphase meist im Bereich von 25 · 10^3···45 · 10^3 *Ca*; die niedrigeren CAMP-

Zahl-Werte sollen durch Geschwindigkeitsgradienten von 20···30 s^{-1}, die höheren durch Gradienten von 30···40 s^{-1} erreicht werden. Bei Einhaltung dieser Verfahrensweise beträgt die Dauer der Langsamrührphase 15···25 min und die Flocken weisen, wenn das Al/Polymer-Masseverhältnis $\leqq 2$ ist,

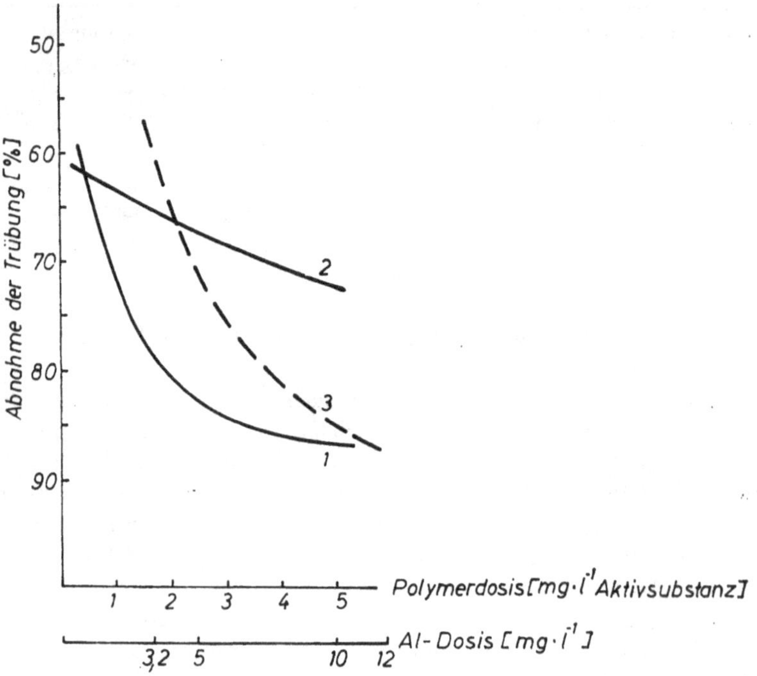

Abb. 31: Prozentuale Trübungsabnahme bei der Behandlung eines kommunalen Abwassers mit Aluminiumsulfat, Kombinationen Aluminiumsulfat—*PEI*, Aluminiumsulfat—*P*(*AA*-*qACE*)1/8; Energieeintrag während der Flockung mit den Kombinationen: 2 min $G \approx 200\ s^{-1}$ 18 min $G \approx 40\ s^{-1}$; Polymerzugabe nach der 1. Minute.
(Nach Mühle, 1975.)

1 — Al-*PEI* [3,2 mg · l^{-1} Al] *2* — Al-*P*(*AA*-*qACE*)1/8 [3,2 mg · l^{-1} Al]
3 — Aluminiumsulfat

sehr hohe Sinkgeschwindigkeiten von 11,5···13,5 cm · min^{-1} auf (Mühle, 1975; Walther, 1976).

Für die Flockung von kommunalem Abwasser mit Metallsalz und einem quartärisierten Polyaminocarbonsäureester erweist sich auch ein Energieeintragsverlauf als günstig, der von der klassischen Form stark abweicht und durch eine relativ lange Schnellrührphase und eine sehr kurze Langsamrührphase gekennzeichnet ist (MÜHLE, 1975). Kommt als Primärflockungsmittel Aluminiumsulfat zur Anwendung, hat sich folgende Verfahrensweise bewährt:

- Schnellrührphase 4 min $G \approx 200\ s^{-1}$ (Ca 48 · 10^3)
- Langsamrührphase 2···3 min $G \approx 20\ s^{-1}$ (Ca 2,4 · 10^3···3,6 · 10^3).

Die Dosierung des Polymers erfolgt nach Ablauf der 2. Minute, d. h. 1 min nach der Aluminiumsulfatdosierung. Bei der Flockung mit diesem „nicht klassischen" Energieeintragsverlauf ist die Dauer der Rührenergiezufuhr, also die notwendige Aufenthaltszeit des Abwassers im Misch- und Flockungsbecken bzw. in der sekundären Misch- und Flockungszone um 50···70% kürzer. Die Reinigungseffekte sind annähernd die gleichen wie nach der Flockung unter klassischen Energieeintragsbedingungen.

Besonders bemerkenswert ist, daß bei der Flockungsbehandlung mit langer Schnellrühr- und kurzer Langsamrührphase auch die schwach kationischen quartärisierten Polyaminocarbonsäureester — beispielsweise $P(AA\text{-}qACE)1/8$ — eine relativ gute Reinigungsleistung bringen, die bis zu 90% der Leistung der stark kationischen Polyaminocarbonsäureester betragen kann. Die geschilderte Erscheinung läßt sich möglicherweise folgendermaßen erklären. Durch den langzeitigen hohen Energieeintrag von $\approx 200\ G$ nach Zusatz des Sekundärflockungsmittels wird die Häufigkeit der Kontakte zwischen positiven Ladungsträgern des schwach kationischen Polymers und den negativ geladenen Abwasserkolloiden vergrößert. Dies wirkt in der gleichen Weise wie eine Erhöhung der Dichte der positiven Ladungsträger am Polymermolekül. Allerdings ist die Absetzgeschwindigkeit der Flocken bei nicht klassischen Energieeintragsbedingungen durchschnittlich etwa um die Hälfte geringer als bei klassischen Energieeintragsverhältnissen, da im erstgenannten Fall während der Makroflockenbildung wesentlich größere Scherkräfte auftreten, die kleinere Flocken mit verminderter Sedimentationsfähigkeit bedingen.

4.5.3. Schlammvolumen und -feststoffgehalt, spezifischer Filterwiderstand des Schlammes

Bei der Flockung mit Kombinationen, die die organischen Abwasserinhaltsstoffe und die Trübung annähernd in den gleichem Maße vermindern wie die optimalen Metallsalz- oder Polymerdosis, nimmt mit Verringerung des Me/Polymer-Verhältnisses das Schlammvolumen zu und der prozentuale Feststoffgehalt ab. Das Ansteigen des Feststoffgehaltes ist neben der Flockenvergrößerung verantwortlich für die bereits erwähnte Erhöhung der Schlammabsetzgeschwindigkeit (s. 4.5.2.). Die stark kationischen quartärisierten Polyaminocarbonsäureester sind besonders geeignet, den Schlammanfall bei der Flockung mit Kombinationen zu reduzieren. Kommen derartige Sekundärflockungsmittel zur Anwendung und erfolgt die Abwasserbehandlung unter klassischen Energieeintragsbedingungen, gelten in der Regel folgende groben Richtwerte.

Nach der Flockung mit Kombinationen, die ein Al-Polymer-Masseverhältnis von 1,5/1···2/1 bzw. ein Fe/Polymer-Masseverhältnis von 3/1···4/1 aufweisen, ist der Schlammanfall um 50···25% niedriger und der prozentuale Feststoffgehalt um den gleichen Betrag höher als nach alleinigem Einsatz der optimalen Metallsalzmenge (Mühle, 1975; Walther, 1976).

Abb. 32 enthält die Werte für die Parameter Schlammvolumen, Feststoffgehalt und Resttrübung, die Mühle (1975) bei der Flockung von Abwasserproben gleicher Beschaffenheit mit Eisen(III)-chlorid sowie mit verschiedenen Kombinationen von Eisen(III)-chlorid und *P*(*AA*-*qACE*)1/4 ermittelte; dargestellt ist die Abhängigkeit der 3 Parameter von der Polymerkonzentration für die Fe-Dosen 20 und 10 mg · l^{-1} (358 u. 179 μmol · l^{-1}). In dem angeführten Fall entspricht die Fe-Menge von 20 mg · l^{-1} der optimalen Dosis, welche bei alleiniger Anwendung des Metallsalzes erforderlich ist.

Kurve 3b läßt erkennen, daß nach Zusatz von nur 10 mg · l^{-1} Fe noch etwa 2,5 mg · l^{-1} Sekundärflockungsmittel notwendig sind, um fast die minimale Resttrübung zu erzielen. Bei Zugabe der optimalen Dosen des Primär- und Sekundärflockungsmittels, 10 mg · l^{-1} Fe und 2 mg · l^{-1} Polymer, erreicht das Schlammvolumen das Maximum (Kurve 1b) und der prozentuale Schlammfeststoffgehalt das Minimum (Kurve 2b). Wird die optimale Sekundärflokkungsmittelmenge überschritten, nimmt auf Grund der Verdichtung der Flocken das Schlammvolumen wieder etwas ab und der prozentuale Feststoffgehalt zu. Wie die Kurven 2a und 2b zeigen, betragen nach der Flockung mit der Kombination 10 mg · l^{-1} Fe—2,5 mg · l^{-1} Polymer (Fe/Polymer-Masseverhältnis 4/1) das Schlammvolumen 13 ml · l^{-1} und der prozentuale Reststoffgehalt 1,05 %. Bei der Behandlung des von Mühle verwendeten Abwassers mit der optimalen Fe-Dosis von 20 mg · l^{-1} fallen ohne zusätzliche Polymerzugabe 21 ml · l^{-1} Schlamm (Kurve 1a) an, der einen Feststoffgehalt von 0,65% aufweist (Kurve 2a). Somit bildet sich nach der Flockung mit der Kombination

→

Abb. 32: Flockung eines kommunalen Abwassers mit Eisen(III)-chlorid-*P*(*AA*-*qACE*)1/4-Kombinationen und Eisen(III)-chlorid. Molmasse des Polymers ≈ 10^6 g · mol^{-1}; Abhängigkeit des Schlammvolumens (V_S), des prozentualen Schlammfeststoffgehaltes (f) und der prozentualen Resttrübung von der Polymerkonzentration (0···5 mg · l^{-1} Aktivsubstanz); Energieeintrag: 2 min $G \approx 200\ s^{-1}$, 18 min G 72 s^{-1}.
(Nach Mühle, 1975.)

1a···3a 20 mg · l^{-1} Fe – *P*(*AA*-*qACE*)1/4; 20 mg · l^{-1} Fe
1b···3b 10 mg · l^{-1} Fe – *P*(*AA*-*qACE*)1/4; 10 mg · k^{-1} Fe

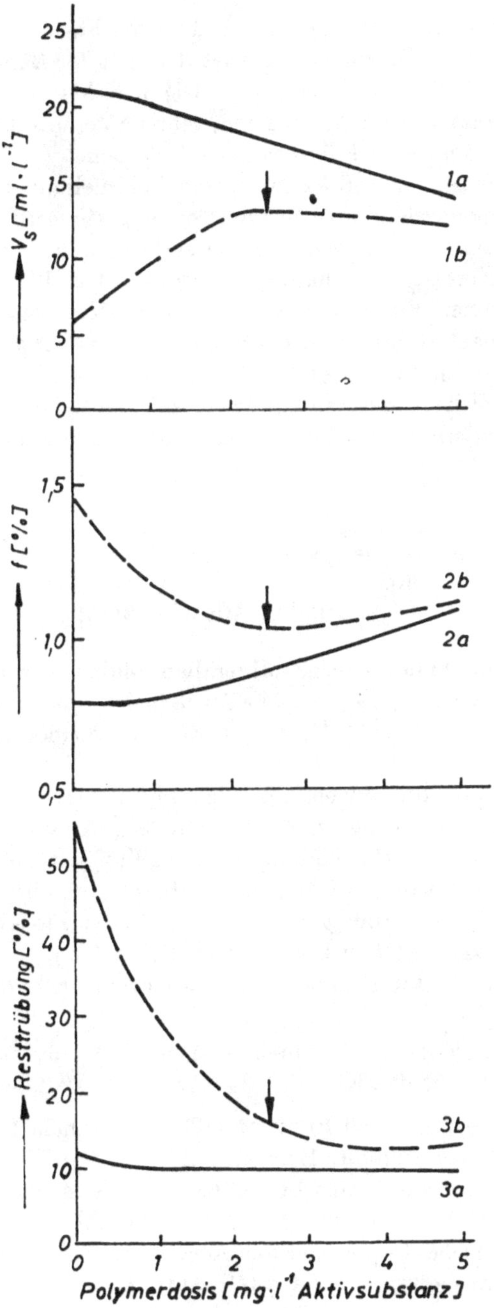
25
20
15
10
5
0
V_S [ml · l⁻¹]
1a
1b
1,5
1,0
0,5
f [°/o]
2b
2a
50
40
30
20
10
0
Resttrübung [°/o]
3b
3a
0
1
2
3
4
5
Polymerdosis [mg · l⁻¹ Aktivsubstanz]

ein Schlamm, dessen Volumen um 38% größer und dessen Feststoffgehalt dementsprechend um den gleichen Betrag geringer ist. Um bei der Behandlung des Abwassers mit 20 mg · l^{-1} Fe einen ebenso niedrigen Schlammanfall zu erreichen wie nach dem Einsatz der Kombination, müssen gemäß der Kurve 1a zusätzlich noch mehr als 5 mg · l^{-1} Polymer dosiert werden.

Kombinationen aus Metallsalz und kationischem Polymer mit kleinem *Me*/Polymer-Verhältnis ergeben Schlämme, die meist einen geringeren spezifischen Filterwiderstand und damit eine bessere Entwässerbarkeit aufweisen als die lediglich durch Metallsalz erzeugten Schlämme. (Mühle, 1975; Walther, 1976) bestimmten den spezifischen Filterwiderstand des nach Einsatz von Kombinationen aus Aluminiumsulfat und *P*(*AA*-*qACE*)1/4 ($\overline{M} \approx 10^6$ g · mol^{-1}) anfallenden Schlammes und stellten fest, daß bei einem Al/Polymer-Masseverhältnis von $\leqq 3/1$ der Filterwiderstand in der Regel ebenso gering ist wie der Filterwiderstand von Schlamm, welcher sich nach alleiniger Anwendung des Polymers bildet (s. 4.4.5.3.).

4.6. Flockung mit Kombinationen von Schichtsilicat und organischem Polymer (Abwasserbehandlung mit speziellen Adsorbenzien)

Schichtsilicate bzw. schichtsilicathaltige Mineralien bilden mit organischen Polymeren räumliche Netzwerke, die ionogene sowie molekular- und kolloiddisperse Wasser- und Abwasserinhaltsstoffe zu adsorbieren vermögen (Hoppe et al., 1977).

Unter optimalen Prozeßbedingungen läßt sich mit derartigen „speziellen Adsorbenzien" auch die Belastung von kommunalem Abwasser erheblich reduzieren (s. auch 5.4.2.2.). Die Anwendung von Schichtsilicat-Polymer-Kombinationen hat a priori den Vorteil, daß Schichtsilicate relativ billig sind und die erforderliche Polymerdosis wesentlich geringer ist als bei der Flockung des Abwassers mit einem stark kationischen Polyelektrolyt (s. 4.4.2.).

Hoppe et al. behandelten im Rahmen von Laborversuchen kommunales Abwasser mit folgenden Kombinationen:

140 mg · l^{-1} Friedländer Tonmehl — 1 mg · l^{-1} Polymer
140 mg · l^{-1} Bentonit „K" — 1 mg · l^{-1} Polymer

Friedländer Tonmehl besteht nach Fiedler (1962) aus einem Gemisch von Illit, Kaolinit und Na-Montmorillonit. Bentonit „K" wird in Ungarn gewonnen. Als Polymere kamen zum Einsatz: a) nichtionisches Polyacrylamid, b) zwei anionisch modifizierte, d. h. zu 10 und 40% hydrolysierte Polyacrylamide, c) schwach kationisches Copolymer aus Acrylamid und quartärisiertem Acrylsäuredialkylaminoäthylester ((*P*(*AA*-*qACE*)1/8). Die mittlere Molmasse der 4 Polymertypen betrug etwa 10^6 g · mol^{-1}. Die Flockungsmittelmengen von 140 mg · l^{-1} Schichtsilicat und 1 mg · l^{-1} Polymer-Aktivsubstanz wurden nicht überschritten, da eine Steigerung der Chemikaliendosen den Reinigungseffekt verringerte.

Die Beschaffenheit der von HOPPE et al. mit den Schichtsilicat-Polymer-Kombinationen und vergleichsweise auch mit Eisen(III)-chlorid geflockten Abwassers ist durch nachstehende Werte gekennzeichnet:

Kriterium		Bereich	Mittelwert
Trübung	($TE \cdot l^{-1}$)	5···18	14
CSV-Cr	(mg · l^{-1} O_2)	100···340	200
P-gesamt	(mg · l^{-1})	6···12	11
Chlorid	(mg · l^{-1})	180···260	220
pH-Wert		um 7	

Die Reinigungsleistung der Tonmehl-Polymer- und Bentonit-Polymer-Kombinationen ist in der Regel weitgehend gleich. Eine signifikante Abhängigkeit des Eliminationseffektes von der Polymerionogenität besteht nicht. Unter optimalen Dosier- und Energieeintragsbedingungen entfernen die Schichtsilicat-Polymer-Kombinationen die organischen Abwasserinhaltsstoffe meist in gleichem Maße wie die Metallsalze; nicht selten erzielen die Kombinationen aber auch höhere Eliminationsraten und der Rest-*CSV* des Reinwassers liegt dann zwischen 40 und 55%. Die Verminderung der Trübung ist beim Einsatz von Bentonit-Polymer-Kombinationen im allgemeinen ebenso groß wie bei der Anwendung von Metallsalzen. Dagegen sind die Resttrübungswerte nach der Flockung mit Friedländer Tonmehl und Polymer oft um 20···30% höher als nach der Abwasserbehandlung mit Metallsalz.

Den P-Gehalt des Abwassers vermindern die Schichtsilicat-Polymer-Kombinationen nur geringfügig. Dies zeigt, daß auch das Ionenaustauschvermögen der Schichtsilicate bezüglich der Phosphationen wenig oder gar nicht zur Geltung kommen. Durch die Schichtsilicat-Polymer-Kombinationen wird die P-Konzentration lediglich um 10···20% gesenkt und damit in noch wesentlich geringerem Maße als durch stark kationische Polyelektrolyte, die nach MÜHLE (1975) u. WALTHER (1976) auf Grund der Vernetzung ungelöster P-Verbindungen in der Regel 30···40% des Phosphors entfernen (s. 4.4.3.). Die Sinkgeschwindigkeit der Flocken, welche bei der Behandlung von kommunalem Abwasser mit Schichtsilicat-Polymer-Kombinationen entstehen, ist maximal um etwa das 1,3fache höher als die Sinkgeschwindigkeit, die bei der Flockung mit der optimalen Metallsalzdosis auftritt.

Nach der Flockung mit Schichtsilicat-Polymer-Kombinationen fallen verhältnismäßig geringe Schlammengen an. Dies gilt insbesondere, wenn Friedländer Tonmehl benutzt wird. In diesem Fall ist das Schlammvolumen um 50···75% geringer als nach der Flockung mit Metallsalz.

Folgende Energieeintrags- und Dosierbedingungen sind für die Flockungsbehandlung durch die Bentonit- und Tonmehl-Polymer-Kombinationen optimal:

— Schnellrührphase: 2 min $\bar{G}$ 250···300 s^{-1}
— Langsamrührphase: 15 min $G \approx 25\ s^{-1}$ ($Ca \approx 22 \cdot 10^3$)

Am Beginn der Schnellrührphase gleichzeitiger Zusatz der Schichtsilikatsuspension (Feststoffgehalt 10 g · l^{-1}; Alter ≈ 48 h) und der Polymerlösung.

Overath u. Hegemann (1976) testeten die Wirksamkeit von Kombinationen, deren Schichtsilicate hydrothermisch aufgeschlossen und durch Kneten im zähplastischen Zustand „aktiviert" waren (modifizierte Schichtsilikate). Als Polymere wurden Polyacrylsäure und eine quartärisierte Polyaminoverbindung benutzt. Die Autoren konstantierten nach der Behandlung von kommunalem Abwasser mit derartigen Kombinationen nicht nur eine geringe Verminderung des P-Gehaltes, sondern auch eine unbefriedigende Abnahme der Trübung und der organischen Belastung (*CSV*). Der letztgenannte Befund ist möglicherweise auf nicht optimale Dosier- und Energieeintragsbedingungen zurückzuführen, über die Overath u. Hegemann keine Angaben machen.

Literatur

Bartozewski, K.: Przebieg zmian zawartości białek i weglowodanów przy oczyszczaniu ścieków osadem czynnym (Verlauf der Veränderungen des Protein- und Kohlenhydratgehaltes bei der Abwasserreinigung durch Belebtschlamm). In: Wysokoefektywne metody oczyszczania ścieków (materialy na międzynarodową konferencję naukową), S. 305–317, Politechnika Krakowska, Krakow 1978.

Bernhardt, H.: Die Phosphorelimination durch chemische Abwasserbehandlung — ein Bericht zum OECD-Report: „Water treatment processes for phosphorus and nitrogen removal". In: Gewässerschutz — Wasser — Abwasser, Bd. 17, S. 1–66, Aachen 1975.

Buzzel, J. C., u. C. N. Sawyer: Removal of algal nutrients from raw wastewater with lime. J. Water Pollut. Control. Federat. **39**, (1967), 16–24.

Chung, S. K., u. S. K. Bhagat: Wastewater treatment properties of Fe(II) and Fe(III) compounds. Water and Sewage Works **120**, (1973), 54–58.

Dathe, H.: Beispieluntersuchung zur Flockung kommunaler Abwässer. Dissertationsschrift Technische Universität Dresden, 1978.

Fiedler, G.: Über den Nachweis von Alkalimontmorillonit im Friedländer Blauton. Silikattechnik **13**, (1962), 329–330.

Hoppe, H., J. Taeglich, R. Wendler u. F. Winkler: Einsatz von Tonmineralien in der Wasseraufbereitung. Acta hydrochim. hydrobiol. **5**, (1977), 559–575.

IMHOFF, K., u. K. R. IMHOFF: „*Taschenbuch der Stadtentwässerung*". R. Oldenbourg, München/Wien 1972.

JONES, R. H.: Liquid-solids separation in domestic waste with a cationic polyelectrolyte. Water Poll. Abstr. **41**, (1968), Ref. 1029.

KLÄNTSCHI, K.: Der Einsatz von Fällungs- und Flockungsmitteln zur Verbesserung der Reinigungswirkung kommunaler Kläranlagen. Gas — Wasser — Abwasser **53**, (1973), 114—122.

KLÄNTSCHI, K.: Einsatz chemischer Methoden zur Sanierung einer überlasteten kommunalen Kläranlage. Gas — Wasser — Abwasser **53**, (1973), 301—307.

LUZENKO, G. N., C. PANNING, L. SAITENMACHER u. A. I. ZWETKOWA: Einsatz von physiko-chemischen Verfahren zur Behandlung kommunalen Abwassers. Wasserwirtsch. — Wassertechn. **27**, (1977), 337—340.

MINC, D. M., N. A. LUKINYH, Ju. I. VEJCER, G. N. LUCENKO, A. I. CVETKOVA u. N. Ju. TUGUŠEVA: Fiziko-himceškij sposob očistki gorodskih stočnyh vod s primeneniem kationnyn poliëlektrolitov (Physikalisch-chemische Reinigung des kommunalen Abwassers unter Verwendung kationischer Polyelektrolyte. Vodosnabženie i sanitarnaja technika (1973), 10, 7—10.

MÜHLE, K.: Grundlagenuntersuchungen zur Behandlung von kommunalem Abwasser durch Flockung. Dissertationsschrift Technische Universität Dresden, 1975.

NARKIS, N., M. REBHUN u. R. OFFER: Ferrie chloride or lime for chemical treatment. Water Sewage Works **122**, (1975), 43—45.

OVERATH, H., u. W. HEGEMANN; in: Anwendung von Flockungsverfahren zur Verbesserung der Leistungsfähigkeit biologischer Anlagen. Bd. 13 der Berichte aus Wassergütewirtschaft und Gesundheitsingenieurwesen, Institut für Bauingenieurwesen V der TH München, H.-u. E. Lang, München 1976.

PAINTER, H. A.: "*Chemical, physical, and biological characteristics of wastes and waste effluents.*" In: "*Water and Water Pollution Handbook*", Vol. 1, S. 329—364, M. Dekker Inc., New York 1971.

PÖPEL, F.: „*Lehrbuch für Abwassertechnik und Gewässerschutz*". Kapitel I. 2.3, Deutscher Fachschriften-Verlag, Mainz—Wiesbaden 1974.

SCHUSTER, G.: Untersuchungen zur Elimination des Pflanzennährstoffes Phosphor aus häuslichem Abwasser. Dissertationsschrift, Technische Universität Dresden, 1973.

SCHUSTER, G.: Die Rückhaltung von Phosphorverbindungen durch Zugabe von Fällmitteln. Acta hydrochim. hydrobiol. **3**, (1975), 523—534.

SCHUSTER, G., u. A. HEINE: Das Verfahren der chemischen Fällung zur Elimination der Phosphorverbindungen aus häuslichem Abwasser. Mitteilungen des Institutes für Wasserwirtschaft **38**, (1973), Verlag für Bauwesen, Berlin.

TÓTH, A.: Advanced treatment of industrially polluted municipal wastes. In: Wysokoefektywne metody oczyszczania ścieków (materialy na międzynarodową konferencję naukowa) S. 39—52, Polytechnika Krakowska, Kraków 1978.

VEJCER, Ju. I., G. N. LUCENKO u. N. J. TUGUŠEVA: Primenenie sintetišeških flokuljantov v processah ošistki gorodskih stočnyh vod (Anwendung synthetischer Flokkungsmittel bei der kommunalen Abwasserreinigung). Obzory po problemam bol'ših gorodov No. 9/71, Gosinti, Moskva 1971.

VEJCER, Ju. I., G. N. LUCENKO u. A. I. CVETKOVA: Optimal'nye uslovija obrazovanija hlopév pro koagulirovanii stočnyh vod (Optimale Bedingungen bei der Abwasserkoagulation). Vodosnabženie i sanitarnaja technika (1975), 9, 2–5.

VEJCER, Ju. I., u. Z. A. KOLOBOVA (1978), s. E. BÖHLER, Z. A. KOLOBOWA, Ju. I. VEJCER u. H.-J. WALTHER: Zur Wirkung von Flockulanten bei der Wasser- und Schlammbehandlung. Wasserwirtsch. — Wassertechn. 28, (1978), 27–33.

VOSTRČIL, J., u. F. JURAČKA: "*Organické flokulanty*" (Organische Flockulanten). Česka Vědeckotechnicka společnost-Dům Techniky, Brno 1973.

WALTHER, H.-J.: Flockungsbehandlung von kommunalem Abwasser mit organischen Polymeren und anorganischen Chemikalien (1976). Unveröff.

WALTHER, H.-J.: Flockungsbehandlung von kommunalem Abwasser mit Polydimethyldiallylammoniumchlorid (1979). Unveröff.

Kapitel 5:

Tonmineralien in der Wasserbehandlung

5.1. Einleitung

Die konventionellen Flockungsmittel — wie Eisen- und Aluminiumsalze — haben im wesentlichen folgende nachteilige Eigenschaften:

1. Nicht in ausreichendem Maße preisgünstig verfügbar, d. h. sie werden gegenwärtig z. T. importiert.
2. Relativ geringe Sinkgeschwindigkeit der gebildeten Flocken. Daraus resultieren eine große Absetzdauer und damit ein großer Reaktionsraum verbunden mit erheblichen Investitionskosten.
3. Anfall von Metalloxidhydratschlämmen mit gelartiger Struktur. Hier ergeben sich ungenügend zu beherrschende Entwässerungsprobleme.
4. Anfallende Schlämme können landwirtschaftlich nicht genutzt werden. Es ist nur eine aufwendige Deponie mit hohem Flächenbedarf möglich.

Um die genannten Nachteile in der Wasserbehandlung zu vermeiden, werden in verstärktem Maße Versuche unternommen, andere Stoffe als Adsorbentien einzusetzen, die zusammen mit organischen (synthetischen) Flockulanten ähnliche Reinigungsleistungen aufweisen, Es kommt dabei darauf an, billige und möglichst überall verfügbare Stoffe, evtl. Sekundärrohstoffe, anzuwenden.

Aus der Literatur geht hervor, daß Tonmineralien — insbesondere die quellfähigen Dreischichtmineralien — aus folgenden Gründen für die genannten Zwecke interessant sind:

— Sie bilden in wäßrigen Lösungen selbst flockungsfähige Dispersionen und können nach dem Mechanismus der Einschlußflockung eine Reinigung von kolloiden Verunreinigungen bewirken.
— Ihre relativ große Oberfläche läßt die Verwendung als Adsorbentien sinnvoll erscheinen.
— Ihr beträchtliches Ionenaustauschvermögen trägt zusätzlich zur Reinigung bei.
— Eine negative Beeinflussung der Wasserqualität von chemischer Seite her ist auf Grund ihrer Zusammensetzung nicht zu erwarten.

Für das Verständnis der ablaufenden Vorgänge ist es notwendig, einige wichtige Eigenschaften von Tonmineralien zu erläutern. Die folgenden Ausführungen gelten dabei im wesentlichen dem Montmorillonit als typischem Vertreter für Mineralien, die in der Wasserreinigung eingesetzt werden.

5.2. Struktur und Eigenschaften von Tonmineralien

Als Tone bezeichnet man feinkörnige Gesteine, die teilweise oder vollständig durch Verwitterung von feldspathaltigen oder amorphen (glasigen) Magmen entstanden sind. Sie enthalten im allgemeinen wechselnde Mengen unterschiedlicher Tonmineralien. Tone sind äußerlich durch ihre Bildsamkeit im feuchten Zustand, ihre Formbeständigkeit nach dem Trocknen und Erhärten nach dem Brennen gekennzeichnet.

Sie finden vielfältige Verwendung in verschiedenen Industriezweigen, hauptsächlich in der keramischen, Papier- und Gummiindustrie sowie bei der geologischen Erkundung. Bedeutsam für viele Zwecke sind ihre oberflächenchemischen Eigenschaften, die durch die Existenz von inneren und äußeren Oberflächen bestimmt werden. Die inneren Oberflächen werden im wesentlichen nur dann zugänglich, wenn durch zusätzliche Maßnahmen der Abstand der einzelnen Silicatschichten aufgeweitet werden kann. Sind hauptsächlich nur die äußeren Oberflächen zugänglich, so werden ihre Eigenschaften bestimmt durch

- die Morphologie der Kristalle (Tafeln, Leisten, Schichten, Verhältnis: Durchmesser/Dicke) und deren Oberfläche,
- die Fehlordnung in den Oberflächenschichten,
- den diadochen Ersatz in den Silicatschichten und der damit verbundenen Oberflächenladung,
- das Kationenaustauschvermögen,
- die Ausbildung diffuser Ionendoppelschichten in Lösungen,
- das Anionenaustauschvermögen,
- die Adsorptions- und Desorptionsfähigkeit.

Von den in der Natur vorkommenden Tonmineralien nehmen die Phyllosilicate hinsichtlich Menge und Bedeutung einen besonderen Platz ein. Auf Grund der zum Teil kolloidale Dimensionen annehmenden Schichtdicken besitzen sie Eigenschaften, die sie voller Berechtigung zu den Kolloiden zählen lassen. Im wesentlichen handelt es sich hier um die Gruppe der Kaolinit-Antigorit-Mineralien mit 2-Schicht-Strukturen sowie um die der glimmerartigen Mineralien (Montmorillonit-Vermiculit-Gruppe) mit 3-Schicht-Strukturen (Hinz, 1970). Besonders die montmorillonithaltigen Mineralien — sogenannte Bentonite — werden zur Wasseraufbereitung eingesetzt, während mit Kaoliniten vor allem Modelluntersuchungen durchgeführt werden.

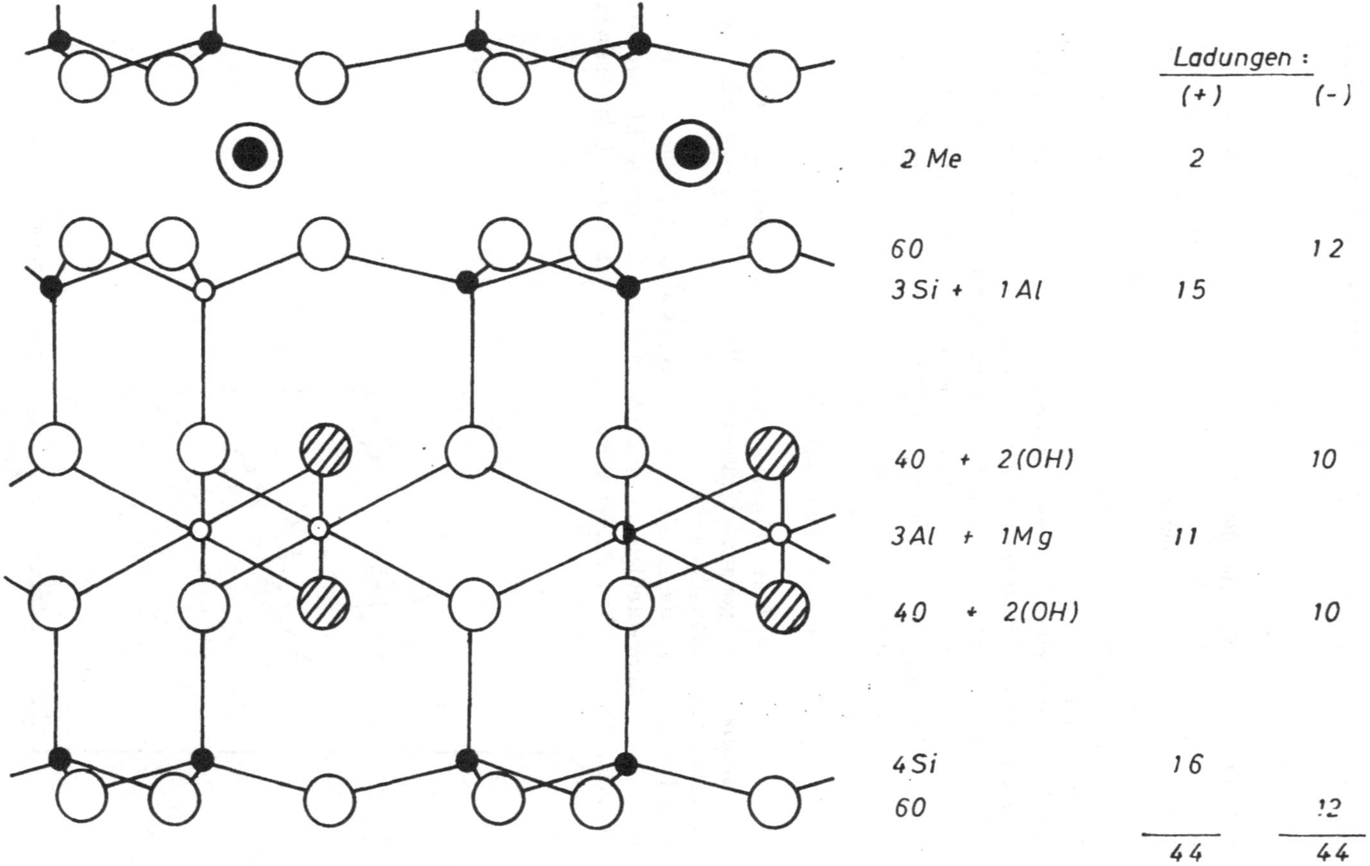

Abb. 33: Schematische Darstellung von Montmorillonit.

5.2.1. Strukturen

In Abb. 33 ist der Montmorillonit schematisch dargestellt. Seine Struktur ist der des Pyrophyllits sehr ähnlich. Die Mineralien dieser Gruppe sind aus zwei $[SiO_4]$-Tetraeder- und einer $[Al(OH)_4O_2]$-Oktaeder-Schicht aufgebaut. Die Schichten weisen eine schwach negative Ladung auf, die auf einer Substitution von Ionen mit höherer Ladung durch solche mit niedrigerer beruht. So sind Si^{4+} und Al^{3+} z. T. durch Al^{3+} und Mg^{2+} ersetzt, das bedeutet aber, daß in der Schicht eine negative Ladung erreicht wird, die durch eine entsprechend positive Me^{n+}-H_2O-Zwischenschicht kompensiert werden muß. Die Me^{n+}-Ionen können nun durch andere Ionen ausgetauscht werden, hierauf beruht im wesentlichen das ausgeprägte Ionenaustauschvermögen. Beim Kaolinit sind die Schichtpakete aus einer $[SiO_4]$-Tetraeder- und einer $[Al(OH)_4O_2]$-Oktaeder-Schicht aufgebaut.

5.2.2. Quellvermögen und Ionenaustausch

Die Bildung diffuser Ionendoppelschichten zwischen den Schichtpaketen — ein Spezialfall der sogenannten innerkristallinen Quellung — wurde in den letzten Jahrzehnten oft untersucht.

Hier sollen besonders die Arbeiten von HOFMANN et al. (1933) hervorgehoben werden. Diese Autoren stellten fest, daß die Quellung — verursacht durch die Hydratation der zwischengelagerten Kationen — praktisch eindimensional

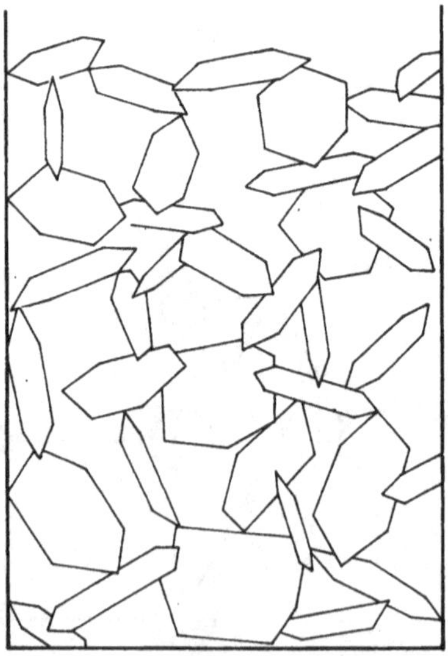

Abb. 34: „Kartenhausgerüst" aus Montmorillonitteilchen.

senkrecht zu den Silicatschichten erfolgt, wodurch diese Schichten erhalten bleiben und freigelegt werden. Die Folge davon ist, daß die zwischen den Silicatschichten befindlichen Kationen zum Ionenaustausch befähigt werden (HOFMANN, 1956). Durch die Aufteilung des ursprünglich grobkörnigen Materials in dünnste Blättchen, die im Grenzfall bis zu den einzelnen Schichtpaketen gehen kann, wird das bekannte voluminöse „Kartenhausgerüst" aufgebaut (Abb. 34). Die dabei erzielte größere spezifische Oberfläche (theoretisch bis ca. 700 $m^2 \cdot g^{-1}$ Montmorillonit) läßt ein erhöhtes Adsorptionsvermögen erwarten, was besonders für die Wasseraufbereitung von Interesse ist.

Eine weitgehende innerkristalline Quellung tritt ein, wenn die ürsprünglich zwischen den Schichten befindlichen Erdalkalimetall-Ionen durch Na^+-Ionen ausgetauscht werden, da letztere einen geringeren Zusammenhalt der Schichtpakete verursachen. Von dieser Möglichkeit der Aktivierung wird oft Gebrauch gemacht, um die Eigenschaften natürlicher Tonmineralien gezielt zu verbessern (Kap. 5.4.).

In enger Beziehung zum Quellvermögen steht die Fähigkeit zum Ionenaustausch. Das Kationenaustauschvermögen bei den Mineralen der Montmorillonitgruppe beträgt etwa 60···130 mval · $(100\ g)^{-1}$ (WEISS, 1958). Die austauschbaren Kationen befinden sich auf den Basisflächen der Schichtpakete, d. h. bei einer weitgehenden innerkristallinen Quellung können unter günstigen Bedingungen alle diese Flächen zugänglich werden, wodurch — im Gegensatz zu den weniger quellfähigen Mineralien — relativ hohe Werte der Austauschkapazität resultieren. Logischerweise hat dann die Teilchengröße keinen wesentlichen Einfluß auf das Kationenaustauschvermögen. Gegensätzliche Ansichten werden beim Anionenaustausch vertreten, der nach WEISS et al. (1956) an den Rändern der Oktaederschichten erfolgen soll. Hier gewinnt die Kristallgröße einen entscheidenden Einfluß, denn viele kleine Kristalle haben mehr Ecken und Kanten als wenige große bei gleicher Bezugsfläche. Die Abhängigkeit des Anionenaustauschvermögens von der Teilchengröße spricht dafür, daß für diesen Vorgang die Ränder der Silicatschichten verantwortlich sind. Es erscheint naheliegend, daß die OH^--Ionen austauschfähig sind, welche oktaedrisch um die Al^{3+}-Ionen angeordnet und nicht gleichzeitig von zwei Al^{3+}-Ionen gebunden sind.

5.2.3. Adsorptionseigenschaften

Aus den Arbeiten zur Bildung und Charakterisierung von organischen Derivaten der glimmerartigen Schichtsilicate ergaben sich wichtige Erkenntnisse über deren Sorptionskapazität (WEISS, 1963; WEISS u. ROLOFF, 1965). Eine Reihe organischer Verbindungen bildet relativ stabile Komplexe mit Montmorillonit. So werden mehrwertige Alkohole, Alkaloide, Aminosäuren, Proteine und Gelatine in unterschiedlichen Mengen, oft aber nahezu quantitativ aus wäßrigen Lösungen entfernt. Auch kationische Farbstoffe wie Methylenblau gehen eine stabile Bindung mit Montmorillonit ein. Im allgemeinen werden hier Adsorptionswerte erreicht, die der Kationenaustausch-Kapazität entsprechen, weshalb dieses Verfahren zur Bestimmung des Austauschvermögens verwandt werden kann (Kottenhahn, 1966; Hofmann et al., 1967).

Die guten Adsorptionseigenschaften von Tonmineralien können durch Auswahl geeigneter Zwischenkationen, Schichtladung und Ladungsverteilung spezifisch modifiziert werden. Daraus ergeben sich Verwendungsmöglichkeiten auf dem Gebiet des Umweltschutzes als billige Adsorptionsmittel. Dosch u. Keller (1972) untersuchten die Adsorptionseigenschaften von Montmorilloniten, deren Oberflächen mit Schwermetallsalzen belegt waren. Als Adsorptive dienten insektizide Phosphorsäureester, organische Schwefelverbindungen und Kampfstoffe. Es wurden teilweise hervorragende Reinigungsleistungen erzielt. Wie Weiss (1976) nachwies, werden auch Wachstumsregulatoren wie z. B. Chlorcholinchlorid sehr gut adsorbiert. Von Hübner (1975; 1977 A, B; 1978) wurden Angaben über die Adsorption und den Einbau von Tensiden in Tonmineralien publiziert. Je nach der Struktur des Adsorptivs werden unterschiedliche Adsorptionskapazitäten festgestellt.

Eine Vielzahl weiterer Untersuchungen beschäftigt sich mit den Sorptionseigenschaften landwirtschaftlich genutzter Böden, insbesondere für Düngeund Pflanzenschutzmittel (Scheffer u. Schachtschabel, 1976). Die Anzahl der Publikationen auf diesem Gebiet ist sehr hoch. Tonmineralien sind auch in der Pharmazie von Bedeutung als Füllstoffe für medizinische Präparate. So kann durch geeignete Kombinationen eine gezielte Freisetzung von Medikamenten im Verdauungstrakt erreicht werden.

5.3. Flockungsuntersuchungen an Kaolin-Modellsuspensionen

Der effektive Einsatz von Tonmineralien in der Wasseraufbereitung setzt Kenntnisse über die ablaufenden Mechanismen voraus. Von Interesse ist die Wirkung von Flockulanten auf das System Tonmineral—Wasser, um eine Verbesserung des Reinigungseffektes zu erzielen. Wäßrige Kaolinsuspensionen bieten sich als Modellsysteme wegen ihrer besonderen Eigenschaften an, wie hoher Stabilität der Dispersion und der Möglichkeit des Einsatzes enger Korngrößenbereiche.

Die Flockulation selbst ist ein von vielen Faktoren abhängiger, relativ komplizierter Vorgang. Große Bedeutung haben Ladungscharakter, Gestalt und Molmasse des Flockulanten, Größe und chemisch-physikalische Eigenschaften der festen Phase, Dichte, Temperatur, pH-Wert, Ionenart und -konzentration im

Dispersionsmedium sowie Zeit und hydrodynamische Bedingungen während des Flockulationsprozesses. Die Schwierigkeiten bei einer ausschließlich theoretischen Betrachtung führen dazu, daß die Frage über die spezielle Anwendbarkeit eines Flockulanten und nach den optimalen Bedingungen meist experimentell entschieden wird. Diesem unbefriedigenden Zustand wird durch Untersuchungen an Modellsystemen begegnet. Im folgenden werden deshalb einige wichtige Einflußgrößen auf den Flockulationsvorgang dargestellt.

5.3.1. Einfluß von Flockulantenkonzentration und Elektrolytgehalt

Wie theoretisch und experimentell nachgewiesen wurde, existiert für jedes Kolloidsystem eine optimale Flockulantenkonzentration (La Mer u. Healy, 1963; Kane et al., 1964; La Mer, 1966). Unterhalb dieser Konzentration wird der beste Reinigungseffekt nicht erreicht, weil — vor allem im Falle nichtionischer oder anionischer Flockulanten — noch nicht alle möglichen Brücken ausgebildet sind. Im Optimum ist die zugegebene Flockulantenmenge gerade so groß, daß beim Entstabilisierungsvorgang 50% der Teilchenoberfläche besetzt ist. Bei einer Überdosierung kann eine Restabilisierung erfolgen, die entweder auf eine Verminderung der Anzahl der effektiven Brückenzentren (Black et al., 1966) oder aber auf sterische Behinderung zurückzuführen ist (Napper, 1970; Hesselink, 1971). Nach dem Brückenbindungsmodell von La Mer (1966) besteht ein linearer Zusammenhang zwischen optimaler Flockulantenkonzentration und Kolloidoberfläche. Im Bereich sehr kleiner Feststoffkonzentrationen und der daraus resultierenden kleinen Oberfläche pro Volumeneinheit werden Abweichungen festgestellt, die in einer verminderten Kollisionsfrequenz begründet sind. Der in die Lösungsmittelphase ragende Flockulantenrest „findet“ keinen Partner und kann dadurch mit größerer Wahrscheinlichkeit auf dem gleichen Kolloid adsorbiert werden. Sontheimer et al. (1972) vertreten die Auffassung, daß die Effektivität des Flockulanten maßgebend von seiner Sekundärstruktur in der Lösung beeinflußt wird. Diese wiederum hängt in großem Maße von Art und Konzentration des Elektrolyten ab. Wie aus Viskositätsmessungen und Trübungstitrationen hervorging, setzt die Flockulation eine verringerte Solvation des Flockulanten voraus. In einer weiteren Arbeit von Sontheimer u. Albert (1974) wurde an einer Kaolinsuspension unter Einsatz von Polyacrylsäure nachgewiesen, daß sich mit zunehmendem Elektrolytgehalt die Sedimentation verbessert. Zweiwertige Kationen hatten ein deutliches Optimum (Abb. 35). Oberhalb des optimalen Bereiches werden in zunehmendem Maße schwerlösliche Acrylatkomplexe gebildet, die sich sowohl intra- als auch intermolekular vernetzen können und makroskopisch als sogenannte Polymergele erkennbar sind. Unter der Voraussetzung, daß die Kationenkonzentration in der Nähe der Feststoffteilchen höher ist als in der Lösung (Doppelschicht), sollte der intermolekulare Vernetzungsvorgang dort bereits bei solchen Elektrolytgehalten beginnen, bei denen in der „freien" Lösung noch keine Gelbildung einsetzen kann. Dies ist der optimale Bereich. Wird die Elektrolytkonzentration in der Lösung weiter erhöht, so kommt es zu Vernetzungen zwischen den Flockulantenmolekülen, die dann nicht mehr „flockulieren" können.

Eine weitere Möglichkeit des Einflusses von Salzen auf die Flockung liegt in ihrer entstabilisierenden Wirkung auf die Suspension (spezifischer, vor allem unspezifischer Koagulationsmechanismus, Kap. 1.1.). Die Untersuchungen an

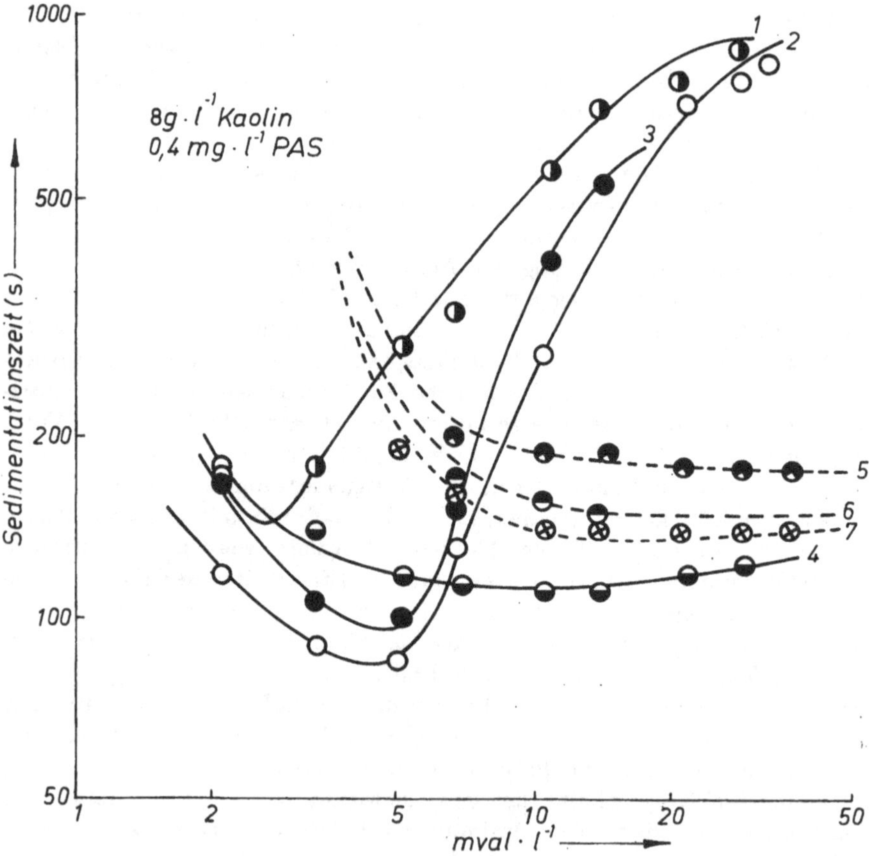

Abb. 35: Sedimentationszeiten von Kaolin-Suspensionen, denen Polyacrylsäure (*PAS*) und verschiedene Elektrolyte zugesetzt wurden.
(Nach SONTHEIMER u. ALBERT 1974.)
1 – $BaCl_2$; *2* – $CaCl_2$; *3* – $SrCl_2$; *4* – $MgCl_2$; *5* – KCl; *6* – LiCl, *7* – NaCl

Kieselsäurekolloiden von SONTHEIMER u. ALBERT (1974) zeigten, daß im Falle der einfachen Elektrolytflockung die Transportvorgänge für die Agglomeration geschwindigkeitsbestimmend sind. Bei Zugabe von Elektrolyten zu einer Kieselsäuresdispersion werden zunächst Mikroflocken gebildet, die nach dem Erreichen einer bestimmten Flockengröße sedimentieren. Während dieses Vorgangs kommt es zu zusätzlichen Kontakten zwischen den Flocken, wodurch eine weitere Vergrößerung erfolgen kann. Die Zeit bis zur Bildung einer sedimentationsfähigen Flocke ist ein Maß für die Stabilität des Systems.

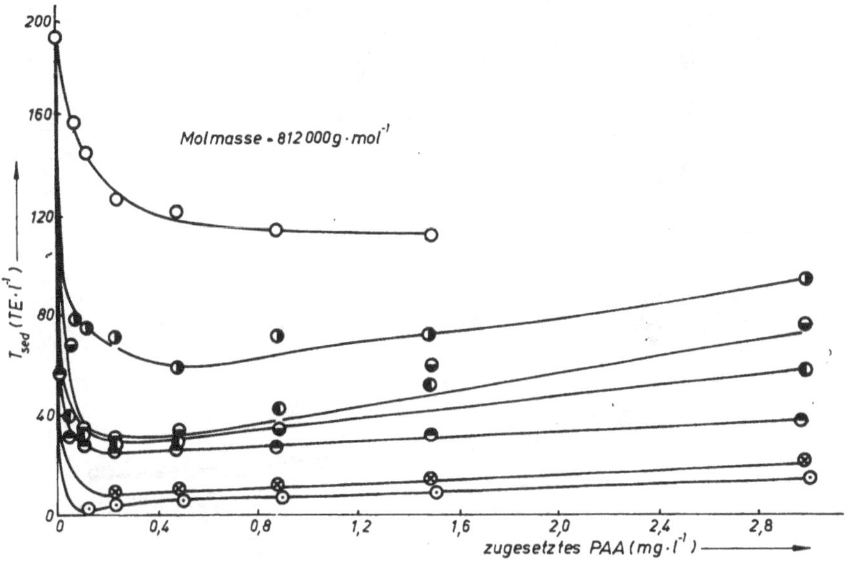

Abb. 36: Trübung nach der Sedimentationsphase T_{Sed} in Abhängigkeit von der *PAA*-Dosis für unterschiedliche Ca^{2+}-Konzentrationen. *PAA*-Molmasse: $8{,}12 \cdot 10^5$ g · mol^{-1}.
○ 0,125 mmol · l^{-1} Ca^{2+}; ◑ 0,250 mmol · l^{-1} Ca^{2+}; ◒ 0,375 mmol · l^{-1} Ca^{2+}; ◐ 0,500 mmol · l^{-1} Ca^{2+}; ◓ 0,750 mmol · l^{-1} Ca^{2+}; ⊗ 1,500 mmol · l^{-1} Ca^{2+}; ⊙ 2,500 mmol · l^{-1} Ca^{2+}

HOPPE et al. (1978 A) untersuchten detailliert den Flockulationsprozeß einer Kaolin-Modellsuspension (geschlämmter Kemmlitzer Ton „Oka“, mittlere Teilchengröße 1,31 µm) mit nichtionischem Polyacrylamid (*PAA*) in Abhängigkeit verschiedener Einflußgrößen (Elektrolytgehalt, *PAA*-Dosis, *PAA*-Molmasse). Als Bewertungskriterium diente die Trübung bezogen auf den Formazin-Standard (AUTORENKOLLEKTIV).

Von HOPPE et al. (1978 A) wurde festgestellt, daß für jede vorgegebene Elektrolytkonzentration eine optimale *PAA*-Dosis existiert, bei der die Trübungsänderung zu Beginn der Flockenbildungsphase — oder die ihr proportionale Flockenbildungsgeschwindigkeit — einen maximalen Wert erreicht. Noch deutlicher läßt sich dieser Sachverhalt unter Berücksichtigung der minimalen Resttrübung nach der Sedimentation T_{Sed} darstellen. Wie aus Abb. 36 deutlich wird, nimmt die optimale *PAA*-Dosis bei konstanter Molmasse des Flockulanten mit steigender Ca^{2+}-Konzentration ab, wobei gleichzeitig T_{Sed} auf niedrigere Werte sinkt.

Die Beziehung zwischen optimaler *PAA*-Konzentration — abgeleitet aus den Trübungsminima der Abb. 36 — und dem Ca^{2+}-Gehalt gehen nochmals aus Abb. 37 für unterschiedliche molare Massen des Flockulanten hervor. Es gilt

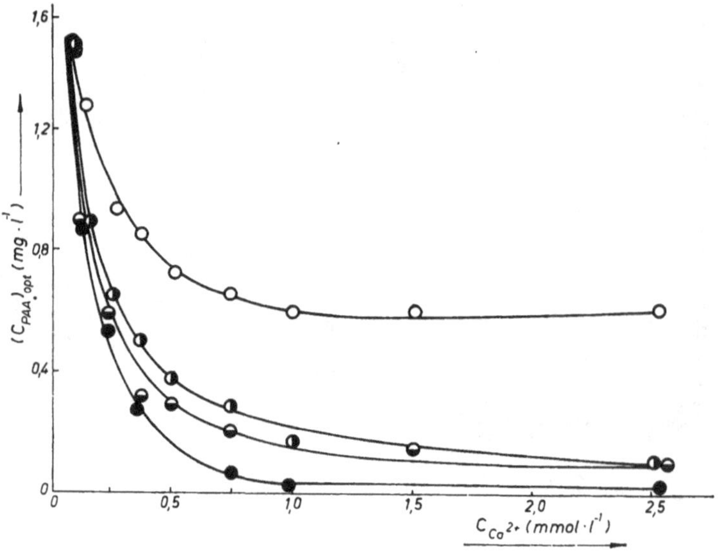

Abb. 37: Zusammenhang zwischen der optimalen *PAA*-Dosis $(C_{PAA})_{opt}$ und der Ca^{2+}-Konzentration $C_{Ca^{2+}}$. (Bewertungsgröße: minimale T_{Sed}.)

○ Molmasse: $3,2 \cdot 10^4$ g · mol^{-1}; ◑ Molmasse: $5,89 \cdot 10^5$ g · mol^{-1};
⊖ Molmasse: $8,12 \cdot 10^5$ g · mol^{-1}; ● Molmasse: $1,14 \cdot 10^7$ g · mol^{-1}

für alle eingesetzten *PAA*, daß die optimale Flockulantenkonzentration bis zu einem gewissen Maße mit steigendem Ca^{2+}-Gehalt abnimmt.

Die erhaltenen Ergebnisse stimmen nicht mit dem Brückenbindungsmodell überein, nach dem die optimale *PAA*-Konzentration nur eine Funktion der Oberfläche sein müßte. Für die Interpretation dieses Problems soll vom Kräftegleichgewicht zwischen den Kolloidteilchen ausgegangen werden. Zwischen zwei Kolloidteilchen wirken in erster Näherung nur Coulombsche Abstoßungs- und Dispersionskräfte. Bei der Flockulation müssen sich die Teilchen zumindest auf den Abstand der effektiven Flockulanten-Kettenlänge nähern, um eine Brücke ausbilden zu können. Bei geringen Elektrolytgehalten werden jedoch noch partielle Abstoßungskräfte im geforderten Abstand wirken. Es ist eine größere Anzahl von Brücken notwendig, damit die Adsorptionskräfte zwischen Kolloid—Flockulant—Kolloid die restlichen Abstoßungskräfte kompensieren. Demnach müßten bei sehr kleinen Ca^{2+}-Konzentrationen ($C_{Ca^{2+}} \rightarrow 0$) die aus Trübungsmessungen erhaltenen optimalen *PAA*-Konzentrationen einer 50%igen Bedeckung der Feststoffoberfläche entsprechen, da nur unter diesen Bedingungen die maximale Anzahl von Brücken ausgebildet werden kann. Unterstützt wird diese Annahme durch parallel durchgeführte Adsorptionsmessungen von *PAA* an Kaolin. Es ergab sich, daß die aus Trübungsmessungen erhaltenen Werte für $(C_{PAA})_{opt.}$ bei 5 mg · l^{-1} Ca^{2+} mit denen aus Adsorptionsmessungen ermittelten für einen Bedeckungsgrad von 0,5 vergleichsweise gut übereinstimmten.

5.3.2. *Einfluß der Molmasse des Flockulanten*

Nach La Mer (1966) ist für eine effektive Flockulation eine Molmasse $\sim 10^6$ g $\times$ mol^{-1} für anionische und von $10^3 \cdots 10^5$ g · mol^{-1} für kationische Flockulanten erforderlich. Jankovics (1965) stellte fest, daß die Widerstandsfähigkeit der Flocken gegenüber Aufbruchsreaktionen mit wachsender Molmasse ansteigt. Slater et al. (1969) begründeten diese Aussage damit, daß langkettige Flockulanten wegen ihrer größeren Flexibilität eine stärkere Verzerrung der Flocke gestatten als kurzkettige. Da die Wahrscheinlichkeit einer Kollosion mit größer werdender Länge der in die Lösung ragenden Polymersegmente wächst, vertritt Walles (1968) die Auffassung, daß diese Länge ein wichtigerer Effektivitätsparameter ist als die adsorbierte Flockulantenmenge. Die Arbeiten von Caskey et al. (1974) unterstützen diese Feststellung. Es wird verständlich, daß die Wirksamkeit von Polymeren mit steigender Molmasse zunimmt, und daß lineare Flockulanten effektiver sind als verzweigte gleicher molarer Masse. Zu den gleichen Aussagen kamen Hoppe et al. (1978 A). Unter sonst gleichen Bedingungen nimmt die Trübung in der Flockenbildungsphase T_F mit zunehmender *PAA*-Molmasse ab (Abb. 38).

Nach der Auswertung von Trübungskurven ergibt sich für jede Molmasse des *PAA* eine optimale Elektrolytkonzentration. Wie aus Abb. 39 deutlich wird, nimmt die zur partiellen Entstabilisierung nötige Ca^{2+}-Dosis mit wachsender Molmasse ab.

5.3.3. *Theoretische Betrachtung der Ergebnisse*

Als Ausgangspunkt wird der Zustand eines Kolloidsystems — repräsentiert durch zwei voneinander getrennte Kolloidteilchen — vor der Zugabe des Flockulanten gewählt. Falls es zur Ausbildung einer Brücke kommen soll, müssen die vorhandenen Abstoßungskräfte durch einen Elektrolytzusatz vermindert werden, so daß sich die Teilchen auf einen Abstand H_0, der der effektiven Flockulantenkettenlänge entspricht, annähern können. Das Problem liegt also darin, wie weit eine Dispersion durch Elektrolyte entstabilisiert werden muß, damit eine ausreichende Flockulation möglich wird.

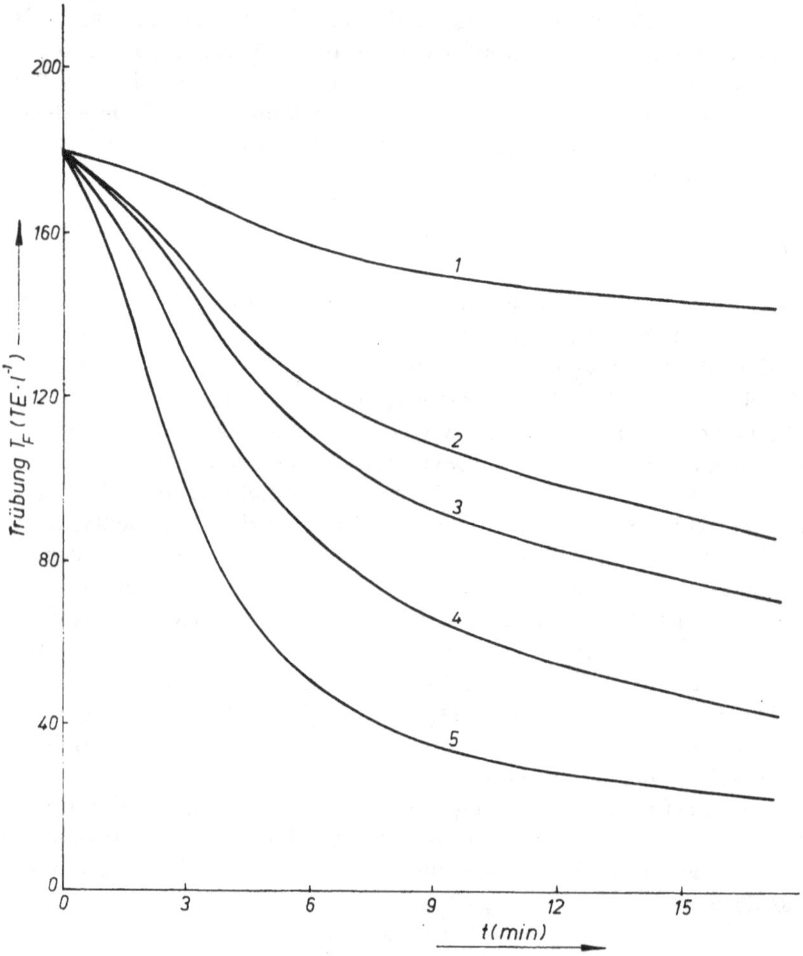

Abb. 38: Verlauf der Trübung in der Flockenbildungsphase T_F als Funktion der Reaktionszeit t für unterschiedliche PAA-Molmassen.

$C_{PAA} = 0{,}5\ \text{mg} \cdot l^{-1}$ $\quad C_{Ca^{2+}} = 20\ \text{mg} \cdot l^{-1}$

1 – Molmasse: $3{,}2 \cdot 10^4\ \text{g} \cdot \text{mol}^{-1}$
2 – Molmasse: $5{,}89 \cdot 10^5\ \text{g} \cdot \text{mol}^{-1}$
3 – Molmasse: $8{,}12 \cdot 10^5\ \text{g} \cdot \text{mol}^{-1}$
4 – Molmasse: $1{,}4 \cdot 10^6\ \text{g} \cdot \text{mol}^{-1}$
5 – Molmasse: $1{,}14 \cdot 10^7\ \text{g} \cdot \text{mol}^{-1}$

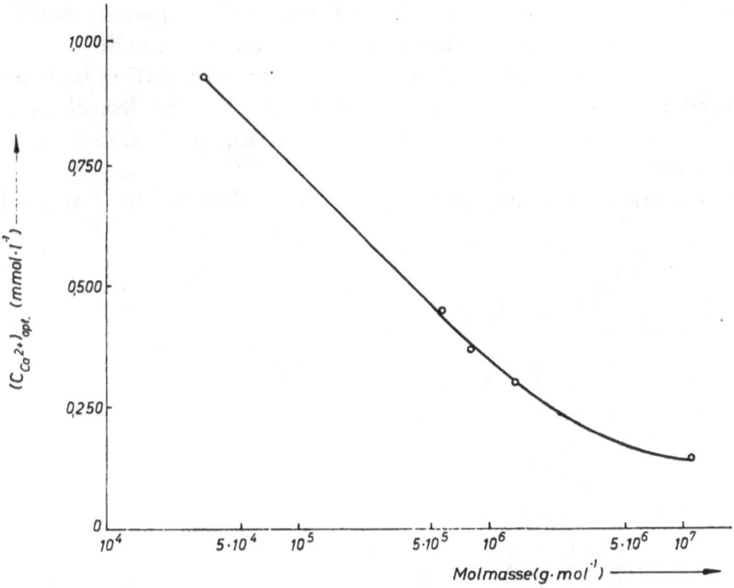

Abb. 39: Beziehung zwischen optimaler Ca^{2+}-Konzentration $(C_{Ca^{2+}})_{opt}$ und Molmasse des *PAA*.
(Bewertungsgröße: $T_{Sed.}$)

Hoppe et al. (1978) verwendeten für die theoretische Betrachtung die Gesamtwechselwirkungsenergie $\tilde{V}$ nach

$$\tilde{V} = \frac{\varepsilon a \psi_0^2}{2} \ln [1 + \exp(-x H_0)] - \frac{A^*}{6} \left[\frac{2}{Z^2 - 4} + \ln \frac{Z^2 - 4}{Z^2} + \frac{2}{Z^2} \right]$$

ε — Dielektrizitätskonstante
ψ_0 — Oberflächenpotential = 40 mV nach Fowkes (1964)
a — Teilchenradius $0{,}1 \cdots 5 \cdot 10^3$ nm
H_0 — Abstand der Teilchen
A^* — zusammengesetzte Hamaker-Konstante = $5{,}5 \cdot 10^{-20}$ J (Fowkes, 1964)
Z — $\frac{H_0}{a} + 2$
x — $\frac{8 \pi C e^2 t^2}{\varepsilon k T}$
C — Teilchenkonzentration
e — Elementarladung
t — Wertigkeit des Elektrolyten
k — Boltzmann-Konstante
T — Temperatur

In Abb. 40 sind die berechneten Wechselwirkungsenergie-Abstandsfunktionen für verschiedene Elektrolytkonzentration dargestellt.

Die Kurven besitzen ein Maximum, das die Koagulation im ersten Minimum verhindert, sowie ein flaches zweites Minimum. Die Berechnungen ergaben, daß für alle betrachteten Parameter die Gesamtwechselwirkungsenergie oberhalb eines Abstandes der Teilchen von $H_0 = 110$ nm kleiner 0 wird, d. h. es wirken keine Abstoßungskräfte mehr. Es ist deshalb nicht sinnvoll, die effek-

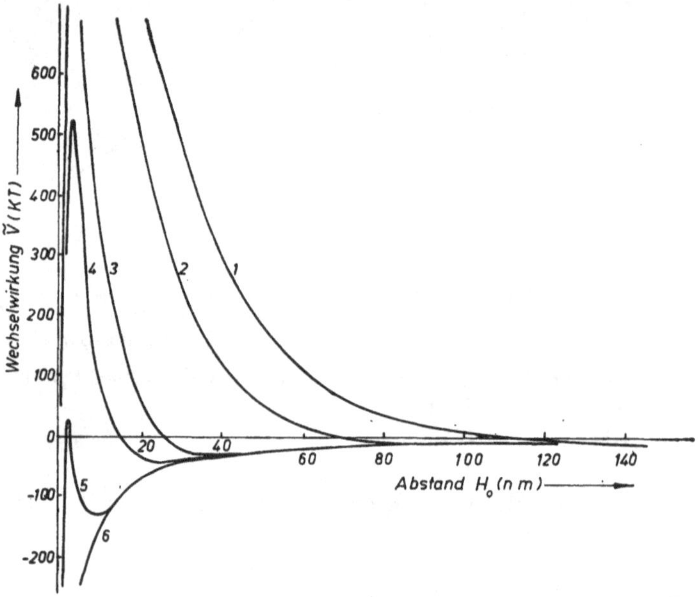

Abb. 40: Darstellung der Wechselwirkungsenergie-Abstandsfunktion für unterschiedliche Elektrolytgehalte.

1 – $C_E = 5 \cdot 10^{-5}$ mol · l^{-1} 2 – $C_E = 1 \cdot 10^{-4}$ mol · l^{-1}
3 – $C_E = 5 \cdot 10^{-4}$ mol · l^{-1} 4 – $C_E = 1 \cdot 10^{-3}$ mol · l^{-1}
5 – $C_E = 5 \cdot 10^{-3}$ mol · l^{-1} 6 – $C_E = 1 \cdot 10^{-2}$ mol · l^{-1}
$t = 2{,}0$ $a = 1{,}31 \cdot 10^3$ nm $\Psi'_0 = 40$ mV

tive Länge der Flockulantenketten über diesen Betrag hinaus zu erhöhen. Diese Ausdehnung entspricht bei *PAA* einer Molmasse von $9{,}8 \cdot 10^5$ g · mol^{-1} und stimmt damit mit den Ergebnissen von La Mer (1966) weitgehend überein. Die effektive Polymerenausdehnung wurde nach der Methode von Sakaguchi u. Nagase (1966) berechnet und zeigt eine gute Übereinstimmung mit der experimentell ermittelten optimalen Molmasse von $1{,}4 \cdot 10^6$ g · mol^{-1} für geringe Elektrolytgehalte.

In der Literatur gibt es Hinweise (Schenkel u. Kitchener, 1960; Sakaguchi u. Nagase, 1966), daß die Flockulation wahrscheinlich im zweiten

Minimum der Potentialkurve stattfindet. Dann wäre zu erwarten, daß die effektive Flockulantenkettenlänge mit der Lage des zweiten Minimums zusammenfällt. Vergleicht man nun die experimentell ermittelten optimalen Molmassen — ausgedrückt durch die effektive Polymerkettenlänge — mit der berechneten Lage dieser zweiten Minima für verschiedene Elektrolytgehalte, so werden die in Abb. 41 wiedergegebenen Kurvenverläufe festgestellt. Obwohl

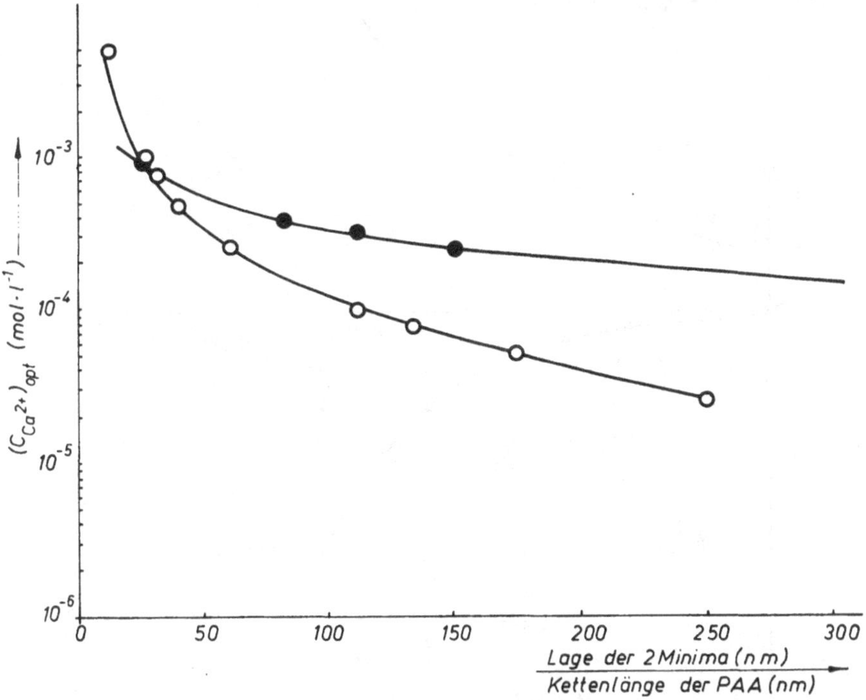

Abb. 41: Vergleich der experimentell für die jeweiligen *PAA*-Molmassen bestimmten optimalen Ca^{2+}-Konzentrationen $(C_{Ca^{2+}})_{opt}$ mit den berechneten Abständen der zweiten Minima bzw. der Kettenlänge des *PAA*.

○ theoretische Werte; $\Psi_0 = 40$ mV; ● experimentelle Werte

bei der Aufstellung des theoretischen Modells von großen Vereinfachungen ausgegangen wurde, kann eine befriedigende Übereinstimmung zwischen Theorie und Experiment konstatiert werden.

Für die Flockulation einer Tonsuspension ergibt sich eine wichtige Aussage. Da die Abstände der Tonteilchen im zweiten Minimum der Wechselwirkungsenergie-Abstandsfunktion wesentlich größer als die Ausdehnungen der zu entfernenden Wasserinhaltsstoffe sind, können diese relativ ungehindert durch das

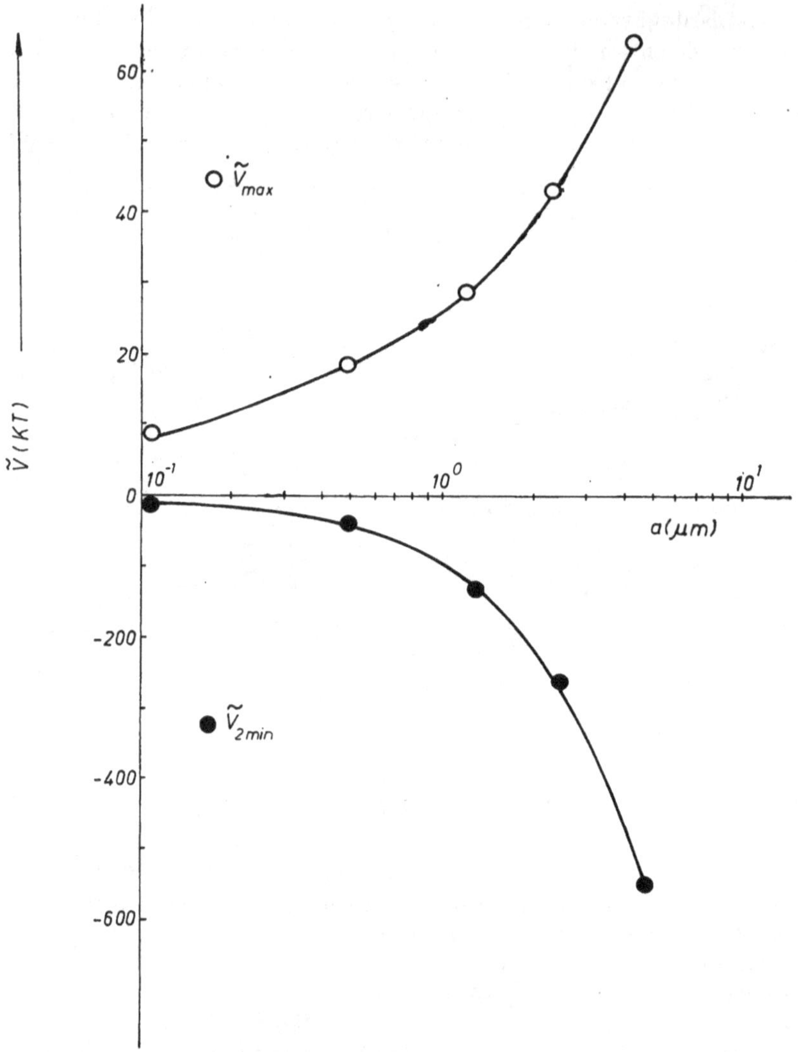

Abb. 42: Abhängigkeit der Wechselwirkungsenergien in den Maxima und den zweiten Minima der Wechselwirkungsenergie-Abstandsfunktion vom Radius der Teilchen *a*.

Elektrolytkonzentration	$C = 5{,}0 \cdot 10^{-3}$ mol · l^{-1}
Wertigkeit des Elektrolyten	$t = 2$
Oberflächenpotential	$\Psi_0 = 40$ mV

ausgebildete Primärteilchennetzwerk in das Innere der Flocken diffundieren und sich an entsprechenden Adsorptionszentren anlagern. Weiterhin bedeutet das, daß bei einer Rückführung von frisch flockuliertem Schlamm in das Flockungsbecken noch ein beträchtlicher Reinigungseffekt auftreten kann.

Die Kurven der Wechselwirkungsenergie-Abstandsfunktion besitzen bei geringer Entstabilisierung ein ausgeprägtes Maximum, das eine spontane Flockung der Teilchen verhindert. Erst bei ausreichendem Elektrolytzusatz verschwindet diese Potentialbarriere und spontane Koagulation tritt auf. In Abb. 42 sind die Energien des Maximums und des zweiten Minimums als Funktion der Teilchengröße aufgetragen. Es ist ersichtlich, daß sich die Potentialbarriere mit wachsender Teilchengröße erhöht, während umgekehrt die Werte des sekundären Minimums ständig abnehmen. Dieser Sachverhalt konnte für eine Vielzahl von Elektrolytkonzentrationen durch die Berechnung nachgewiesen werden. Kleinere Teilchen sind — wie zu erwarten — weniger stabil und können leichter spontan koagulieren als größere. Da sich das zweite Minimum mit zunehmender Teilchengröße stärker ausprägt, kann postuliert werden: Kleinere Teilchen koagulieren leichter im primären, größere dagegen besser im sekundären Minimum. Hieraus kann ein wichtiger Grundsatz für die Flockung kolloidaler Systeme abgeleitet werden: Zuerst sollten die kleineren Teilchen durch Elektrolytzusatz spontan koaguliert, die entstandenen Aggregate hingegen durch Dosierung von Polymeren im zweiten Minimum flockuliert werden.

5.4. Einsatz von quellfähigen Dreischichtmineralien in der Wasserbehandlung

Seit längerer Zeit wurde versucht, den Klärprozeß in der Wasseraufbereitung durch Einsatz von montmorillonithaltigen Tonmineralien zu verbessern. Es zeigte sich jedoch, daß sowohl mit einem einstufigen (USA-Patentschrift 2345827) als auch mit einem zweistufigen Verfahren (USA-Patentschrift 3362022) keine zufriedenstellenden Ergebnisse erzielt werden konnten. Einen Fortschritt stellte deshalb die zusätzliche Verwendung von Flockulanten dar (BRD-Patentschrift 1107605). Bei dieser Variante wird eine Bentonitaufschlämmung unter intensivem Rühren gründlich mit dem zu reinigenden Wasser vermischt, worauf der Flockulant — in diesem Falle *PAA* — zugegeben wird. Die erhaltene Suspension wird mäßig gerührt, um die Bildung von großen, leicht absetzbaren Flocken zu fördern. Die Mengen an Bentonit und *PAA* schwanken je nach der Abwasserqualität zwischen 10···500 mg · l^{-1} Bentonit und 0,05···2 mg · l^{-1} *PAA*.

Nach BRD-Patentschrift 1096836 sollen selbst schwierig zu klärende Suspensionen durch den kombinierten Einsatz von Flockungsmitteln, Bentonit und einem speziellen Flockulanten — hergestellt durch Kondensation von Alkylenpolyamiden mit polyfunktionellen Halogenhydrinen — aufzubereiten sein.

Die aufgeführten Varianten des Einsatzes von unbehandeltem Bentonit zeigten jedoch auf Grund seiner unterschiedlichen Qualität nicht überall den gewünschten Erfolg. Nach einem Vorschlag von LIBOR u. KOLLAR (BRD-Patentschrift 1642886) wird der einzusetzende Bentonit durch eine zusätzliche Behandlung mit Chemikalien aktiviert, um dadurch möglichst unabhängig von der speziellen Bentonitart einer bestimmten Lagerstätte zu sein. Die Autoren weisen darauf hin, daß nahezu beliebige Phyllosilicate eingesetzt werden können. Die Aktivierung erfolgt durch Ionenaustausch — Ersatz des Ca^{2+} vorzugsweise durch Na^+ — entsprechend den in Kap. 5.2.2. aufgezeigten Gründen. Insbesondere soll die Dispergierbarkeit und die Adsorptionsfähigkeit verbessert werden. Der Bentonit wird mit 6···10% wasserfreiem Natriumcarbonat vermahlen, das Natriumcarbonat-Bentonit-Gemisch in Wasser dispergiert, über einem Wasserbad eingeengt und anschließend durch Zentrifugieren oder Sedimentieren abgetrennt. Aktivierten Bentonit erhält man auch dadurch, daß grobkörnige Tonmineralien in Wasser aufgequollen, die so erzeugte Suspension mit Natriumcarbonat, verschiedenen Natriumphosphaten, Natriumfluorid oder Alkalihydrogencarbonat vermahlen und in der oben beschriebenen Weise weiterverarbeitet wird. Vom aktivierten Material wird nun eine wäßrige Suspension hergestellt und dem zu reinigenden Wasser zugemischt. Als Flockulanten dienen handelsübliche Produkte. Es ist notwendig, zunächst schnell und anschließend langsam zu rühren und eine genügend ausgedehnte Sedimentationsphase vorzusehen. Die Autoren nehmen an, daß der aktivierte Bentonit an der Oberfläche der suspendierten Wasserinhaltsstoffe adsorbiert wird. Der Flockulant bewirkt dann eine Aggregation und Abscheidung der sich rasch bildenden Flocken. Von großem Vorteil ist die weitgehende Unabhängigkeit von den sonst so wichtigen Parametern wie Temperatur, pH-Wert und Gehalt an Trübstoffen. Da der gebildete Schlamm eine hohe Absetzgeschwindigkeit besitzt und relativ kompakt ist, also nur ein geringes Volumen einnimmt, ist oft eine erhebliche Leistungssteigerung in den Kläranlagen zu verzeichnen.

5.4.1. Anwendung aktivierter Bentonite

Das von LIBOR u. KOLLAR vorgeschlagene Verfahren — inzwischen zum FLYGTOL®-Prozeß entwickelt — hat sich in einer Reihe von Fällen, vor allem in der Papierindustrie, bewährt. DALPKE (1972) berichtete über eine technische Anlage in einer schwedischen Kartonagenfabrik. Abb. 43 gibt den prinzipiellen Aufbau wieder. Das in einem Pumpensumpf *1* gesammelte Abwasser wird im

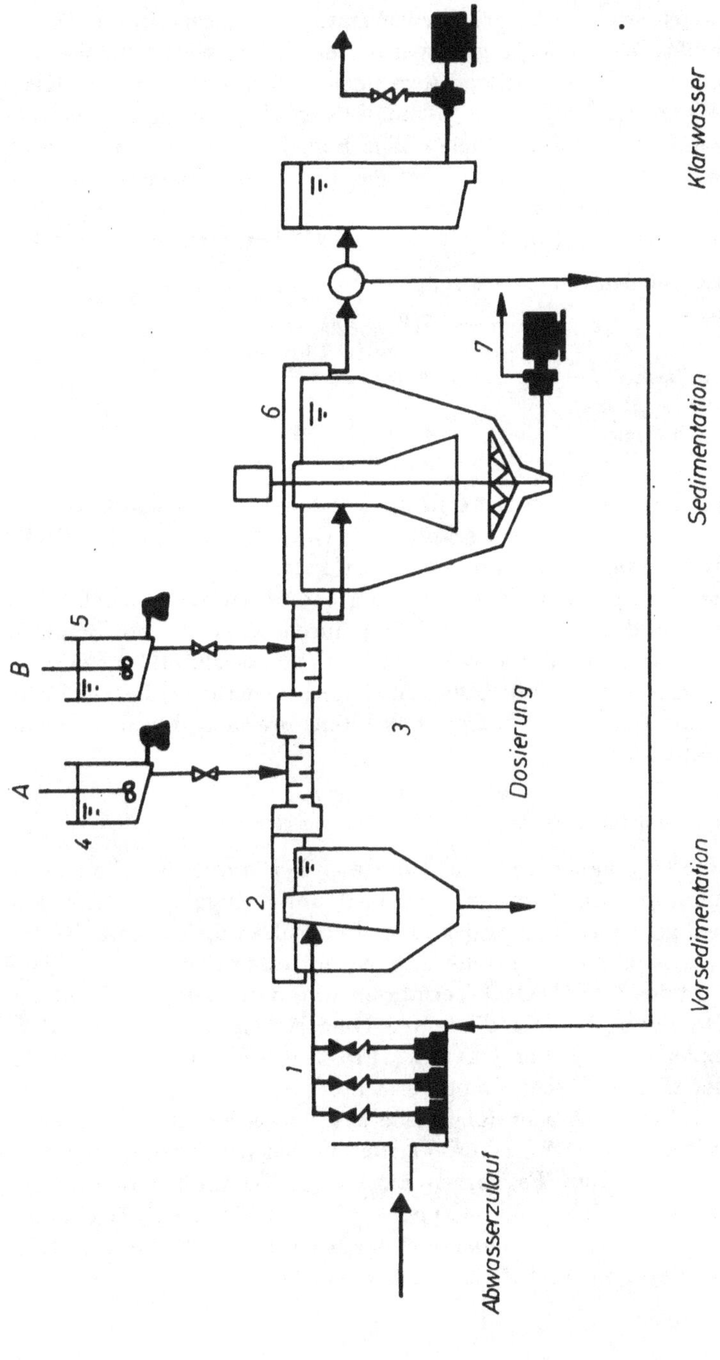

Abb. 43: Schematische Darstellung des Flygtol®-Verfahrens.
(Nach DALPKE, 1972.)

Behälter *2* vorgeklärt, wo sich die gröberen Feststoffe absetzen. In der Mischrinne *3*, die als einfache Rohrleitung ausgelegt sein kann, wird zunächst der aktivierte Bentonit *4* und anschließend der Flockulant *5* zudosiert. Im Klärbehälter *6* trennt sich der Niederschlag vom Wasser ab. Wichtig ist, daß ein schwebendes Schlammbett durch gleichmäßige Belastung, die eventuell auch durch eine Reinwasserrückführung zu realisieren ist, aufrecht erhalten wird. Unter diesen Voraussetzungen sind bei zufriedenstellender Reinwasserqualität hohe Klärflächenbelastungen von 3 bis 4 $m^3 \cdot m^{-2} \cdot h^{-1}$ zu erzielen.

Als Betriebsparameter wurden ermittelt:

Gehalt an Feststoffen	700···1700 $mg \cdot l^{-1}$ im Mittel 1400 $mg \cdot l^{-1}$
spezifischer Bentonit-Bedarf	60 $mg \cdot l^{-1}$
spezifischer Flockulanten-Bedarf	0,5 $mg \cdot l^{-1}$
Feststoffgehalt im Reinwasser	4···38 $mg \cdot l^{-1}$ im Mittel 2 $mg \cdot l^{-1}$

Der bei *7* abgezogene Schlamm wird in die Produktion zurückgeführt, wodurch in nahezu idealer Weise eine Verknüpfung von innerbetrieblicher Stoffrückgewinnung mit Abwasserreinigung möglich wurde.

Ähnlich gute Erfahrungen bei der Behandlung von überwiegend mechanisch belasteten Abwässern der Zellstoffproduktion durch Einsatz von Bentonit machte die schweizerische Cellulose Attisholz AG (Scherler, 1972). Die sogenannten *B*-Abwässer, die vor allem Fasern, Faserbruchstücke, Faserschleim und Nullfasern mit Harzbestandteilen enthalten, werden durch folgende Mittelwerte charakterisiert:

BSB_5	50···70 $mg \cdot l^{-1} O_2$
Schwebstoffe (gesamte ungelöste Stoffe)	130···250 $mg \cdot l^{-1}$

Die Untersuchungen ergaben zunächst, daß mit den konventionellen Flokkungsmitteln Aluminiumsulfat und Eisenchlorid unter Zugabe von Flockulanten zwar befriedigende Reinigungsleistungen erreicht wurden, daß der gebildete voluminöse Schlamm aber schwierig zu entwässern war. Ausschlaggebend für die Wahl des FLYGTOL®-Verfahrens waren die besseren Resultate in bezug auf die Reinigung als auch die höhere Oberflächenbelastung der Kläranlage. Die Technologie ist der von Dalpke (1972) beschriebenen sehr ähnlich, so daß auf eine detaillierte Beschreibung verzichtet werden kann.

Brecht et al. (1974) führten umfangreiche systematische Untersuchungen über die Wirksamkeit des FLYGTOL®-Verfahrens bei der Behandlung von Papierfabrikabwässern durch. Es kamen aktivierter Bentonit (Dichte 2,6 g $\times cm^{-3}$, spezifische Oberfläche 100···120 $m^2 \cdot g^{-1}$) und ein *PAA*-Flockulant zur Anwendung. Die Abwässer stammen aus der Karton- und Papierindustrie. Die erzielten Ergebnisse sind in Tab. 23 zusammengefaßt.

Tabelle 23
Überblick über mit dem FLYGTOL-Verfahren erzielte Reinigungsleistungen bei Papierfabrikwässern nach BRECHT et al. (1974)

System	Abwässer, Behandlung und Wirkungen	Zusätze $mg \cdot l^{-1}$	Ungelöste Stoffe		Transparenz*)		Sauerstoffzehrung			
			$mg \cdot l^{-1}$	⌀ $mg \cdot l^{-1}$	%	⌀ %	BSB_5 $mg \cdot l^{-1}$ O_2	⌀ $mg \cdot l^{-1}$	*CSV* $mg \cdot l^{-1}$ O_2	⌀ $mg \cdot l^{-1}$
A	unbehandelte Abwässer	0	129—7450	2220	—	—	—	—	—	—
B	natürliche Sedimentation ohne Zusätze	0	67—2043	1090	0,9—66	14	87—672	314	389—2390	1750
	Wirkung von B gegenüber A — relativ		(—1,4) bis (—98,9)%	—39%	—	—	—	—	—	—
C	Zusatzbehandlung Abwasserbentonit Flockulant	 20—600 0,05—3	0—1753	265	32—93,5	56	63—380	217	118—2300	1360
	Wirkung von C gegenüber A — relativ		(—15,4) bis (—100)%	—86%	—	—	—	—	—	—
	Wirkung von C gegenüber B — relativ		(—14,2) bis (—100)%	—77%	—	—	(—0,8) bis (—50)%	—28%	(—3,8) bis (—69,7)%	—29%

*) Messung mit Spectrocolorimeter, Wellenlänge 420 nm, 2 cm-Küvette, gegen dest. Wasser = 100%

Obwohl auch durch die natürliche Sedimentation ein Teil der Wasserinhaltsstoffe entfernt werden kann, reichte dies nicht aus, um den Anforderungen zu entsprechen. Nach der Behandlung mit Bentonit und Flockulant waren signifikante Qualitätsverbesserungen nachzuweisen. Gegenüber den unbehandelten Abwässern wurden die ungelösten Stoffe um durchschnittlich 86% verringert, oft wurden Werte $> 95\%$ erzielt. Bei der Beseitigung der Trübung konnte teilweise die Qualität des reinen Wassers erreicht werden. Die Verminderung des BSB_5 und des CSV betrug im Mittel lediglich etwa 30%.

Durch die Zugabe von Bentonit wurde im allgemeinen schon bei geringen Mengen eine zunehmende Feststoffbeseitigung — vor allem bei hochbelasteten Abwässern — beobachtet.

Einige Papierfabriken sind mit dem Problem der Reinigung farbstoffhaltiger Abwässer konfrontiert. Möbius u. Günther (1974) untersuchten eine Vielzahl saurer, basischer und substantiver Farbstoffe auf ihre Adsorptionsfähigkeit gegenüber aktiviertem Bentonit (FLYGTOL® A) und Aluminiumsulfat sowie einem Flockulanten (Superfloc® A 110). Sie stellten dabei fest, daß besonders die basischen Farbstoffe teilweise sehr gut und auch relativ unabhängig von den Reaktionsbedingungen adsorbiert werden. Eine stärkere Abhängigkeit ist dagegen bei den sauren Farbstoffen gegeben. Während kationische (basische) Farbstoffe überwiegend mit dem Montmorillonit über einen Ionenaustauschmechanismus reagieren (Kap. 5.2.2.) bzw. unter bestimmten Bedingungen auch durch van der Waals'sche Kräfte gebunden werden, kommen für die sauren Farbstoffe nur die letztgenannten Kräfte in Frage. Es ist deshalb zu erwarten, daß saure Farbstoffe schlechter bzw. nur dann gut adsorbiert werden, wenn bestimmte strukturelle Eigenschaften des Moleküls die Adsorption begünstigen.

In einer weiteren Veröffentlichung beschreibt Möbius (1977 A) die Behandlung des Abwassers einer Altpapierheißzerfaserung (Tab. 24).

Die Verfahren der konventionellen Flockung brachten hier keine zufriedenstellenden Ergebnisse. Durch den Bentoniteinsatz wurde zusätzlich die

Tabelle 24
Abwasser einer Altpapierheißzerfaserung nach Möbius (1977 A)

	unbehandelt	behandelt
CSV ($mg \cdot l^{-1}$ O_2)	2950	2250
absetzbare Stoffe ($ml \cdot l^{-1}$)	210	0
filtrierbare Stoffe ($mg \cdot l^{-1}$)	2462	18
Schlamm-Trockensubstanz (Masse-%)	0,48	2,16
Asche im Schlamm (Masse-%)	0,18	0,53
Ascheanteil im Schlamm — TS (Masse-%)	37,5	24,5

Schlammqualität verbessert. Die vergleichsweise geringere Aschekonzentration im Schlamm (trotz der Zugabe von Bentonit) zeigte, daß wesentlich mehr organische Stoffe mit entfernt wurden. Unter bestimmten Bedingungen werden auch Ligninverbindungen aus dem Abwasser eliminiert. Dabei erhält das Abwasser zunächst einen niedermolekularen kationischen Flockulanten, wodurch die Lignine neutralisiert werden. Die anschließende Flockung mit Bentonit ergab ein weitgehend geklärtes und entfärbtes Abwasser. Der *CSV* wurde um ca. 50%, der Ligningehalt sogar um 70% vermindert. Das Sedimentvolumen des Schlammes lag bei $\sim 100\ ml \cdot l^{-1}$. Vor allem die adsorptive Bindung der biologisch nur schwer oder überhaupt nicht abbaubaren Ligninverbindungen illustriert die Wirksamkeit des Verfahrens.

Möbius (1977 B) weist auf die guten Reinigungseffekte bei mit Titaniumdioxid verunreinigtem Abwasser hin, wie es bei der Herstellung von titaniumdioxidhaltigen Papiersorten anfällt. Hier ist der Montmorillonit auf Grund seiner besonderen Ladungsverhältnisse und seiner kolloidalen Struktur oft das einzig wirksame Mittel.

Die erreichten Vorteile bei der Entfernung von Trübstoffen durch die Bentonit-Flockulanten-Kombination regten an, auch andere Wässer damit zu behandeln. Von Möbius (1973) wurden Angaben über Untersuchungen mit Gerstenweichwasser aus einer Brauerei veröffentlicht. Es zeigte sich, daß beim Einsatz von $2\ g \cdot l^{-1}$ FLYGTOL® A und $10\ mg \cdot l^{-1}$ *PAA* der $KMnO_4$-Verbrauch um 58% gesenkt werden konnte. Wird noch zusätzlich $Al_2(SO_4)_3$ in Mengen von $15\ mg \cdot l^{-1}$ dosiert, so steigt die Reinigungsleistung auf 69% an. In beiden Fällen erhielt man ein klares Wasser. Wird allerdings außerdem Kalk zugegeben, so sinkt die Wirksamkeit des Na-Montmorillonits. Schlechtere Reinwasserqualitäten sind die Folge.

Mc Kay (1976) beschreibt die Behandlung von Abwässern aus Winzerbetrieben und Kellereien. Es handelt sich vorwiegend um Reinigungswasser aus dem Kelterhaus, Zentrifugenschlamm und Tankreinigungswasser. Die durchgeführten Untersuchungen zeigten, daß die absetzbaren Stoffe weitgehend eliminiert werden können. Außerdem war in den meisten Fällen eine starke Verringerung der organischen Belastung zu verzeichnen. Spätere Versuche von Mc Kay u. Möbius (1977) in einer Versuchsanlage mit einem Durchsatz von $1{,}6\ m^3 \cdot h^{-1}$ bestätigten die Laborergebnisse. Die absetzbaren Stoffe konnten im Durchschnitt zu 86%, mit Spitzenwerten von 100% entfernt werden. Der *CSV* wurde — je nach Qualität des Abwassers und der eingesetzten Chemikalien — um ca. 30% verringert. Ausgeprägter war die Reduzierung des BSB_5, die bis zu 50% betrug und durchschnittlich bei 38% lag. Die Autoren stellten fest, daß die besten Ergebnisse im pH-Bereich von 7···8 erzielt wurden. Einschränkend wird jedoch vermerkt, daß die oft einsetzende Gärung den Sedimentationsvorgang behindert. Das gebildete Kohlendioxid lagert sich in Form von Gasbläschen sehr leicht an die Flocken an und „schwimmt“ diese auf. Offensichtlich könnten hier Flotationsapparaturen besser arbeiten als Sedimentationsanlagen.

Vostrčil (1972) berichtete über die Dekontaminierung radioaktiv verunreinigter Wässer unter Verwendung von Bentonit in Kombination mit $FeCl_3$ und Flockulanten. Bemerkenswert war die damit erreichte bessere und schnelle Koagulation sowie die Flockenbeschwerung. Gute Ergebnisse wurden bei der Entfernung von ^{144}Cerium und ^{106}Ruthenium erzielt.

Nach Carberry et al. (1977) soll sich Bentonit sehr gut zur Entfernung von n-Tensiden aus Abwasser eignen. Die Autoren beobachteten eine 10···20mal höhere Adsorption als bei Aktivkohle.

Zusammengefaßt lassen sich die Vorteile des kombinierten Einsatzes von Bentoniten mit organischen Flockulanten wie folgt darstellen:

- gute und rasche Flockenbildung, die weitgehend unabhängig von Temperatur und pH-Wert ist;
- hohe Absetzgeschwindigkeit der Flocken im Vergleich zu den konventionellen Eisen- und Aluminiumverbindungen;
- verhältnismäßig geringes Sedimentvolumen des gebildeten Schlammes und relativ leichte Entwässerung;
- sehr gute Entfernung von kolloiden Verunreinigungen, wodurch oft eine vollständige Beseitigung der Trübung möglich wird;
- beachtliches Adsorptionsvermögen für echt gelöste Wasserinhaltsstoffe, u. a. auch Farbstoffe, wodurch teilweise biologisch nicht abbaubare Substanzen eliminiert werden können;
- technologische Vorteile, wie unkomplizierte Umstellung in bestehenden Anlagen.

5.4.2. Anwendung des Tons von Friedland

5.4.2.1. Vorbemerkungen

Seit einigen Jahren werden auch in der DDR grundlegende Untersuchungen zum Einsatz von Tonmineralien in der Wasserreinigung unternommen. Aus der Lagerstättenübersicht geht hervor, daß bezüglich des Montmorillonitgehaltes der Friedländer Ton die höchsten Werte erreicht. Dieses Material wurde deshalb in verschiedenen Fällen ausgewählt.

Der sog. Friedländer Blauton*) hat nach umfangreichen Untersuchungen von Henning (1971) sowie Henning u. Landgraf (1974) folgenden Mineral-

*) Handelsname: Friedländer Tonmehl
Lieferant: VEB Fliesenwerk „Karl Bürger“ Boizenburg

bestand:

muskovitischer Montmorillonit	38···53%
Muskovit	7···18%
Kaolinit/Chlorit	6···16%
Quarz	21···26%
Feldspat	5%
Glaukonit, Calcit, Dolomit, Pyrit je	1%
Kationenaustauschkapazität	40—45 mval · $(100\ g)^{-1}$

Der muskovitische Montmorillonit ist eine unregelmäßige Wechsellagerung von montmorillonitischen und muskovitischen Schichtbereichen mit überwiegender Montmorillonitkomponente. Unterschiede zum reinen Montmorillonit ergeben sich aus einer geringeren Quellfähigkeit sowie der herabgesetzten thermischen Stabilität.

Die von Fiedler (1962) getroffene Feststellung, daß im wesentlichen Alkalikationen zwischen den Schichtpaketen enthalten sind, veranlaßte Hoppe et al. (1976 A), zunächst unaktiviertes Tonmehl einzusetzen.

Zu Beginn wurden orientierende Versuche mit Modellwässern durchgeführt. Neben Friedländer Tonmehl kamen die Vergleichsmaterialien Ungarischer Bentonit*) sowie aktivierter Geisenheimer Bentonit**) zum Einsatz. Die Tonmineralien wurden einheitlich 48 Stunden vorgequollen, in einer Menge von 100 mg · l^{-1} dem mit einem Adsorptiv versetzten Wasser zugegeben, nach einer einstündigen Adsorptionszeit mit dem kationischen Flockulanten Stipix KMN®***) flockuliert bzw. durch Zentrifugieren abgetrennt. Die klare Lösung wurde photometrisch auf ihren Restgehalt untersucht.

Die folgende Abb. 44 gibt die Adsorptionsisothermen für Friedländer Tonmehl wieder. Im wesentlichen werden mehr oder weniger ausgeprägte Langmuir-Isothermen erhalten. Es ist klar zu erkennen, daß die Farbstoffe Fuchsin, Malachitgrün und Methylenblau beachtliche Sättigungswerte bis zu 8···10% bezogen auf die Adsorbensmenge erreichen. Demgegenüber ist die Elimination der Phenole und Heterocyclen deutlich geringer. In allen Versuchen wurde ohne pH-Wert-Korrektur gearbeitet. Abb. 45 zeigt die Abhängigkeit des Adsorptionsvermögens vom pH-Wert am Beispiel des Pyridins. Im sauren Bereich — also bei zunehmender Hydrophilie des Absorptivs infolge Salzbildung — ist das Adsorptionsvermögen schlechter als im neutralen bzw. schwach basischen Gebiet.

*) Qualität „Bentonit K“
Lieferant: VEB Keramische Werke Hermsdorf
**) Lieferant: Erbslöh & Co, Geisenheim BRD
***) Lieferant: VEB Fettchemie Karl-Marx-Stadt

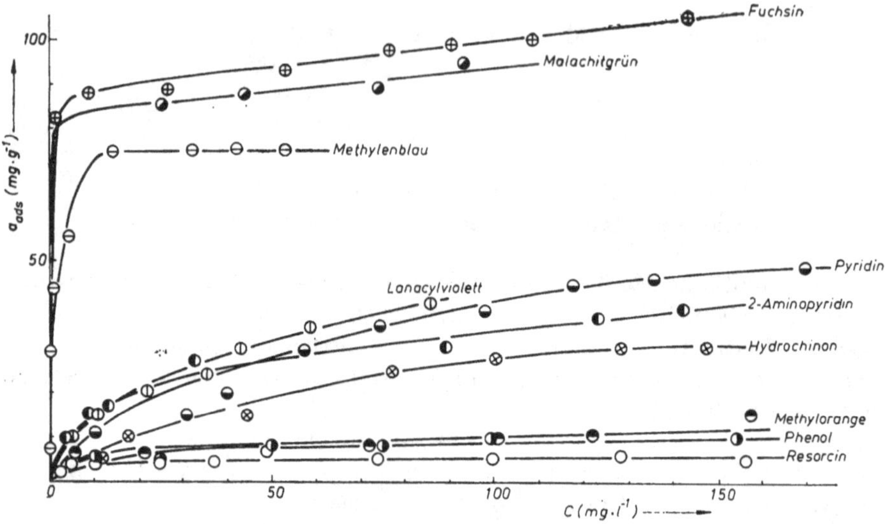

Abb. 44: Adsorptionsisothermen an Friedländer Tonmehl für verschiedene Adsorptive.

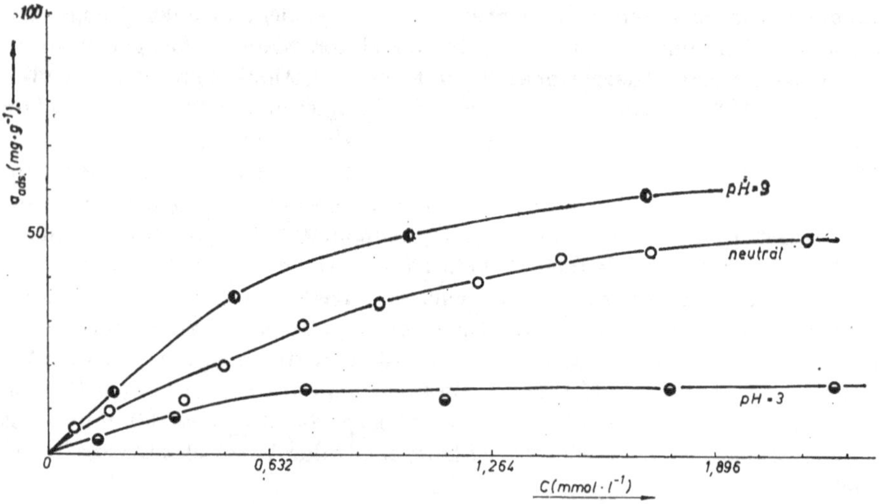

Abb. 45: Adsorptionsisothermen für Pyridin bei verschiedenen pH-Werten an Friedländer Tonmehl.

5.4.2.2. Behandlung von Oberflächen-, kommunalen und industriellen Abwässern

Von HOPPE et al. (1977) wurden eine Reihe realer Wässer über den Zeitraum eines Jahres untersucht, um alle möglichen Schwankungen zu erfassen. Dabei sollten sowohl die erzielbaren Reinigungseffekte als auch die optimalen Prozeßparameter ermittelt sowie ein Vergleich zur konventionellen Metallsalzflockung gezogen werden.

Die Versuche wurden mit folgenden Rohwässern durchgeführt:

a) Oberflächenwässer der Luppe bei Schkopau (Kreis Merseburg)
b) Abwasser der kommunalen Zentralen Kläranlage Schkopau (*ZKAS*)
c) Abwasser der Zentralen Abwasserbehandlung des VEB Leuna-Werke „Walter Ulbricht" (*ZAB*)
d) Filterrückspülwässer des Wasserwerkes Leuna-Daspig (*RSW*)

Tab. 25 gibt die charakteristischen Rohwasserkennwerte wieder.

Die Untersuchungen wurden mit einem standardisierten Reihenrührwerk mit Trübungsmeßkomplex und Thermostatiereinrichtung vorgenommen (BÖHLER, 1972). Zur rationellen Versuchsdurchführung diente für Planung und Auswertung des umfangreichen experimentellen Materials die Methode der

Tabelle 25
Charakteristik der untersuchten Rohwässer

Rohwasser	Trübung (TE · l^{-1})	CSV-Cr (mg · l^{-1} O_2)	Feststoffgehalt (mg · l^{-1})	Orthophosphat (mg · l^{-1})	Chlorid (mg · l^{-1})
Oberflächenwasser der	2,9[1]	36,8	40	—	106
Luppe	11,9[2]	156,8	125	—	156
	4,5[3]	81	80	—	129
Abwasser der kommunalen	5,3[1]	102	15	19,5	185
Zentralen Kläranlage	18,7[2]	334	75	35,2	262
Schkopau (*ZKAS*)	14,8[3]	201	50	35,8	233
Abwasser der Zentralen	2,6	147	15	—	284
Abwasserbehandlung des	11,1[2]	1472	70	—	511
VEB Leuna-Werke (*ZAB*)	6,4[3]	670	40	—	420
Filterrückspülwasser des	4,4[1]	180	250	—	391
Wasserwerkes Leuna-	48,0[2]	512	450	—	1044
Daspig (*RSW*)	27,9[3]	330	350	—	715

[1]) niedrigster Wert
[2]) höchster Wert
[3]) Durchschnittswert aus allen Rohwasserproben

orthogonalen lateinischen Quadrate (Kap. 7.). Folgende Einflußgrößen wurden berücksichtigt (Tab. 26).

Da das Ziel der Untersuchungen nur in der Bestimmung lokaler Optima und Signifikanz der Einflußgrößen bestand, wurde die Auswertung bei der graphischen Darstellung der Teilfunktionen abgebrochen.

Tabelle 26
Einflußgrößen zum Versuchsplan

a) variable Einflußgrößen

Einflußgröße x_i	Maßeinheit	Stufen				
		1	2	3	4	5
Flockulantendosis C_F	(mg · l^{-1} *AS*)	0	0,1	0,5	1,0	3,0
Tondosis C_T	(mg · l^{-1})	0	70	140	210	280
Flockungszeit t_F	(min)	10	15	20	25	30
Rührerdrehzahl n_F in der Flockenbildungsphase	(min^{-1})	20	40	60	80	100
Sedimentationszeit t_{Sed}	(min)	5	15	25	35	45

b) konstante Einflußgrößen:

Einflußgröße x_K	Größe/Maßeinheit
Dauer der Mischphase	2 min
Rührerdrehzahl in der Mischphase	200 min^{-1}
Temperatur	15 °C
pH-Wert	7
Zeitdifferenz zwischen Flockungsmittel und Flockulantendosierung	0 min
Alter der Chemikalienstammlösungen	konstant

In Abb. 46a bis e sind die charakteristischen Kurvenverläufe eines ausgewerteten Versuchsprogramms aufgeführt. Jede Einflußgröße ist in Abhängigkeit von den bestimmten Gütekriterien dargestellt. Bei der Einflußgröße Sedimentationszeit (Abb. 46a) zeigt die Trübung die größten Abhängigkeiten. Innerhalb des Intervalls von 5···15 min ist die Eliminierung der Trübung am größten. Die übrigen Gütekriterien dagegen lassen keine ausgeprägte Abhängigkeit erkennen. Nach Abb. 46b ist eine Flockulantendosis von 1,0 mg · l^{-1} AS (*AS* = Aktivsubstanz) für das untersuchte Rohwasser optimal. Der Rest-*CSV* und die Flockensinkgeschwindigkeit besitzen bei diesem Wert lokale Optima.

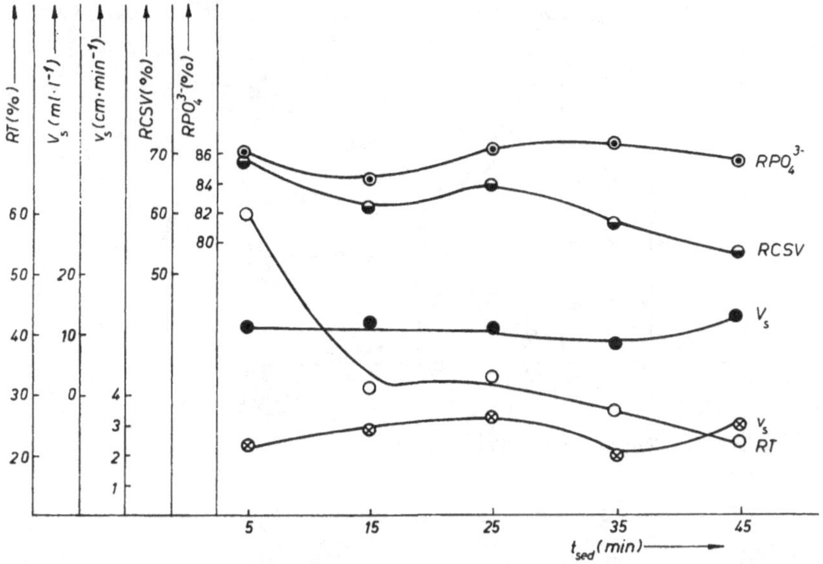

Abb. 46: Beispiel für die Auswertung eines Versuchsplans nach der Methode der lateinischen Quadrate für das kommunale Abwasser der Zentralen Kläranlage Schkopau (*ZKAS*) *a:* Einflußgröße: Sedimentationszeit t_{Sed}.

Eingangs-Orthophosphat-Gehalt:	22,3 mg · l^{-1}
Eingangstrübung:	9,5 TE · l^{-1}
Eingangs-*CSV*-Cr:	192 mg · l^{-1} O_2
verwendete Flockungschemikalien:	Ungarischer Bentonit, Stipix® A 40

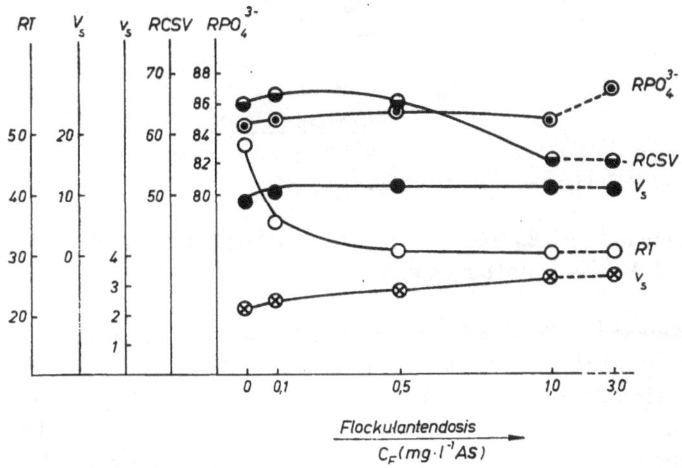

Abb.46b: Einflußgröße: Flockulatendosis C_F.

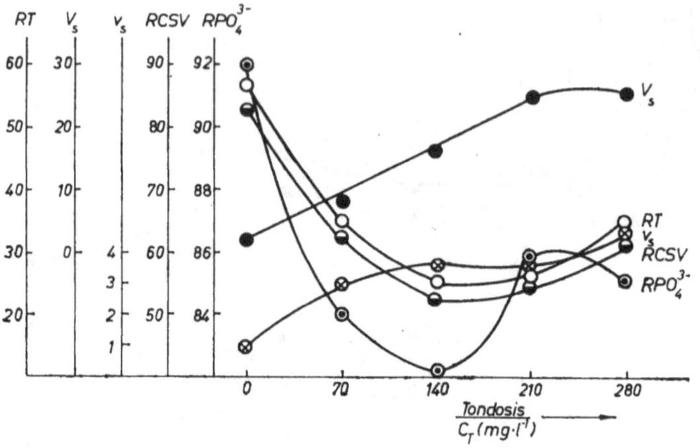

Abb. 46c: Einflußgröße: Tondosis C_T.

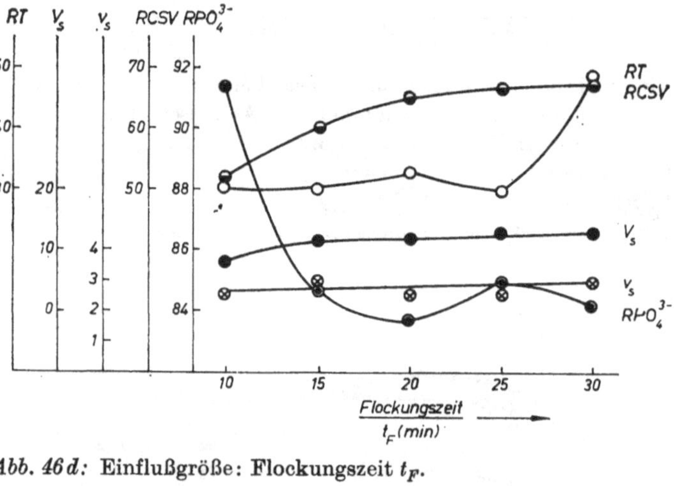

Abb. 46d: Einflußgröße: Flockungszeit t_F.

Die Trübung hingegen hat bei 2,5 mg $\cdot$ l^{-1} *AS* ihren niedrigsten Wert, wobei allerdings ab 0,5 mg $\cdot$ l^{-1} *AS* nur noch eine unwesentliche Beeinflussung erkennbar ist.

Von besonderer Bedeutung für den Reinigungseffekt ist die eingesetzte Tonmenge, wie aus Abb. 46c hervorgeht. Der optimale Wert wird bei 140 mg $\cdot$ l^{-1} erreicht, was sich in den lokalen Optima der Gütekriterien Resttrübung, Rest-*CSV*, Restphosphat und Flockensinkgschwindigkeit widerspiegelt. Das Schlammvolumen nimmt kontinuierlich mit steigender Tonmenge zu, bis ab $\sim$200 mg $\cdot$ l^{-1} ein relativ konstanter Wert erreicht wird.

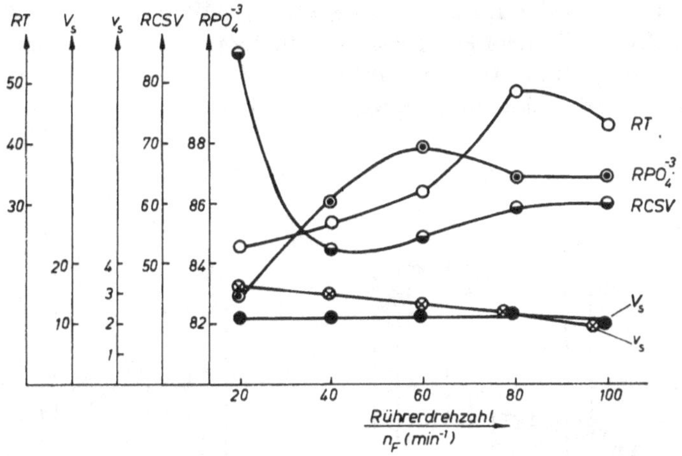

Abb. 46e: Einflußgröße: Rührerdrehzahl n_F.

Am Beispiel der Abb. 46d soll die Problematik der Auswertung der graphisch dargestellten Teilfunktionen erörtert werden. Wenn die Kurvenverläufe mehrere lokale Optima bzw. die einzelnen Gütekriterien an unterschiedlichen Stellen entsprechende Extremwerte aufweisen, ist zu prüfen, welchen Gütekriterien der Vorrang einzuräumen ist. In bezug auf die Flockungszeit t_F weisen der Restphosphatgehalt nach 20 min, der Rest-*CSV* bei 10 min und die Resttrübung bei 15 min Minima auf. Der optimale Bereich kann auf 10···15 min festgelegt werden. Das Schlammvolumen und die Flockensinkgeschwindigkeit lassen keine ausgeprägte t_F-Abhängigkeit erkennen.

Wie aus Abb. 46e zu ersehen ist, liegt die günstigste Rührgeschwindigkeit in der Flockenbildungsphase bei 40 min^{-1}. Hier werden gut sedimentierbare Flocken ausgebildet. Die Resttrübung und der Restphosphatgehalt erhöhten sich mit weiterer Steigerung der Drehzahl, und die Flockensinkgeschwindigkeit abnahm. Der Rest-*CSV* wies bei 40 min^{-1} den niedrigsten Wert auf.

Trotz der unterschiedlichen Zusammensetzung der anderen o. g. Rohwässer konnten im Prinzip überall ähnliche Kurvenverläufe ermittelt werden, woraus dann die optimalen Flockungsbedingungen abgeleitet wurden.

Zur exakten Beurteilung der Flockungseigenschaften der eingesetzten Chemikalien wurde in jedes Versuchsprogramm ein „Blindversuch" eingebaut. Dieser Versuch sollte Auskunft darüber geben, ob allein durch den Energieeintrag in der Misch- und Flockungsphase eine Reinigung erzielt werden kann. Es zeigt sich, daß dies bei allen untersuchten Wässern möglich war.

Besonders gut waren die Ergebnisse beim Filterrückspülwasser; 65% der Trübung konnten allein durch diesen Energieeintrag eliminiert werden. Durch

Rühren wurden in der Regel keine organischen Wasserinhaltsstoffe entfernt, so daß der Rest-*CSV* dem Eingangs-*CSV* entsprach. Einzige Ausnahme bildete das Filterrückspülwasser; hier wurde eine 20%ige Eliminierung erzielt. In Abb. 47 sind die Reinigungsleistungen bei optimalen Ton-Polymer-Mengen

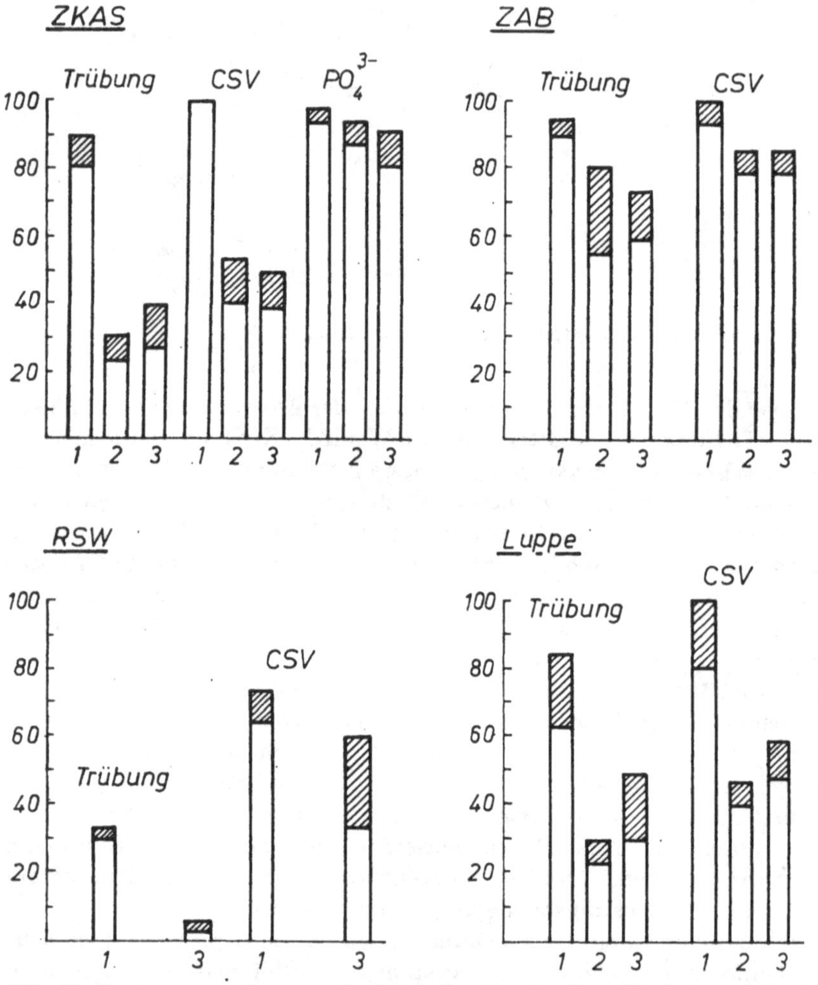

Abb. 47: Restverunreinigungen (in %) bei optimaler Ton-Flockulanten-Dosierung.

ZKAS: Abwasser der kommunalen Zentralen Kläranlage Schkopau (Kreis Merseburg)
ZAB: Abwasser der Zentralen Abwasserbehandlung des VEB Leuna-Werke „Walter Ulbricht“
RSW: Filterrückspülwasser des Wasserwerkes Leuna-Daspig
Luppe: Oberflächenwasser der Luppe bei Schkopau (Kreis Merseburg)
1 – Blindwert; *2* – Ungarischer Bentonit; *3* – Friedländer Tonmehl;
[///] Bereich der häufigsten Werte

im Vergleich zum „Blindwert“ der vier Wässer aufgeführt. Bei der Eliminierung der Trübung zeigte Ungarischer Bentonit im Vergleich zu Friedländer Tonmehl bei kommunalem Abwasser und Luppe-Wasser meist etwas bessere Ergebnisse. Grundsätzlich konnten bei diesen Wässern mit beiden Tonen in Kombination mit Flockulanten 50···75%, bei Filterrückspülwasser sogar 95% der Trübung entfernt werden. Die unbefriedigenden Ergebnisse beim industriellen Abwasser der *ZAB* der Leuna-Werke sind vermutlich auf die verbleibende Färbung zurückzuführen, die bei der Trübungsmessung mit erfaßt wurde.

Die Adsorption von organischen Wasserinhaltsstoffen — verfolgt durch den *CSV* — betrug für beide Tonarten beim *ZKAS*- und Oberflächenwasser 40 bis 60%. Bei dem sehr stark belasteten industriellen Abwasser (*ZAB*), bei dem *CSV*-Spitzen von 1500 mg · l^{-1} O_2 bestimmt wurden, lag die Schadstoffeliminierung maximal bei 20%. Dies deutet darauf hin, daß vor allem Adsorptionsprozesse für die Entfernung bedeutsam sind.

Beide Tone erzielten beim untersuchten kommunalen Abwasser (*ZKAS*) nur eine geringe Phosphateliminierung, womit Ergebnisse aus der Literatur bestätigt wurden (Bischofsberger u. Ruf, 1976). Nach den durchgeführten Messungen konnten mit Friedländer Tonmehl ca. 15% und mit Ungarischem Bentonit ca. 10% der Orthophosphate eliminiert werden.

Neben der Reinigungsleistung spielen die Eigenschaften der gebildeten Flocken eine wesentliche Rolle. Friedländer Tonmehl lieferte ein deutlich geringeres Schlammvolumen als Ungarischer Bentonit, obwohl die mittleren Sinkgeschwindigkeiten ähnlich waren, wie aus Tab. 27 hervorgeht. Eine Erklärung dafür ist im geringeren Gehalt an quellfähigen Dreischichtmineralien

Tabelle 27

Vergleich der Gütekriterien mittlere Flockensinkgeschwindigkeit (v_s) und Schlammvolumen (V_S) unter Verwendung der Ergebnisse des „Blindversuches“ und der optimalen Flockungsmittelkombination

Rohwasser	Blindversuch		Ungarischer Bentonit und Flockulant		Friedländer Tonmehl und Flockulant	
	v_s	V_S	v_s	V_S	v_s	V_S
Kommunales Abwasser (*ZKAS*)	0,8—1,5	0,8—1,6	3—6	17—25	3—3,5	7—10
Industrielles Abwasser (*ZAB*)	0	0	2—4	18—28	2—3	6—10
Filterrückspülwasser (*RSW*)	2,1	3,5—7,5	—	—	5—6	5—10
Luppe-Wasser	1—2,5	0,2—0,4	5—7	6—7	3,5—6	5—7

v_s in cm · min^{-1}; V_S in ml · l^{-1} nach 30 min

bei Friedländer Tonmehl und dessen erhöhtem Quarzanteil zu suchen, wodurch die Schlammkompression verbessert wird.

Das Versuchsprogramm enthielt auch Untersuchungen, bei denen ausschließlich ein Flockulanten- bzw. Toneinsatz erfolgte. Nach den Ergebnissen war die Reinigungsleistung um 10···20% schlechter als bei Anwendung der optimalen Kombination. Außerdem besaßen die Flocken, besonders bei alleinigem Toneinsatz, eine geringere Absetzgeschwindigkeit.

Die aus den Mehrfaktorenexperimenten gewonnenen Aussagen wurden mit Hilfe von klassischen Einfaktorenversuchen präzisiert. Für die variablen Einflußgrößen konnten dabei folgende Ergebnisse gewonnen werden:

Einfluß der Flockulantendosis (C_F)

Die mathematische Auswertung der Versuche hatte gezeigt, daß die optimale Flockulantendosis für ähnliche Rohwässer verhältnismäßig gut übereinstimmt. Für Filterrückspülwasser und Luppe-Wasser lag das Optimum bei 0,5 mg · l^{-1} und bei den Abwässern der *ZKAS* und *ZAB* doppelt so hoch. Wie aus Tab. 28 hervorgeht, brachte die Präzisierung eine geringfügige Veränderung der Werte. Im allgemeinen wurde festgestellt, daß mit der Steigerung der Flockulantenkonzentration sich die mittlere Flockensinkgeschwindigkeit zumeist linear erhöhte. Die Resttrübung und der Rest-*CSV* verbesserten sich nach der optimalen Dosis nur noch unwesentlich.

Es ist bemerkenswert, daß nur geringe Unterschiede in der Wirksamkeit zwischen den einzelnen Flockulantenarten festzustellen waren, obwohl diese

Tabelle 28
Zusammenstellung der optimalen Prozeßparameter bei der Flockung mit der Ton-Flockulanten-Kombination

Rohwasser	Flockulantendosis C_F (mg · l^{-1} *AS*)	Tondosis C_T (mg · l^{-1})	Flokkungszeit t_F (min)	Rührerdrehzahl n_F (min^{-1})	Sedimentationszeit t_{Sed} (min)
Kommunales Abwasser	1,0[1])	140	15	40	35
(*ZKAS*)	1,0[2])	140	15	40	35
Industrielles Abwasser	0,75[1])	140	20	60	25
(*ZAB*)	0,75[2])	210	15	40	25
Filterrückspülwasser (*RSW*)	0,25[1])	70	20	60	25
Luppe-Wasser	0,75[1])	140	15	40	25

[1]) Ungarischer Bentonit
[2]) Friedländer Tonmehl

unterschiedliche Ladungszustände hatten. Stipix® *AD*, ADK und KMN brachten nahezu gleiche Effekte in der Trübungsbeseitigung, nur A 40 fiel signifikant ab. Wurde die Flockulantendosis über 3 mg · l^{-1} *AS* erhöht, kam es zur Restabilisierung, was sich in einer Erhöhung der Trübung und des *CSV* bemerkbar machte.

Einfluß der Tondosis (C_T)

Bei den mit organischen Stoffen stark belasteten Rohwässern, wo es besonders auf eine Schadstoffeliminierung ankam, lag das Optimum der Tondosis bei 140 mg · l^{-1}. Dagegen genügte für das Filterrückspülwasser, offensichtlich bedingt durch dessen hohen Feststoffgehalt (Eingangstrübung 20···40 TE · l^{-1}), eine Tonmenge von 70 mg · l^{-1}.

Beim Einsatz von Ungarischem Bentonit spielte die Rohwasserbeschaffenheit eine wesentlichere Rolle als bei Friedländer Tonmehl. Prinzipiell wurde festgestellt, daß die optimale Tonkonzentration etwa proportional der organischen Belastung war.

Einfluß der Parameter der Flockenbildungsphase
(Flockungszeit t_F und Rührerdrehzahl n_F)

Zum Einfluß der Parameter t_F und n_F ist zu bemerken, daß nahezu übereinstimmende Ergebnisse mit beiden Tonen erzielt worden sind. Die optimale Flockungszeit lag zwischen 15 und 20 min, die Rührerdrehzahl zwischen 40 bis 60 min^{-1}.

Der bekannte Zusammenhang zwischen Flockengröße, Sinkgeschwindigkeit, Resttrübung und Drehzahl trat deutlich hervor. Mit einer Erhöhung der Rührgeschwindigkeit verkleinerten sich die Flocken, die mittlere Flockensinkgeschwindigkeit verringerte sich und die Resttrübung stieg an.

Aus den beiden Parametern t_F und n_F lassen sich wichtige Aussagen über den notwendigen Energieeintrag in der Flockungsphase gewinnen. Da für das verwendete Reihenrührwerk die mittleren Werte der Geschwindigkeitsgradienten vorliegen, wurden die *Ca*-Zahlen nach $Ca = \sqrt{G^{-2}} \cdot t$ berechnet. (Tab. 29).

Die berechneten *Ca*-Zahlen liegen deutlich unter den für die herkömmlichen Flockungsmittel (Fe- und Al-Salze) bekannten Werten (Popp et al., 1973), so daß mit der Ton-Flockulanten-Kombination energetische Vorteile zu erwarten sind.

Einfluß der Sedimentationszeit (t_{Sed})

Aus den Untersuchungen war eine direkte Abhängigkeit zwischen der Abnahme der organischen Belastung und der Absetzzeit zu erkennen. Zwischen 5 und 25 min waren die Schadstoffeliminierungsraten am größten, so daß in diesem Bereich gearbeitet werden sollte. Für das Filterrückspülwasser (*RSW*) ist eine geringere Zeit ausreichend.

Tabelle 29
Energieeinträge unter optimalen Bedingungen

Rohwasser	Friedländer Tonmehl				Ungarischer Bentonit			
	n_F	$\overline{G}$	t_F	Ca	n_F	$\overline{G}$	t_F	Ca
Luppe-Wasser	40	24	15	21600	40	24	15	21600
ZKAS	40	24	15	21600	40	24	15	21600
ZAB	40	24	15	21600	60	42	20	50400
RSW	60	42	20	50400				

Vergleichsversuche mit $FeCl_3$

Für die Untersuchungen wurde das kommunale Abwasser (*ZKAS*) eingesetzt. Um vergleichbare Werte zu erhalten, wurden ähnliche Reaktionsbedingungen wie bei der Flockung mit Ton und Flockulanten eingehalten.

Tab. 30 zeigt die Ergebnisse für 90 und 150 $mg \cdot l^{-1}$ $FeCl_3 \cdot 6\,H_2O$.

Wie aus der Tabelle zu entnehmen ist, ergeben sich relativ konstante Verhältnisse für alle Varianten bei der Eliminierung der Trübung, im Mittel werden Werte von 80% erzielt. Auch die mittleren Flockensinkgeschwindigkeiten verhalten sich ähnlich.

Zur Entfernung der organischen Belastung ist die Ton-Flockulanten-Kombination gut geeignet und der Metallsalzflockung überlegen. Hinsichtlich der Menge des anfallenden Schlammes bestehen nur geringfügige Unterschiede zwischen Ungarischem Bentonit und $FeCl_3$, Friedländer Tonmehl ist hier besser. Die auffallendsten Diskrepanzen zwischen der Metallsalz- und Tonflockung wurden erwartungsgemäß bei der Phosphateliminierung beobachtet. Beide Tone eliminierten 10···15%, das Metallsalz dagegen 80···90% des Orthophosphat-Gehaltes.

Zusammenfassung

Mit den Untersuchungen wurde nachgewiesen, daß die Kombination Ton—Flockulant gegenüber den konventionellen Metallsalzen eine mögliche Alternative darstellt. Sie ist für Abwässer mit niedrigen Orthophosphat-Konzentrationen der Metallsalzflockung hinsichtlich der Reinigungsleistung ebenbürtig, hat entscheidende Vorteile im verringerten Schlammanfall und in den niedrigeren Kosten. Kommt es dagegen auf eine P-Eliminierung an, so kann auf ein Metallsalz-Flockungsmittel nicht verzichtet werden.

Tabelle 30
Vergleich zwischen der Ton-Flockulanten- und Metallsalzflockung am Beispiel des kommunalen Abwassers (*ZKAS*)

Gütekriterien	Ungarischer Bentonit	Friedländer Tonmehl	$FeCl_3 \cdot 6\,H_2O$		$FeCl_3 \cdot 6\,H_2O$ (nach MÜHLE, 1975)
	140 mg · l^{-1} 1 mg · l^{-1} *AS*[1])	140 mg · l^{-1} 1 mg · l^{-1} *AS*[1])	90 mg · l^{-1}	150 mg · l^{-1}	80—120 mg · l^{-1}
RT (%)	19,6	24,6	21,1	21,1	10—20
RCSV (%)	31,0	55,6	75,0	51,5	50—65
RPO_4^{3-} (%)	83,2	91,3	26,1	9,3	10—20
V_S (m$l \cdot l^{-1}$)	25,0	8,8	20,0	34,0	18—24
v_S (cm · min^{-1})	3,6	4,8	3,5	4,2	2,0—2,3

[1]) Stipix® KMN

5.4.2.3. Behandlung eines Abwassers der Harz- und Lackproduktion

Ein Betrieb der chemischen Industrie stellt folgende Produkte her:

- Lacke aus Cyclohexanon und Formaldehyd
- Epoxidharze aus Dian und Epichlorhydrin
- Epiloxhärter aus Anilin und Formaldehyd

Durch Zusammenführen der separat anfallenden Abwässer entsteht ein Gemisch, dessen Ableitung in die zentrale Werksabwasserreinigung durch den hohen Anteil von grob- bis kolloiddispersen Bestandteilen problematisch ist. Es treten Rohrverstopfungen auf, die nur mit erheblichem Aufwand beseitigt werden können.

Die Aufgabe bestand darin, durch eine Flockung das Abwasser so aufzubereiten, daß es von einer biologischen Anlage behandelt werden kann. Nach dem Absetzen der Feststoffe hatte das Mischabwasser folgende Eigenschaften:

pH-Wert:	11,0
CSV-Cr:	bis 24000 mg · l^{-1} O_2
Farbe:	graugrün, stark trüb
Trübung:	bis 113 *TE* · l^{-1}

Die Untersuchungen wurden in einer Jar-Test-Apparatur durchgeführt (Hoppe et al., 1975).

Wie aus Abb. 48 zu ersehen ist, kann durch den alleinigen Einsatz von Friedländer Tonmehl die Trübung in erheblichem Maße entfernt werden. Mit 50 mg · l^{-1} Friedländer Tonmehl sind Reinigungsleistungen von 90···95%, mit 200 mg · l^{-1} sogar von 95···97% erreichbar. Der *CSV*-Cr wurde um 20 bis 25% vermindert.

Der Zusatz von Flockulanten brachte keine wesentliche Verbesserung, lediglich mit Stipix® ADK wurde die Trübung geringfügig vermindert.

Zusammengefaßt wurden folgende optimale Parameter aus den Versuchen abgeleitet:

Tondosis C_T	100···200 mg · l^{-1}
Flockungszeit t_F	10···20 min
Rührerdrehzahl n_F	50···100 min^{-1}
Sedimentationszeit t_{Sed}	20···60 min

Unter den angegebenen Bedingungen entsteht ein Schlammvolumen von 40···50 ml · l^{-1} für Friedländer Tonmehl und von 60···70 ml · l^{-1} für Ungarischen Bentonit.

Die vergleichenden Untersuchungen mit $Al_2(SO_4)_3$ bzw. $FeCl_3$ brachten trotz weitgehender Variation der Einflußgrößen pH-Wert, Flockungsmittelkonzentration, Flockulantenart und -menge keine positiven Effekte. Die Wasserinhaltsstoffe sind offenbar in der Lage, die zugegebenen Metallsalze komplex zu binden und eine Hydrolyse zu verhindern.

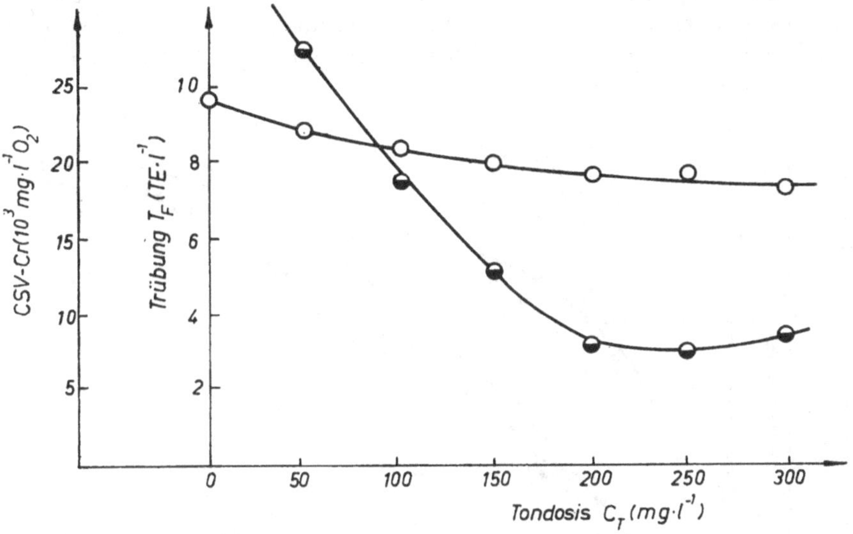

Abb. 48: Abhängigkeit der Gütekriterien Trübung T_F und *CSV*-Cr von der Dosis an Friedländer Tonmehl C_T.
○ CSV-Cr; ◒ Trübung; Eingangstrübung = 107 $TE \cdot l^{-1}$

5.4.2.4. Einsatz von Tonmineralien in einer Entcarbonisierungsanlage zur Kesselspeisewasseraufbereitung

Über positive Effekte beim Einsatz von Tonmineralien in den Entcarbonisierungsanlagen berichteten Hoppe, et al. (1976 B). Es kam hier darauf an, die Leistungsfähigkeit der Kesselspeisewasseraufbereitung zu erhöhen. Die Entcarbonisierung wird im VEB Leuna-Werke „Walter Ulbricht" in Langzeitreaktoren unter Zugabe von Kalkmilch bzw. Kalkwasser mit nachgeschalteten Kiesfiltern vorgenommen. Der gebildete Niederschlag, bestehend aus $CaCO_3$, $MgCO_3$, $Mg(OH)_2$ und $CaSO_4$, liegt feinst verteilt bzw. kolloiddispers vor und sedimentiert ungenügend. Die Laboruntersuchungen in einer Jar-Test-Apparatur hatten ergeben, daß Trübung, Schlammvolumen und Absetzzeit durch Zugabe von Friedländer Tonmehl oder Ungarischem Bentonit verbessert werden können, wie aus Abb. 49 zu entnehmen ist. Wesentliche Unterschiede zwischen den beiden Tonarten bestanden nicht. Bemerkenswert war noch die Herabsetzung der Härte um 0,2···0,4 mmol · l^{-1} Ca^{2+}. Durch Zugabe von Stipix®-Produkten konnten weitere Verbesserungen erzielt werden. Es wurde festgestellt, daß keine signifikanten Unterschiede zwischen den einzelnen Flockulantenarten bestehen. Mit den ermittelten optimalen Parametern ($10\ mg \cdot l^{-1}$ Ton und $0{,}2\ mg \cdot l^{-1}$ AS Flockulant) wurden kontinuierliche Versuche in Langzeitreaktoren von $650\ m^3$ Inhalt durchgeführt. In ein zentral angebrachtes Reaktionsrohr wurde auf 40 °C erwärmtes Saalewasser zusammen mit Kalkwasser, Tonmineralien und Flockulanten eingespeist. Nach der Aus-

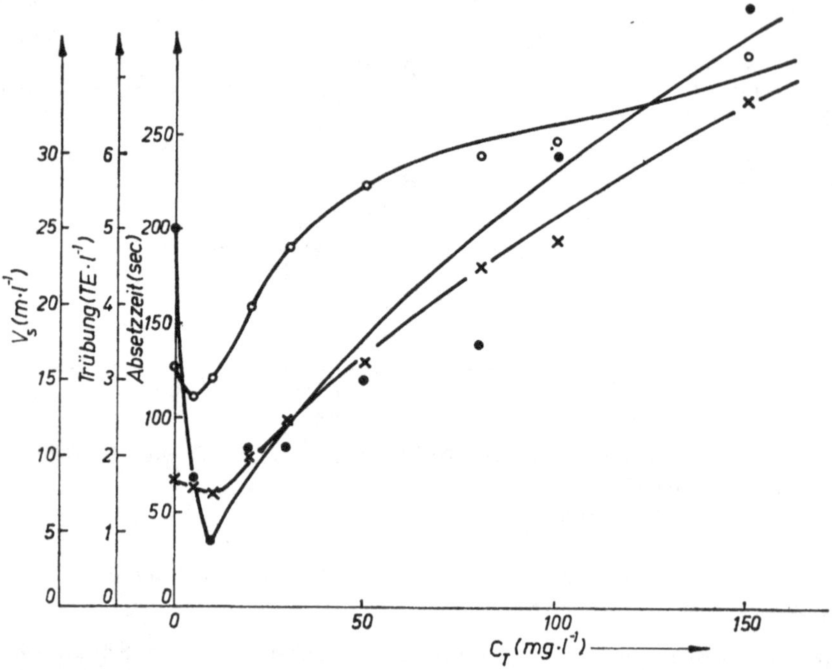

Abb. 49: Optimierung der Dosis an Friedländer Tonmehl C_T im Entcarbonisierungsprozeß.
×—×—× Absetzzeit; ●—●—● Trübung; ○—○—○ Schlammvolumen

fällung der Carbonathärte gelangte das entcarbonisierte Wasser mittels einer Überlaufrinne aus dem Behälter. Die Reaktionsprodukte setzten sich als Schlamm im Konus ab und konnten dort abgezogen werden. Bei den Arbeiten zur Ermittlung der Kapazitätsgrenze wurde ein Reaktor nach der bisherigen Technologie betrieben, während ein parallel geschalteter Behälter mit der Ton-Flockulanten-Kombination beaufschlagt wurde. Durch eine schrittweise Erhöhung des Durchsatzes war es möglich, den Höchstwert des Durchsatzes zu bestimmen, bei welchem die geforderte Reinwasserqualität noch garantiert wird. Die in verschiedenen Höhen des Behälters (Überlauf, 3 m, 5 m und 8 m vom Überlauf) bestimmten Trübungswerte, SiO_2- und Al-Gehalte, $KMnO_4$-Verbräuche sowie *p*- und *m*-Werte dienten als Gütekriterien. Abb. 50 gibt die Abhängigkeit zwischen der Trübung und Durchsatz im zweiten Behälter wieder. Die Kapazitätsgrenze für die übliche Fahrweise (Behälter *1*) betrug 150 $m^3 \cdot h^{-1}$. Die dabei erzielten Grenzwerte sind als gestrichelte Geraden eingetragen. Man erkennt, daß bis zu einem Durchsatz von 200 $m^3 \cdot h^{-1}$ eine ausgezeichnete Wasserqualität gewährleistet war. Selbst bei 230 $m^3 \cdot h^{-1}$ wurden die Anforderungen voll erfüllt, dies entspricht einer Steigerung um ca. 50%. Eine weitere Erhöhung war wegen der vollständigen hydraulischen Auslastung der Rohrleitungen nicht möglich.

Der aus den Laboruntersuchungen bekannte Effekt der zusätzlichen Enthärtung war auch hier festzustellen. So wurde die Gesamthärte durchschnittlich um 0,2 bis 0,4 mmol $\cdot\, l^{-1}$ Ca^{2+} herabgesetzt. Bemerkenswert war die zusätzliche Entkieselung. So sank der SiO_2-Gehalt um etwa 20%, wenn die Kombination Ton—Flockulant zum Einsatz kam.

5.4.2.5. Einsatz von Tonmineralien bei der Sanierung von eutrophierten Seen

Durch Zugabe von Tonmineralien bei der P-Ausfällung in eutrophierten Seen soll erreicht werden, daß der Fällungsprozeß schneller abläuft und die ausgefällten schwerlöslichen Phosphate im Sediment „versiegelt" werden.

Klapper u. Glass (1976) berichteten, daß mit Hilfe von 150 kg $FeCl_3$, 760 kg Bentonit und 100 kg Stipix® AD ein 8000 m^2 großer Steinbruchsee hinsichtlich seines Orthophosphatgehaltes wesentlich verbessert werden konnte ($< 0{,}01$ mg $\cdot\, l^{-1}$), auch sanken die Gesamt-Phosphate um 36%. Keimzahlen und Planktonzahlen wurden vermindert und die Sichttiefe wesentlich vergrößert. Ähnliche Erfolge wurden mit Friedländer Tonmehl anstelle von Bentonit im Jabeler See (Bezirk Neubrandenburg) erzielt.

Andererseits erwies sich die P-Fällung in Flachseen selbst unter Einsatz von Tonmehl als wenig geeignet (Kalbe, 1976). Infolge der starken Wasserbewegung bis zum Grund werden die obersten Sedimentschichten ständig aufgewirbelt und das ausgefällte Phosphat wieder freigesetzt. Mit den zugegebenen Tonmineralien war keine stabile Sedimentversiegelung möglich, da die Tonflocken im Vergleich zu den Phosphat- und Hydroxidflocken zu rasch absanken.

Die angeführten Beispiele zeigen, daß mit Tonmineralien die Reinigungsprozesse in eutrophierten Gewässern unter bestimmten Bedingungen verbessert werden können. Neben einer möglichen Flockenbeschwerung und der damit verbundenen Beschleunigung des Absetzvorganges wirkt sich das Adsorptionsvermögen der Tonmineralien günstig auf die Wasserqualität aus.

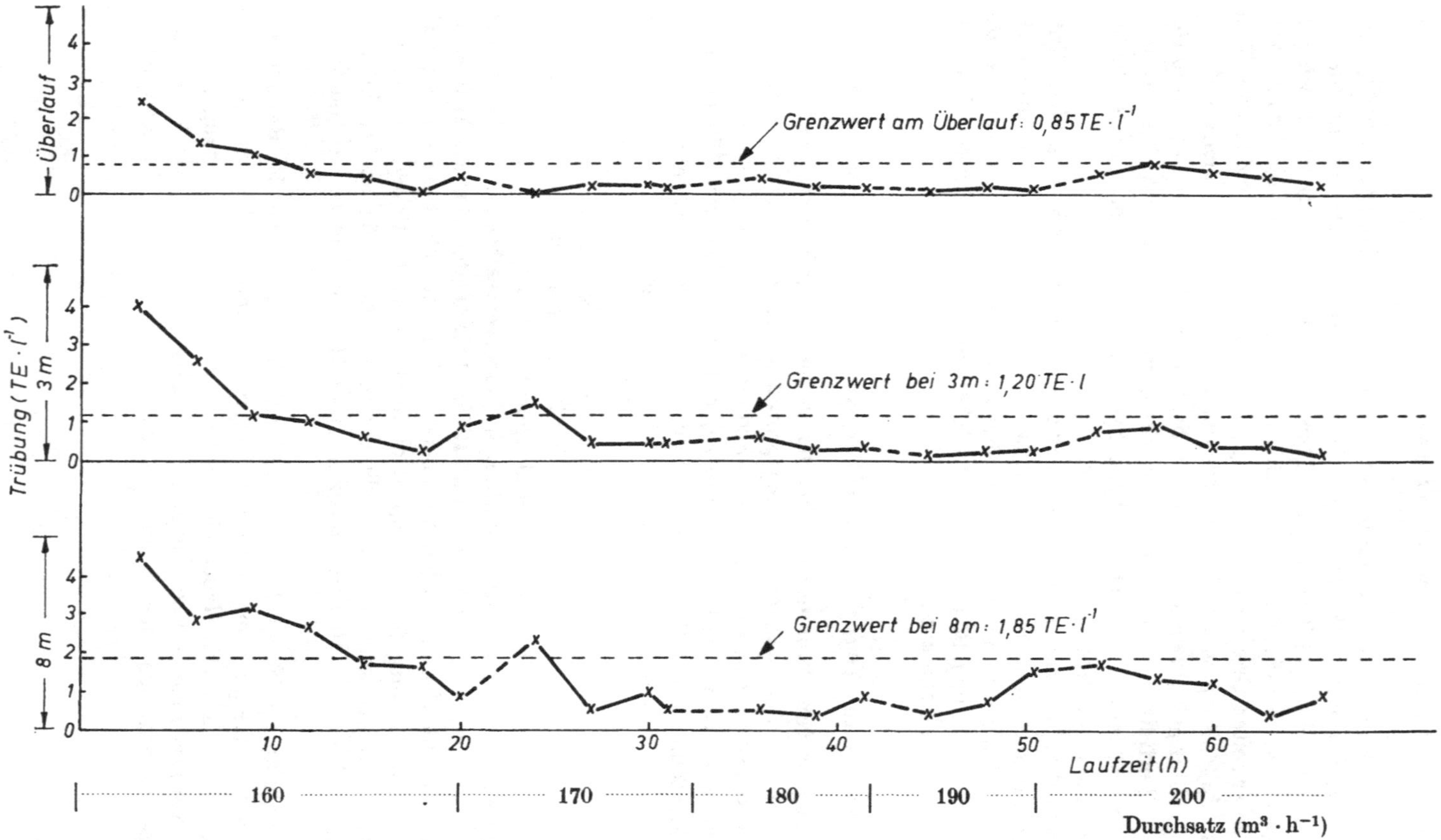

Abb. 50: Durchsatzerhöhung im Entcarbonisierungsreaktor durch Einsatz von Friedländer Tonmehl und Stipix® N 80.

5.4.3. *Versuche zur Aktivierung von Friedländer Tonmehl*

Einleitend wurden Möglichkeiten der Aktivierung von Tonmineralien diskutiert. Es war zu prüfen, ob auch mit Friedländer Tonmehl durch eine zusätzliche Behandlungsstufe verbesserte Adsorptionsleistungen erzielt werden können.

Für eine Bewertung des Aktivierungseffektes hat sich die Größe des Sedimentvolumens (SE) unter standardisierten Bedingungen als vorteilhaft erwiesen (HOFMANN u. HAUSDORF, 1945). Das Sedimentvolumen wird von Größe und Dicke der Tonmineral-Blättchen bestimmt. Eine große Rolle spielen für die Quellung die Kationen, welche zum Austausch befähigt sind (Kap. 5.2.2.). Das Sedimentvolumen selbst wird auf eine Gerüststruktur der einzelnen Mineralteilchen zurückgeführt und steht damit — wie aus Abb. 34 verständlich wird — in Beziehung zur Oberfläche und dem damit verbundenen Adsorptionsvermögen.

Neben den verwendeten Chemikalien (z. B. Soda, Natronlauge, Natriumchlorid) hat die Aktivierungsart einen großen Einfluß auf das Sedimentvolumen. Folgende Möglichkeiten wurden erprobt (HOPPE et al., 1978 B):

- Naßaktivierung
  Behandlung von bei 105°C getrocknetem bzw. lufttrockenem Ton mit entsprechend konzentrierten Lösungen bei ausgewählten Temperaturen
- Eintrocknungsaktivierung
  Eintrockung der Suspension (Tonmineral + Aktivierungsmittel) bei ausgewählten Temperaturen, gegebenenfalls mehrmals wiederholt.

Die durchgeführten Versuche zeigten folgende Ergebnisse (Tab. 31).

Tabelle 31
Sedimentvolumina (*SE*) von aktiviertem Friedländer Tonmehl (2 g Ton in 100 m*l* Wasser); geflockt unter Zugabe von 10 m*l* $CaCl_2$-Lsg. (1 mol · l^{-1})

	SE (m*l*) nach 1 Stunde	*SE* (m*l*) nach 24 Stunden	Steigerung nach 24 Stunden (%)
unaktiviert	8,5	8,0	
Aktivierung mit Na_2CO_3			
Naßaktivierung	17	12,5	56
Eintrocknungsaktivierung	40	20	150
Aktivierung mit NaOH			
Naßaktivierung	66	33	312
Eintrocknungsaktivierung	96	41	412

Die Untersuchungen ergaben weiterhin, daß für den Aktivierungseffekt die Alkalität primär verantwortlich ist. So bringt ein mehrmaliges Eintrocknen mit NaOH keine wesentliche Verbesserung, während beim wiederholten Einsatz von Na_2CO_3 schließlich die SE-Werte von NaOH erreicht werden. Offensichtlich werden durch NaOH alle aktivierungsfähigen Bestandteile sofort

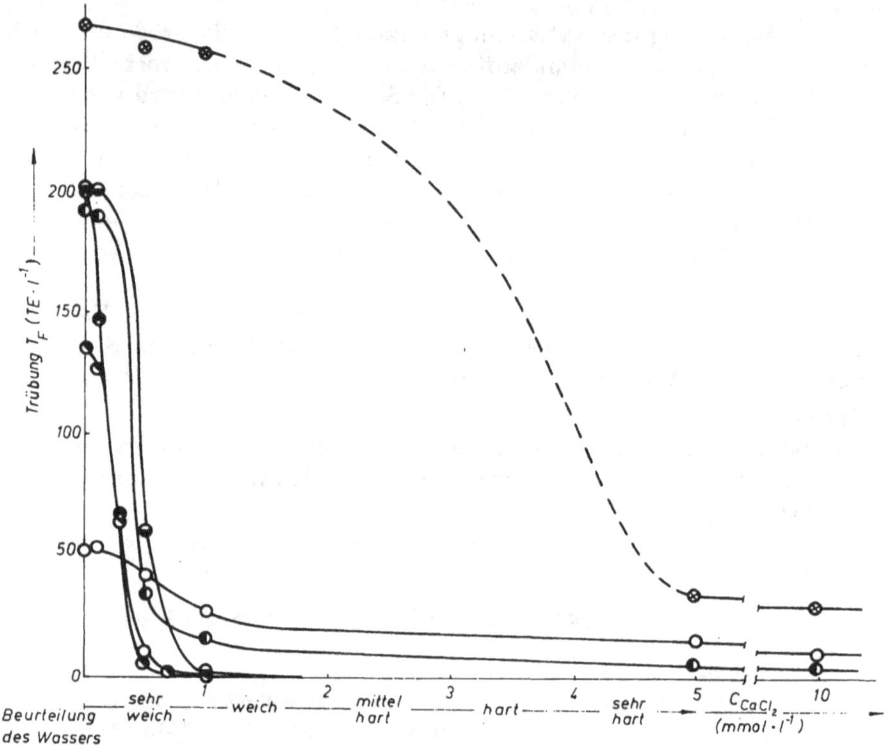

Abb. 51: Resttrübungen T_F von Ton-Wasser-Suspensionen in Abhängigkeit von der $CaCl_2$-Konzentration.

◑ Flygtol A; ● Ungarischer Bentonit; ⊗ Kaolinit; ○ Friedländer Tonmehl; **◐ Friedländer Tonmehl (mit 3% Soda bei 105 °C 2× eingetrocknet);** ◒ Friedländer Tonmehl (mit 1% Soda bei ca. 25 °C 3× eingetrocknet)

erfaßt, bei Verwendung von Na_2CO_3 muß eine mehrmalige intensive Behandlung durchgeführt werden.

Die Untersuchungen zum Flockungsverhalten der Tonmineralien zeigt die Abb. 51. Die Minerale aktivierter Geisenheimer Bentonit (Flygtol® A), Ungarischer Bentonit und mit Soda dreimal eingetrocknetes Friedländer Tonmehl verhalten sich sehr ähnlich. In Abhängigkeit von der zugegebenen $CaCl_2$-Konzentration (bzw. einer entsprechenden Wasserhärte) werden niedrige

Werte der Trübung im geflockten Wasser erreicht. Unbehandeltes Friedländer Tonmehl und bei 105 °C aktiviertes fallen in der erzielten Wasserqualität gegenüber den anderen Produkten erheblich ab. Die zum Vergleich eingezeichnete Kaolin-Kurve weist auf den unterschiedlichen Phasenbestand hin und zeigt auf, daß mit diesem Mineral keine Wasserreinigung möglich ist.

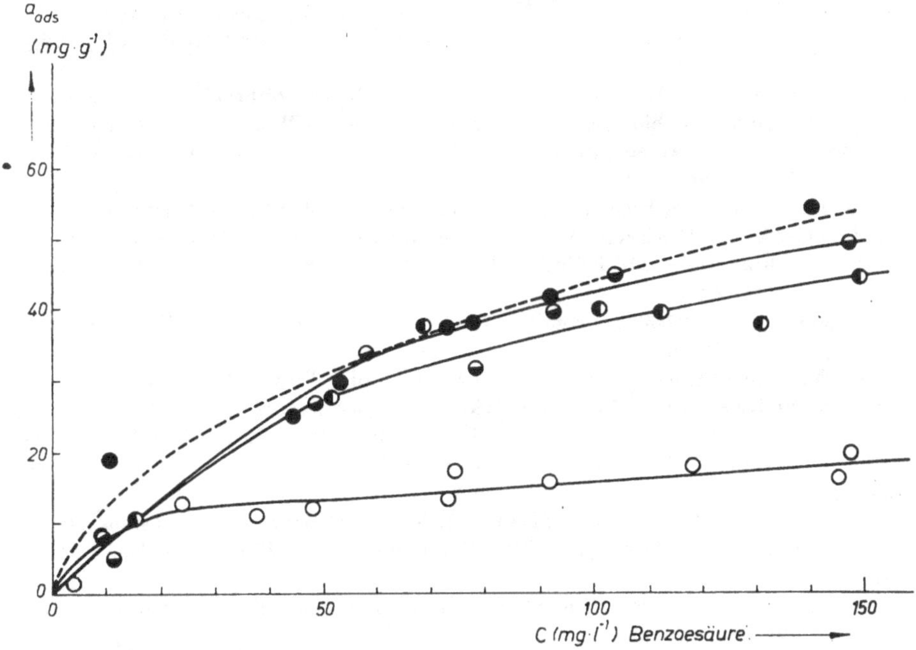

Abb. 52: Adsorptionsisothermen von Benzoesäure an aktiviertem Friedländer Tonmehl im Vergleich zu Geisenheimer Bentonit.

○ unaktiviert; ◐ mit Na_2CO_3-Lösungen bei 105 °C eingetrocknet;
⊖ mit Na_2CO_3-Lösungen bei Raumtemperatur eingetrocknet; ● Geisenheimer Bentonit

Die weiteren Arbeiten sollten Auskunft darüber geben, in welcher Weise die Adsorptionskapazität durch die Aktivierung verändert wird. Die Adsorptionsuntersuchungenwurden mit Benzoesäure durchgeführt. Wie aus Abb. 52 deutlich wird, bewirkt die Aktivierung von Friedländer Tonmehl eine erhebliche Steigerung seines Adsorptionsvermögens. Es wurden nahezu die für aktivierten Geisenheimer Bentonit gemessenen Werte erreicht. Beide angewandten Aktivierungsmethoden unterscheiden sich wenig, so daß auf die einfachsten Varianten zurückgegriffen werden sollte. Die Ausführungen weisen nach, daß eine Aktivierung auch für solche mehrphasigen und relativ ungünstig zusammengesetzte Ausgangsmineralien vorteilhaft ist.

Literatur

AUTORENKOLLEKTIV: „*Ausgewählte Methoden der Wasseruntersuchung*"; Bd. I: „*Chemische, physikalisch-chemische, physikalische und elektrochemische Methoden*". VEB Gustav Fischer Verlag, Jena 1976.

BLACK, A. P., BIRKNER, F. B., u. J. J. MORGAN: The effect of polymer adsorption on the electrokinetic stability of dilute clay suspensions. J. Colloid Interface Sci. **21** (1966), 626–648.

BISCHOFSBERGER, W., u. H. RUF: Anwendung von Fällungsverfahren zur Verbesserung der Leistungsfähigkeit biologischer Anlagen. Berichte aus Wassergütewirtschaft und Gesundheitsingenieurwesen, Institut für Bauingenieurwesen V., Technische Universität München Nr. 13, München 1976.

BÖHLER, E.: Einsatz von Reihenrührwerken für verfahrenstechnische Untersuchungen auf dem Gebiet der Flockung. Wasserwirtsch.-Wassertechn. **22** (1972), 396–399.

BRD-Patentschrift 1096836; Erfinder: PREMO, J. G.: Verfahren zum Klären trüber Wässer oder Abwässer.

BRD-Patentschrift 1107605; Erfinder: PYE, D. J., u. G. F. SCHURZ: Verfahren zur Klärung trüber Wässer.

BRECHT, W.; BÖRNER, F., u. H.-L. DALPKE: Über die Wirksamkeit von Abwasserbentonit zur Klärung von Papierfabrikwässern. Papier **28** (1974), 89–97.

CARBERRY, J. B., TWARDOWSKI, C. J., u. D. K. EBERHARDT: Clay adsorption treatment of non-ionic surfactants in wastewater. J. Water Pollut. Control. Federat. **49** (1977), 452–459.

CASKEY, J. A., KING, P. H., u. J. T. MARTIN: Effect of polyacrylamide molecular structure on flocculation efficiency. AICHE Symposium series **70** (1974) (144), 120 bis 128.

DALPKE, H.-L.: Abwasserklärung und Stoffrückgewinnung mit Abwasserbentonit. Wbl. Papierfabrikat. **100** (1972), 400–402.

DOSCH, W., u. M. KELLER: Universelle Entgiftungsmittel für chemische Kampfstoffe. Zivilverteidigung **2** (1972), 68–74.

FIEDLER, G.: Über den Nachweis von Alkali-Montmorillonit im Friedländer Blauton. Silikattechnik **13** (1962), 329–330.

FOWKES, F. M.: Attractive forces at interfaces. Ind. Eng. Chem. **56** (1964), 40–52.

HENNING, K.-H.: Mineralogische Untersuchung des eozänen Tones der Lagerstätte Friedland (Bezirk Neubrandenburg). Ber. deutsch. Ges. geol. Wiss. Beil. Miner. Lagerstättenf. **16** (1971), 5–39.

HENNIG, K.-H., u. K.-F. LANDGRAF: Über Beziehungen zwischen mineralogischen und technologischen Eigenschaften tertiärer Tone aus dem Norden der DDR. Wiss. Z. Ernst-Moritz-Arndt-Univ. Greifswald, Math.-naturwiss. R. **23** (1974), 81–84.

HESSELINK, F. Th.: On the theory of the stabilisation of dispersions by adsorbed macromolecules; I.: Statistics of the change of some configurational properties of adsorbed macromolecules on the approach of an impenetrable interface. J. phys. Chem. **75** (1971), 65–71.

HINZ, W.: „*Silikate*", Bd. 1. VEB Verlag für Bauwesen, Berlin 1969.

Hofmann, U., Endell, K., u. D. Wilm: Kristallstruktur und Quellung von Montmorillonit. Z. Kristallographie **86** (1933), 340–348.

Hofmann, U., u. A. Hausdorf: Über das Sedimentvolumen und die Quellung von Bentonit. Koll.-Z., Z. Polymere **110** (1945), 1–17.

Hofmann, U.: Aus der Chemie der hochquellfähigen Tone (Bentonite). Angew. Chem. **68** (1956), 53–61.

Hofmann, U., Schaller, D., Kottenhahn, H., Dammler, I., u. S. Morcos: Die Adsorption von Methylenblau an Kaolin, Ton und Bentonit. Gießerei **54** (1967), 97–101.

Hofmann, U.: Aus der Chemie des Tons. Angew. Chem. **80** (1968), 736–747.

Hoppe, H., Pepek, A., u. F. Winkler: unveröffentlicht 1975.

Hoppe, H., Wiedemann, B., u. F. Winkler: unveröffentlicht 1976 (A).

Hoppe, H., Angermann, B., Winkler, F., Reinhold, G., u. R. Jennert: Möglichkeiten der Wirkungssteigerung von Entkarbonisierungsanlagen zur Kesselspeisewasseraufbereitung. Wasserwirtsch.–Wassertechn. **26** (1976), 246–249 (B).

Hoppe, H., Täglich, J., Wendler, R., u. F. Winkler: Einsatz von Tonmineralien in der Wasseraufbereitung. Acta hydrochim. hydrobiol. **5** (1977), 559–575.

Hoppe, H., Tröger, W., u. F. Winkler: Über den Einsatz neuartiger Flockungssysteme in der Wasseraufbereitung und Abwasserreinigung. Acta hydrochim. hydrobiol. **6** (1978), 69–81 (A).

Hoppe, H., Neuber, U. u. F. Winkler: unveröffentlicht 1978 (B).

Hübner, M.: Orientierte Einlagerungen von Nonylphenolpolyglykoläthern in Zwischen-Schichträumen von Montmorillonitkristallen. Kristall und Technik **10** (1975), 519 bis 528.

Hübner, M.: Über Adsorptionsversuche mit Nonylphenol-Äthylenoxid-Addukten von Tonmineralien. Chem. d. Erde **36** (1977), 20–35 (A).

Hübner, M.: Über Einlagerungsmöglichkeiten von Acrylverbindungen in Montmorillonit. Z. geol. Wiss. **5** (1977), 871–880 (B).

Hübner, M.: Wechselwirkungen von quellbaren Tonmineralien mit Nonylphenol-Äthylenoxid-Addukten. Z. geol. Wiss. **6** (1978), 435–464.

Jankovics, L.: Effect of agitation and molecular weight on polymer adsorption and deflocculation. J. appl. Polymer. Sci. **9** (1965), 545–552.

Kalbe, L.: Sanierung hocheutropher Flachseen und Möglichkeiten zur Seenschlammverwendung. In: Eutrosym '76, Internationales Symposium über Eutrophierung und Sanierung von Oberflächengewässern, Karl-Marx-Stadt, Bd. V, 64–77.

Kane, J. C., La Mer, V. K., u. H. B. Lindford: The filtration of amorphous and sized crystalline silica suspensions flocculated by high polymers. J. phys. Chem. **68** (1964), 2273–2277.

Mc Kay, D.: Verringerung der Belastung von Kellerei-Abwässern durch absorptive Fällung. Der Deutsche Weinbau **31** (1976), 1083–1085.

Mc Kay, D., u. Ch. H. Möbius: Adsorptive Fällung in Kellereiabwässern zur Verringerung der Schädlichkeit. Flüssiges Obst 1977, (3), 80–82.

Klapper, H., u. K. Glass: In der DDR entwickelte Technologien zur Tiefenwasserbelüftung und Experimente zur Seenrestaurierung. In: Eutrosym '76, Internationales Symposium über Eutrophierung und Sanierung von Oberflächengewässern; Karl-Marx-Stadt, Bd. V, 78–93.

KOTTENHAHN, H.: Methylenblauadsorption an Tonmineralien, Aerosil und Ruß. Dissertation Heidelberg 1966.

LIBOR, O., u. G. KOLLAR: Verwendung von Tonmineralien zur Roh- und/oder Abwässern. BRD-Patentschrift 1642886.

LA MER, V. K., u. T. W. HEALY: Adsorption-flocculation reactions of macromolecules at the solid-liquid interface. Rev. pure appl. Chem. **13** (1963), 112–113.

LA MER, V. K.: Filtration of colloidal dispersions flocculated by anionic and cationic polyelectrolytes. Disc. Faraday Soc. **42** (1966), 248–254.

MÖBIUS, Ch. H.: Weichwasser-Regenerierung mit einem neuen Reinigungsverfahren. Brauwelt **113** (1973), 1862–1867.

MÖBIUS, Ch. H., u. T. H. GÜNTHER: Farbstoff-Entfernung aus Papierfabrikabwässern durch die Behandlung mit dem Flygtol-Verfahren. Wbl. Papierfabrikat. **102** (1974), 559–561.

MÖBIUS, Ch. H.: Praktische Beispiele für spezielle Möglichkeiten zur Abwasserentlastung in Papierfabriken. Wbl. Papierfabrikat. **105** (1977), 733–740. (A)

MÖBIUS, Ch. H.: Retention spezieller Stoffe mit dem Harzbekämpfungsmittel Altonit. Wbl. Papierfabrikat. **105** (1977), 799–802. (B)

MÜHLE, K.: Grundlagenuntersuchungen zur Behandlung von kommunalem Abwasser durch Flockung. Dissertation TU Dresden/Fakultät für Bau-, Wasser- und Forstwesen 1975.

NAPPER, D. H.: Colloid Stability. Ind. Engng. Chem., Product Res. Development **9** (1970), 467–477.

SAKAGUCHI, K., u. K. NAGASE: Flocculation of kaolin and precipated calcium carbonate by polymers. Bull. chem. Soc. Japan **39** (1966), 88–91.

SCHEFFER, F., u. P. SCHACHTSCHABEL: „*Lehrbuch der Bodenkunde*". Ferdinand-Enke-Verlag, Stuttgart 1976.

SCHENKEL, J. H., u. J. A. KITCHENER: A test of the Derjaguin-Verwey-Overbeck theory with a colloidal suspension. Trans. Faraday Soc. **56** (1960), 161–173.

SCHERLER, A.: Die Abwassersanierung einer Sulfitzellstoff-Fabrik am Beispiel der Cellulose Attisholz AG. Chimia **26** (1972), 157–165.

SLATER, R. W., CLARK, J. P., u. J. A. KITCHENER: Chemical factors in the flocculation of mineral slurries with polymeric flocculants. Proc. Brit. Ceramic Soc. 1969 (13) 1–12.

SONTHEIMER, H., ALBERT, G., u. F. FUCHS: Untersuchungen zum Mechanismus der Flokkung durch Polyelektrolyte. Wasser **39** (1972), 121–135.

SONTHEIMER, H., u. G. ALBERT: Untersuchungen über die Wirkung makromolekularer Flockungsmittel. Chem.-Ing. Techn. MS 089/74.

USA-Patentschrift 2345827; Erfinder: OLIN, H. L.: Clarification of water.

USA-Patentschrift 2362022; Erfinder: OLIN, H. L.: Purification of water.

VOSTRČIL, J.: Anwendung organischer Flockungshilfsmittel bei der Dekontamination radioaktiv kontaminierter Wässer durch Koagulation Report der Staatlichen Zentrale für Strahlenschutz der DDR. Report SZS-129 (1972).

WALLES, W. E.: Role of flocculant molecular weight in the coagulation of suspensions. J. Colloid Interface Sci. **27** (1968), 797–803.

WEISS, A., MEHLER, A., KOCH, G., u. U. HOFMANN: Über das Anionenaustauschvermögen der Tonmineralien. Z. anorg. allg. Chem. **284** (1956), 247–271.

WEISS, A.: Über das Kationenaustauschvermögen der Tonminerale, I: Vergleich der Untersuchungsmethoden. Z. anorg. allg. Chem. **297** (1958), 232–256.

WEISS, A.: Über das Kationenaustauschvermögen der Tonminerale II. Der Kationenaustausch bei den Mineralien der Glimmer-, Vermikulit- und Montmorillonitgruppe. Z. anorg. allg. Chem. **297** (1958), 257–286.

WEISS, A.: Organische Derivate der glimmerartigen Schichtsilikate. Angew. Chem. **75** (1963), 113–148.

WEISS, A., u. G. ROLOFF: Die Rolle organischer Derivate von glimmerartigen Schichtsilikaten bei der Bildung von Erdöl. In: Int. Clay Conf. Stockholm 1963, Pergamon Press, Stockholm 1965, 373–378.

WEISS, A.: In: Tonmineralogie; Bericht über ein von 1968 bis 1973 gefördertes Schwerpunktprogramm; erstellt von K. JASMUND u. a. Harald-Boldt-Verlag KG, Boppard 1976.

Kapitel 6:

Flockungsfiltration und Filterkonditionierung

6.1. Prinzip der Flockungsfiltration

Im Unterschied zur Suspensionsfiltration, wo das Rohwasser mit überwiegend grobdispersen Wasserinhaltsstoffen auf ein Filterbett gelangt, werden bei der Flockungsfiltration unmittelbar vor dem Erreichen des Filterbetts Flockungsmittel zudosiert, um damit auch die kolloidalen Verunreinigungen entfernen zu können. Die ablaufenden Vorgänge lassen sich wie folgt darstellen: Schwebstoffe und kolloidale Teilchen werden durch Transportvorgänge in gegenseitigen Kontakt oder in Kontakt mit dem Filtermedium gebracht. Es ist verständlich, daß diese „Anlagerungsreaktion“ im entstabilisierten bzw. geflockten Zustand besser abläuft als ohne Zugabe von Chemikalien. Das Filterkorn wird dann mit mehreren Schichten von kolloidalen Teilchen belegt. Dieser Vorgang ist charakteristisch für die Flockungsfiltration. Die Forderung nach ausreichenden Kontaktmöglichkeiten zwischen den Kolloidteilchen und dem Filterkorn wird dadurch realisiert, daß die Teilchen genügend tief in das Filtermedium eindringen können. Ganz besonders bedeutsam ist die Auswahl einer richtigen Körnung. Bei zu feinem Korn werden die Schmutzteilchen auf der Oberfläche zurückgehalten und können nur ungenügend in das Filterbett eindringen. Auf der anderen Seite brechen bei zu großem Korndurchmesser nach relativ kurzen Filterlaufzeiten die Schmutzstoffe durch. Es kommt deshalb darauf an, die spezifischen Wirkungen eines Oberflächen- und Raumfilters geschickt zu kombinieren. Oft werden Mehrschichtfilter aus unterschiedlichen Materialien bestimmter Körnung eingesetzt (Mörgeli, 1975).

Der Begriff „Flockungsfiltration“ umfaßt demnach die kombinierte Anwendung solcher grundlegender Wasseraufbereitungstechnologien wie Flockung, Filtration sowie Sedimentation und deren rationelle verfahrenstechnische Gestaltung.

Bei der Anwendung der Flockungsfiltration sind folgende Vorteile zu erwarten (Claus, 1968):

- Flockung und Filtration werden in einer Stufe durchgeführt. Das Filter dient als Reaktor und Flockenspeicher. Die Anlagen zur Grobaufbereitung können damit oft entfallen.

- Eine Einsparung von Flockungsmitteln ist möglich, da es im wesentlichen darauf ankommt, die kolloidalen Wasserinhaltsstoffe zu entstabilisieren. Der Mechanismus der Einschlußflockung bei der sonst üblichen Technologie wird nicht angestrebt.
- Vorhandene Suspensionsfilteranlagen können mit relativ niedrigem Aufwand auf Flockungsfiltration umgerüstet werden, wodurch eine Verbesserung der Filtratqualität erzielt wird.
- Der Bedarf an Flockungschemikalien kann den Qualitätsschwankungen des Rohwassers weitgehend angepaßt werden.
- Die nachfolgenden Aufbereitungsstufen (z. B. Aktivkohlefilter, Ionenaustauscher) werden durch die stärkere Eliminierung von kolloidalen Wasserinhaltsstoffen entlastet.

6.2. Theorie der Flockungsfiltration

6.2.1. Wirkende Mechanismen

Der Prozeß der Flockungsfiltration kann auf folgende wesentliche Vorgänge zurückgeführt werden (Tab. 32).

Tabelle 32
Vorgänge bei der Flockungsfiltration

Flockungsprozeß	Transport-mechanismen	Festhalte-mechanismen	Ablöse-mechanismen
Entstabilisierungs-mechanismen • Koagulation • Adsorptions-koagulation • Flockulation • Einschlußflockung	Sedimentation Diffusion Interception Trägheit Absiebung	VAN DER WAALSsche Kräfte elektrostatische Kräfte Chemisorption	hydrodynamische Scherkräfte
Transportvorgänge des Flockungs-prozesses • perikinetische Phase • orthokinetische Phase (möglichst vermeiden, Absiebung!)			

Im realen Prozeß treten diese Einzelwirkungen kombiniert auf. Zweifellos kann die eine oder andere Wirkung zeitweise dominieren bzw. auch während des Filtrationsvorganges an Bedeutung gewinnen oder verlieren. Aus diesen Gründen ist eine mathematische Modellierung nur unter einschränkenden Bedingungen möglich.

Flockungsprozeß

Die hier ablaufenden Reaktionen und Prozesse wurden im Kap. 1. erläutert. Wichtig ist, daß die im Filterüberstau entstehenden Mikroflocken (perikinetische Phase) mit den Wasserinhaltsstoffen reagieren können, daß aber nicht zu große Aufenthaltszeiten dafür vorgesehen werden, um eine Makroflockenbildung (orthokinetische Phase der Flockung) möglichst auszuschließen. Durch die Makroflocken wird im allgemeinen zwar das Filtrat verbessert, es kommt aber zu unerwünschten Absiebererscheinungen mit einem zu starken Anstieg des Filterwiderstandes.

Transportmechanismen

Der Transport der dispersen Partikel zur Kornoberfläche wird in mehr oder minder starkem Maße von ihrer Größe, Dichte und Form, von der Geometrie des Filterbettes, von der Filtergeschwindigkeit, von der Filterlaufzeit und anderen Faktoren beeinflußt. Für Raumfilter sind Sedimentation, Diffusion und Interception bestimmend. Unter Interception wird der direkte Kontakt eines im Stromfaden schwimmenden Teilchens mit dem Filterkorn verstanden. Zu solchen Kontakten führen Einschnürungen in Porenverengungen, durch die eine starke Annäherung ermöglicht wird. Die Trägheit, d. h. die Eigenschaft von Partikeln, plötzlichen Richtungsänderungen der Stromfäden nicht folgen zu vermögen, spielt keine große Rolle. Unerwünscht sind Absieberscheinungen, da dadurch eine ungenügende Ausnutzung der Raumfilterwirkung erreicht wird.

Für die Transportmechanismen gelten folgende allgemeine Schlußfolgerungen (Görbing et al., 1976):

- Große und schwere Teilchen unterliegen am stärksten den Transportvorgängen. Auf sie wirken vor allem Sedimentation und Interception. Partikel mit einer Größe von 3···50 μm können deshalb — von der Transportwirkung her — am besten im Filter eliminiert werden.
- Für Teilchen < 1 μm dominiert die Diffusion für den Transport zur Kornoberfläche.
- Partikel von 1···3 μm können am schlechtesten durch Flockungsfiltration entfernt werden, da die Gesamttransportwirkung aus Diffusion, Sedimentation und Interception sehr klein ist.

- Teilchen mit einer Größe von 50···100 μm werden vom Filter abgesiebt. Sie sollten deshalb möglichst vorher entfernt werden, um eine Blockierung des Raumfilters zu vermeiden.
- Durch eine Erhöhung der Filtrationsgeschwindigkeit wird der Filtrationseffekt verschlechtert, da Sedimentation und Diffusion weniger wirksam sind.
- Mit einer Variation des wirksamen Korndurchmessers können Interception und Diffusion in bestimmten Grenzen beeinflußt werden, wodurch sich Filterwiderstand und Filterlaufzeit verbessern.
- Die Partikelgröße kann durch die Zugabe von Flockungschemikalien in gewissen Grenzen variiert werden. Dies ist aber nicht primär zu betreiben, da nicht die Größe, sondern vor allem die Haftfähigkeit der Partikel verbessert werden soll.

Festhaltemechanismen

Sind die Wasserinhaltsstoffe bis auf ausreichend geringen Abstand an das Filterkorn herantransportiert, wirken Anziehungs- und Abstoßungskräfte. Es sind im Prinzip ähnliche Vorgänge, wie sie auch beim Flockungsprozeß ab-

Tabelle 33
Einfluß wichtiger Parameter auf den Filtrationseffekt nach Görbing et al. (1978)

Vergrößerung von	Auswirkung auf die Filtrationsmechanismen					Summativer Einfluß auf die Filterwirksamkeit
	Sedimentation	Diffusion	Interception	Absiebung	Ablösung	
Teilchengröße δ	+	–	+	+	–	günstig (bei $\delta = 30\cdots50$ μm)
Dichte	+					günstig
Temperatur	+	+				günstig
wirksamer Korndurchmesser d_w		–	–	–	–	ungünstig (bei < 30···50 μm)
Filtergeschwindigkeit v_f	–	–			+	ungünstig
Filterbettiefe L	+	+	+		(–)	günstig
Flockungsmittelmenge	+	–	+	+		günstig bis zur optimalen Flockungsmittelmenge

+ = verstärkte Wirkung des entsprechenden Mechanismus
– = verringerte Wirkung des entsprechenden Mechanismus

laufen. An der Oberfläche des Filterkorns und der Wasserinhaltsstoffe wirken

- van der Waalssche Kräfte (Anziehung) } Wechselwirkungsenergie
- elektrostatische Kräfte (Abstoßung) } Wechselwirkungsenergie
- chemische Kräfte

Die aus der Überlagerung von Abstoßungs- und Anziehungskräften resultierende Wechselwirkungsenergie hängt von einer Reihe chemisch-physikalischer Parameter ab und ist für die Ausbildung einer Potentialschwelle verantwortlich, die in bekannter Weise durch Flockungsmittel überwunden werden kann. Flockulanten verknüpfen die Teilchen untereinander.

Ablösemechanismen

Durch die Wirkung hydrodynamischer Scherkräfte kann es bei einer Zunahme der Strömungsgeschwindigkeit in den Poren des Filters zu einer Ablösung von bereits abgelagerten Partikeln kommen. Diese Erscheinung ist für die Filtration unerwünscht, da sie zu einer Filtratverschlechterung führt. Ablöseerscheinungen treten zunächst vorwiegend spontan und lokal begrenzt auf, wenn sich der Filter der Sättigungsbeladung nähert.

Tab. 33 zeigt den Einfluß wichtiger Parameter auf den Filtrationseffekt.

6.2.2. Gütekriterien

Die folgenden Darlegungen befassen sich mit der Abhängigkeit der Trübung und des *CSV*-Mn von der Prozeßdauer.

Nach Görbing et al. (1976) bleibt der *CSV* des Ablaufwassers im wesentlichen über die gesamte Filterlaufzeit relativ konstant (Abb. 53).

Im Gegensatz dazu wird der Verlauf der Trübung durch drei deutlich unterscheidbare Perioden charakterisiert.

a) Periode der Filtratverbesserung zu Beginn der Filtration, z. B. nach einer Rückspülung — Einfahrphase
b) Periode der relativen Gütekonstanz — Arbeitsphase
Die Filtratgüte wird durch Rohwasserbeschaffenheit, pH-Wert, Flockungsmittelart und -menge, Filtergeschwindigkeit, Filterbettiefe sowie durch den Korndurchmesser bestimmt.
c) Periode der Filtratverschlechterung
Durch die Beladung des Filterbettes nimmt die Porengeschwindigkeit zu, da sich die freie Strömungsfläche fortlaufend verringert. Die hydrodynamischen Scherkräfte gewinnen zunehmend an Bedeutung und abgelagerte Partikeln werden abgelöst. Das Filtrat verschlechtert sich. Durch Zugabe von Flockulanten kann die Haftfähigkeit der Flocken verbessert werden,

wodurch sich die Filterlaufzeit erhöht. Diese Maßnahme ist jedoch nur für Extremsituationen vorzusehen, da es meist zu Schwierigkeiten bei der Rückspülung bzw. in der Einfahrphase kommt.

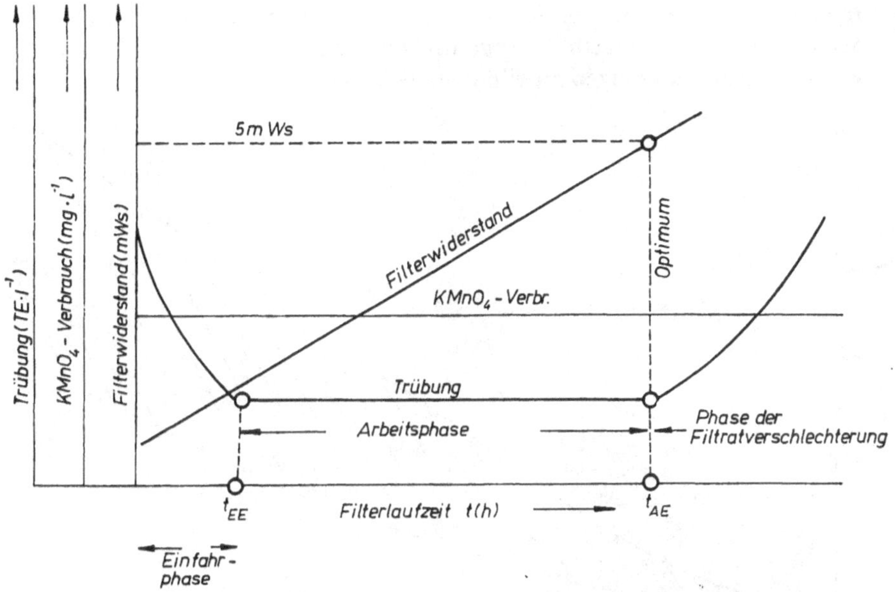

Abb. 53: Filtratgüte und Filterwiderstand in Abhängigkeit von der Filterlaufzeit.
m WS = m Wassersäule

6.2.3. Einflußgrößen

Wie bei der konventionellen Flockung wird der Effekt der Flockungsfiltration bestimmt von

- der Qualität des zu reinigenden Rohwassers, gekennzeichnet durch die entsprechenden Gütekriterien,
- der Menge und Art des zugesetzten Flockungsmittels,
- den konstruktiven Merkmalen und der Fahrweise der Anlagen.

Entscheidenden Einfluß haben Rohwasserbeschaffenheit und Flockungsmittelart und -menge. Nach GÖRBING et al. (1976) gilt zusammengefaßt:

- Bei leicht bis mäßig belasteten Wässern mit einem $KMnO_4$-Verbrauch $< 30 \cdots 35$ mg · l^{-1} bestehen kaum Schwierigkeiten, den TGL-Wert für Trinkwasser von 20 mg · l^{-1} zu erreichen.

— Bei Wassern mit einem $KMnO_4$-Verbrauch von 35···50 mg · l^{-1} ist es meist unmöglich, mit einer einstufigen Flockungsfiltration Trinkwasser zu produzieren. Eine zweistufige Anlage kann durchaus erfolgreich arbeiten.
— Wässer mit einem $KMnO_4$-Verbrauch > 50···60 mg · l^{-1} sollten einer Grobreinigung unterzogen werden. Es ist jedoch zu beachten, daß es meist leichter ist, höhere Werte der organischen Belastung zu vermindern als die letzten Verunreinigungen zu eliminieren.

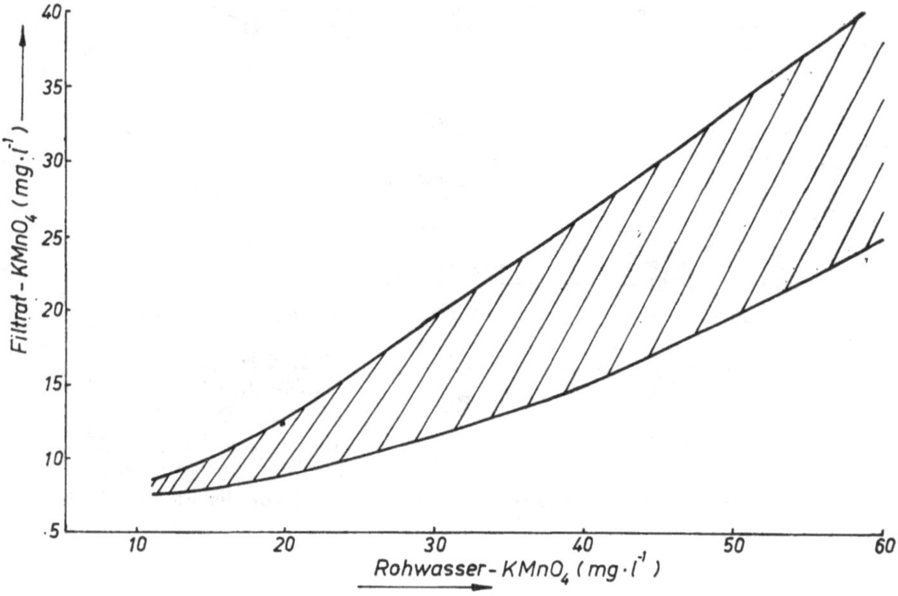

Abb. 54: Erreichbare Filtratqualitäten in Abhängigkeit von der Rohwasserqualität. (Nach Görbing et al., 1976.)
$v_f = 5-7{,}5$ m · h^{-1}; $d_w = 1{,}3-2{,}6$ mm; $Al_2(SO_4)_3 = 10-30$ mg · l^{-1}; $L = 1{,}5$ m

In Abb. 54 ist dargestellt, mit welchen Reinigungsleistungen in Abhängigkeit vom Eingangsparameter $KMnO_4$-Verbrauch gerechnet werden kann. Die Werte wurden mit unterschiedlichsten Rohwässern unter den angegebenen Bedingungen erzielt.

Die Autoren weisen darauf hin, daß die Trübung während der Arbeitsphase meist entscheidend herabgesetzt wird, wodurch die vorgegebenen Kenngrößen erreicht werden.

Die Filterwirksamkeit ist in starkem Maße vom pH-Wert und der Flockungsmittelmenge abhängig, d. h. hier gibt es eindeutige Parallelen zur konventionellen Flockung. Mit zunehmender Flockungsmittelmenge wird die Filtratqualität verbessert; nachteilig ist aber die Verkürzung der Arbeitsphase des Filters und die daraus folgende geringere Effektivität. Die Bedeutung der konstruktiven Parameter wird im folgenden Abschnitt 6.2.4. erörtert.

6.2.4. Modellgleichungen

Es ist nicht möglich, eine theoretisch begründete, allgemeingültige Beziehung zwischen den chemischen Parametern wie Rohwasserbeschaffenheit, Flockungsmittelart und -dosis und der Filtratgüte sowie den Filterparametern abzuleiten, da die Vorgänge bei der Flockungsfiltration außerordentlich komplex sind. Die Modellierung des Prozesses erfolgt deshalb vorwiegend auf empirischem Wege (s. Weigelt, 1975; Görbing et al., 1976). Die Beziehungen zwischen Reinwasserqualität und Filterlaufzeit gehen aus Abb. 53 hervor, wonach für den relativ konstanten CSV-Mn-Verlauf die folgende Gleichung resultiert:

$$\frac{C}{C_0} = f(L, v_f, d_w)$$

C — Konzentration der Wasserinhaltsstoffe im Rohwasser (mg · l^{-1}; $TE \cdot l^{-1}$)
C_0 — Konzentration der Wasserinhaltsstoffe im Filtrat (mg · l^{-1}; $TE \cdot l^{-1}$)
L — Filterbettiefe (m)
v_f — Filtergeschwindigkeit (m · h^{-1})
d_w — wirksamer Korndurchmesser (mm)

Der Verlauf der Trübung kann allerdings nur in der Arbeitsphase, also im Zeitraum t_{EE} bis t_{AE}, mit der obigen Gleichung erfaßt werden, womit die Bedeutung dieser beiden Größen verständlich wird (Abb. 55).

Für den Einfluß der Filterbettiefe L auf die Reinwasserqualität gilt die von Iwasaki (1937) vorgeschlagene Differentialgleichung

$$\frac{\partial C}{\partial L} = -\lambda C$$

λ — Filterwirksamkeit (m^{-1})

und nach der Integration

$$C = C_0 \cdot e^{-\lambda L}$$

Abweichungen zwischen Theorie und Experiment treten dann auf, wenn die tatsächliche Zurückhaltung von Verunreinigungen in den obersten Filterschichten besser ist als die nach der Gleichung berechnete. Die aus Versuchen ermittelten λ-Werte sind dann oft noch als Funktion der Filterbettiefe anzusehen und müssen für größere Schichthöhen korrigiert werden.

Allgemein kann gesagt werden, daß eine Verminderung der Filtergeschwindigkeit v_f sowie eine Verringerung des Korndurchmessers d_w verbesserte Filtratqualitäten ergeben. Untersuchungen zeigten, daß v_f und d_w weitgehend unabhängig von der Rohwasserqualität, der Flockungsmittelmenge sowie dem Filtertyp sind (GÖRBING et al., 1976). Es ist deshalb möglich, die aus halbtechnischen Filterversuchen bekannten Zusammenhänge zur Berechnung der

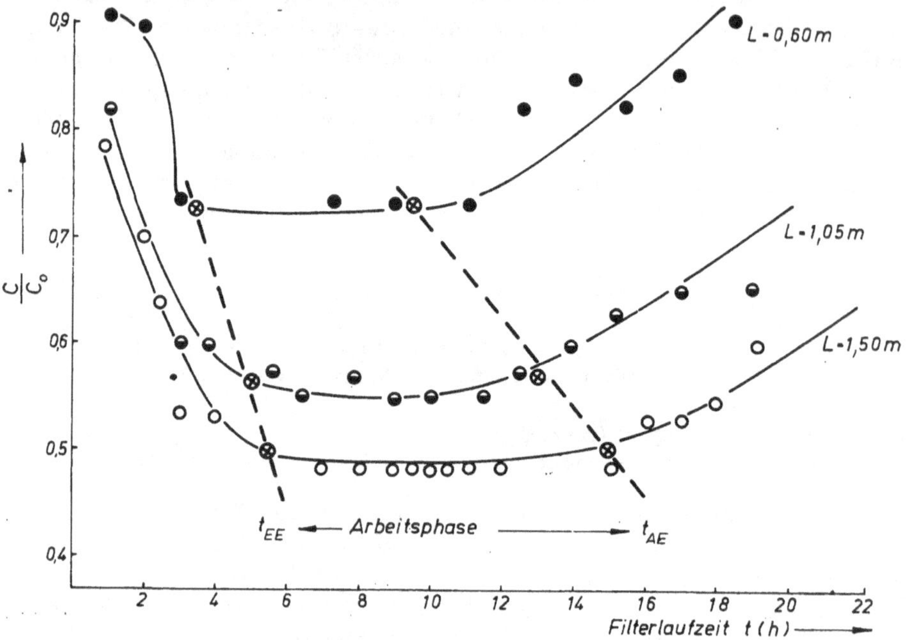

Abb. 55: Einfluß der Filterbettiefe auf die Dauer der Arbeitsphase. (Nach GÖRBING et al., 1976.)
$Al_2(SO_4)_3 = 30$ mg · l^{-1}; $d_w = 1{,}65$ mm; $v_f = 7{,}5$ m · h^{-1}

Reinigungsleistung bei anderen Werten von Filtergeschwindigkeit, Filterbettiefe und Korndurchmesser zu verwenden. Es gilt die Beziehung

$$C_x = C_0 \cdot e^{-\frac{\ln[(C_0/C_1)(d_{w_1}/d_{w_x})^{a;e}\cdot(v_{f_1}/v_{f_x})^{b,f}]\cdot L_x}{L_1}}$$

a, e, b, f — empirische Konstanten

Die Gleichung kann sowohl für den *CSV*-Mn als auch für die Trübung verwendet werden.

Aus Abb. 55 wird ersichtlich, daß eine Erhöhung der Filterbettiefe L zu einer Vergrößerung der Arbeitsphase führt. Geringere Filterschichthöhen haben zwar eine deutlich verringerte Einarbeitungsphase zur Folge, bewirken aber auf der anderen Seite schlechtere Filtratqualitäten und verkürzte Arbeitsphasen und sind damit ungünstiger. Untersuchungen ergaben weiterhin, daß der Korndurchmesser zwar von Bedeutung für die Reinwasserqualität, aber ohne wesentlichen Einfluß auf die Dauer der Arbeitsphase ist.

Für die charakteristischen Größen der Arbeitsphase wurden folgende Beziehungen abgeleitet:

$$t_{EE_x} = t_{EE_1}\left(\frac{v_{f_x}}{v_{f_1}}\right)^g \cdot \left(\frac{L_x}{L_1}\right)^i$$

$$t_{AE_x} = t_{AE_1}\left(\frac{v_{f_x}}{v_{f_1}}\right)^h \cdot \left(\frac{L_x}{L_1}\right)^j$$

g, h, i, j — empirische Konstanten

Mit zunehmender Filterlaufzeit und der damit verbundenen Anreicherung von Schmutzpartikeln im Filterbett verändert sich dessen spezifische Oberfläche und der Filterwiderstand steigt an. Der Gesamtfilterwiderstand h_f setzt sich aus dem Anfangswiderstand h_{f_0}, der auch bei reinem Wasser und sauberem Filterbett vorhanden ist, und einem Filterwiderstand Δh_f, der sich aus der zunehmenden Beladung ergibt, zusammen:

$$h_f = h_{f_0} + \Delta h_f \quad \text{(m WS)}$$

Zwischen h_{f_0} und L besteht direkte Proportionalität, d. h. mit zunehmender Filterbettiefe wird der Anfangswiderstand linear zunehmen. Folgende Beziehung gilt unter Berücksichtigung von d_w:

$$h_{f0_x} = h_{f0_1} \cdot \frac{v_{f_x}}{v_{f_1}} \left(\frac{d_{w_x}}{d_{w_1}}\right)^{-2} \cdot \frac{L_x}{L_1} \quad \text{(m WS)}$$

Die Filterwiderstandszunahme Δh_f nimmt bei der Flockungsfiltration im allgemeinen linear mit der Filterlaufzeit zu. Es wurde folgende Abhängigkeit formuliert:

$$\Delta h_{f_x} = \Delta h_{f_1} \left(\frac{d_{w_x}}{d_{w_1}}\right)^c \left(\frac{v_{f_x}}{v_{f_1}}\right)^d \left(\frac{L_x}{L_1}\right)^k \cdot \frac{t_x}{t_1} \quad \text{(m WS)}$$

Mit Hilfe der aufgeführten Gleichungen können die aus kleintechnischen Versuchsanlagen erhaltenen Werte (Index 1) auf größere Anlagen übertragen werden (Index x). Die empirischen Exponenten wurden berechnet und veröffentlicht (WEIGELT, 1975); in dieser Publikation sind weitere Hinweise für die

Versuchsdurchführung und -auswertung enthalten. Zusätzliche Angaben über Labor- und halbtechnische Filteranlagen machten GÖRBING u. WEIGELT (1974) und CLAUS (1968).

6.3. Filterkonditionierung

Einige Nachteile der Flockungsfiltration — vor allem die zusätzliche Belastung der Filter durch die künstlich erzeugten Flocken und der damit verursachte schnelle Anstieg des Filterwiderstandes — führten dazu, einen der Flockulation analogen Prozeß einzuführen. Bei der sogenannten Filterkonditionierung werden Flockulanten unmittelbar vor dem Filter zudosiert. Mit dieser Technologie sind im Vergleich zur Flockungsfiltration folgende Vorteile zu erwarten (SPEISER, 1971):

— längere Filterlaufzeiten und somit weniger Rückspülungen,
— geringerer Energiebedarf und niedrigerer Arbeitsaufwand,
— Möglichkeit der Kapazitätserhöhung.

Die Wirkungsweise der Filterkonditionierung läßt sich folgendermaßen beschreiben:

Ein geeigneter Flockulant wird dem Rohwasser an einer Stelle hoher Turbulenz zudosiert und gelangt möglichst rasch an die Oberfläche des Filtermediums. Hier scheidet er sich als dünner Film ab. Im allgemeinen werden stark kationische Verbindungen eingesetzt, so daß dieser Film eine positive Ladung besitzt. Negativ geladene Wasserinhaltsstoffe — vor allem Kolloide — werden am Filterkorn neutralisiert und bleiben haften. Es ist notwendig, den Flockulanten kontinuierlich zuzugeben, um eine laufende Erneuerung des Films zu garantieren. Eine Beseitigung des Films und der adsorbierten Partikel ist durch eine Rückspülung möglich.

Übereinstimmend werden in der Literatur (SAGOSCHEN, 1964; SPEISER, 1971; JÄHNING, 1976) Dosiermengen für den stark kationischen Flockulanten von 0,3···3,0 mg · l^{-1} angegeben.

6.4. Anwendung von Flockungsfiltration und Filterkonditionierung

Nach SPEISER (1971) brachte der alleinige Einsatz eines modifizierten Polyethylenimins (Purifloc® C 33) bei der Filtration eines schwebstoffhaltigen Oberflächenwassers erhebliche Vorteile. Während bei der Filtration über Kiesfilteranlagen ohne Zusätze noch Restgehalte von 30···90 mg · l^{-1} Feststoff enthalten waren, konnten noch der Zugabe von 0,3···1,0 mg · l^{-1} Flockulant keine Feststoffe mehr nachgewiesen werden.

Gute Ergebnisse erzielten auch WERNER u. WURSTER (1971) bei der Aufbereitung von Donau-Wasser. Diese Autoren führten dem aus einer konventionellen Flockung kommenden Klarwasser vor dem Erreichen des Kiesfilters erneut kleine Mengen von Eisensalzen (0,1···0,2 mg · l^{-1} Fe) zu und konnten durch diese als Sekundärflockung bezeichnete Techologie die Rest-Eisengehalte um über 90% und die Trübung um 60···80% senken. Es zeigte sich weiter, daß auch die Sand-Schnellfilter durch anfänglich noch höhere Dosierungen schneller „eingearbeitet" werden konnten. Die Flockungsmittel müssen allerdings ständig zugeführt werden, bei einer Unterbrechung kann es sogar zu Verschlechterungen der Filtratqualität kommen.
SCHEIDTMANN et al. (1973) berichteten, daß bei der Aufbereitung von Uferfiltrat durch Ozonung und Aktivkohlefiltration eine weitere Verbesserung mittels der Flockungsfiltration über Mehrschichtfilter erzielt werden kann. Die Flockungsfiltration wurde zwischen den beiden ursprünglichen Reinigungsstufen eingebaut. Die Autoren setzten Aluminiumsulfat (bis 1 mg · l^{-1} Al) und/oder Eisenchlorid (bis 1 mg · l^{-1} Fe) teilweise in Kombination mit Flockulanten (Praestol® 0,5 mg · l^{-1}) ein. Bei relativ geringen Druckverlusten im Vergleich zur Fahrweise ohne Chemikaliendosierung wurden beachtliche Verbesserungen der Wasserqualität erreicht. Besondere Vorteile ergaben sich dadurch, daß die Aktivkohlefilteranlage entlastet werden konnte.

HOPPE et al. (1977) untersuchten die Wirksamkeit der Flockungsfiltration bei der Aufbereitung eines Oberflächenwassers (Saale bei Leuna-Daspig). Bei Zugabe von 40 mg · l^{-1} $Al_2(SO_4)_3$ in den Überstaubereich der Kiesfilter konnte die Resttrübung auf 5% herabgesetzt werden. Parallel dazu wurde der Feststoffgehalt um 90% vermindert. Gegenüber der Suspensionsfiltration wurde die Filtratqualität um ca. 20···25% verbessert. Der Einsatz der Flockungsfiltration zur Aufbereitung von stark verschmutztem Rückkühlwasser zeigte ebenfalls sehr gute Ergebnisse. Mit 30 mg · l^{-1} $Al_2(SO_4)_3$ wurden Resttrübungen von 2 bis 3% erreicht.

Die Verwendung von Flockungsmitteln verursacht allerdings eine höhere Belastung der Filter und damit eine Verkürzung der Filterlaufzeiten um etwa 30%. Diesem Nachteil kann durch den Einsatz eines Mehrschichtfilters — bestehend aus Kies als Fein- und Anthrazit als Grobkorn — begegnet werden.

Mit dem Verfahren der Filterkonditionierung — Einsatz von 1···3 mg · l^{-1} Stipix® KMN — konnten ähnliche Reinigungsleistungen wie bei der Flockungsfiltration erreicht werden, ohne daß eine wesentliche höhere Filterbelastung registriert wurde.

Literatur

Claus, E.: Forschungsbericht „Untersuchungen zur optimalen Vermischung und zur Kontaktfiltration", Teil B. TU Dresden/Sektion Wasserwesen, 1968.

Görbing, F., u. R. Weigelt: Forschungsbericht „Grundlagen der Filtration"; Bd. 1. TU Dresden/Sektion Wasserwesen, 1974.

Görbing, F., Kittner, H., u. R. Weigelt: Bemessung und Betrieb von Anlagen zur Flockungsfiltration. Wasserwirtsch.-Wassertechn. **26** (1976), 161–168.

Hoppe, H., Just, T., u. F. Winkler: unveröffentlicht 1977.

Iwasaki, T.: Some notes on sand filtration. J. Amer. Water Works Assoc. **29** (1937), 1591–1602.

Jähnig, C.: Oberflächenwasserreinigung durch Aufwärtsfiltration in Verbindung mit Filterkonditionierung. Gas- u. Wasserfach, Ausg. Wasser–Abwasser **117** (1976), 168–170.

Mörgeli, B.: Chemisch-physikalische Verfahren zur Reinigung von Abwässern in der Textilveredlungsindustrie. Wasser, Luft Betr. **19** (1975), 28–31.

Sagoschen, J.: Neue Wege zur Klärung von Flußwasser. Chem. Rdsch. (Solothurn) **30** (1964), 47.

Scheidtmann, M., Throne, H., u. H. Sontheimer: Untersuchungen zur Verbesserung der Trinkwasseraufbereitungstechnologie am Niederrhein (2. Bericht) – Flockungsfiltration in Mehrschichtfilter. Gas- u. Wasserfach, Ausg. Wasser–Abwasser **114** (1973), 467–471.

Speiser, U.: Filtration von Oberflächenwässern unter Verwendung von organischen Polyelektrolyten. Wasser, Luft Betr. **15** (1971), 219.

Weigelt, R.: Empfehlung zur Bemessung von Anlagen zur Flockenfiltration Entwurf, IfW Dresden, November 1975.

Werner, G., u. E. Wurster: Die Leipheimer Versuche zur Aufbereitung von Donau-Wasser. Gas- u. Wasserfach, Ausg. Wasser–Abwasser **112** (1971), 81–90.

Kapitel 7:

Durchführung von Flockungsversuchen

7.1. Einleitung

Die Einführung der Flockung zur Behandlung unterschiedlichster Rohwässer setzt eine sorgfältige Untersuchung im Labormaßstab voraus, um die optimalen Bedingungen hinsichtlich Apparategestaltung und Chemikalienaufwand zu ermitteln. Ursprünglich kamen für diesen Zweck sehr einfache Jar-Test-Apparaturen zur Anwendung. Sie wurden in sehr unterschiedlicher Weise — vom Standzylinder über Bechergläser bis zu anspruchsvollen Reaktoren mit vielerlei Meßeinrichtungen — realisiert. Moderne Geräte gestatten es, ausgewählte

Abb. 56: Standardisiertes Reihenrührwerk vom Institut für Wasserwirtschaft Dresden.

Meßgrößen, so vor allem die Trübung, kontinuierlich zu verfolgen. Die einzelnen Apparaturen, oft als Reihenrührwerke ausgelegt, unterscheiden sich durch Anzahl und Form der Reaktoren und Rührer, so daß eine vergleichende Betrachtung der Ergebnisse sehr erschwert wird. Um diese Schwierigkeiten zu beseitigen, wurde in der DDR ein standardisiertes Reihenrührwerk mit 4 Reaktoren entwickelt, das mit einem Meßkomplex zur kontinuierlichen Trübungsmessung, einer Drehzahlregelung und einer Thermostatiereinrichtung ausgerüstet ist (Böhler, 1972). Abb. 56 zeigt das vom Forschungszentrum Wassertechnik entwickelte Gerät.

7.2. Versuchsplanung und -auswertung

Die Vielzahl der Einflußgrößen auf den Flockungsprozeß, wie sie im Kap. 1. gargelegt und in der Tab. 34 zusammengefaßt sind, läßt sich nur durch eine ausdewählte Versuchsplanung effektiv in den Griff bekommen.

Tabelle 34
Einflußgrößen im Flockungsprozeß

Vorbereitende Phase →	Mischphase →	Flockungsphase →	Sedimentationsphase
— Alter des Rohwassers — Alter der Flockungsmittel- und Flockulantenstammlösungen — Zustand der Chemikalien — Art der Chemikalien — Konzentration der Flockungsmittel- und Flockulantenstammlösungen — Temperatur	— Dosis der Flockungsmittel — Dosis der Flockulanten — Dauer der Mischphase — Rührerdrehzahl in der Mischphase — Reihenfolge der Chemikalienzugabe — Zeitpunkt der Chemikalienzugabe — pH-Wert — Zeitpunkt der pH-Korrektur	— Dauer der Flockungsphase — Rührerdrehzahl in der Flockungsphase	Absetzzeit

Einfaktorenversuchsplanung

In der Wasseraufbereitung wurde bisher im wesentlichen der klassische „Einfaktoren-Versuch" durchgeführt. Dabei wird eine Einflußgröße in verschiedenen Stufen variiert, alle anderen Größen hingegen werden konstant gehalten.

Als Ergebnis y_K wird die Wirkung dieser „variablen“ Einflußgröße x_i auf das System erhalten.

$$y_K = \varphi(x_i) \qquad x_1 \cdots x_{i-1};\ x_{i+1} \cdots x_n = \text{const} \qquad i = 1 \cdots n$$

Die theoretisch erforderliche Zahl der Versuche ist mit vertretbarem Aufwand in vielen Fällen nicht zu bewältigen. Ein weiterer Nachteil ist darin begründet, daß die Wechselwirkungen zwischen den verschiedenen Einflußgrößen x_i nicht erfaßbar sind.

Mehrfaktorenversuchsplanung

Werden dagegen Mehrfaktorenversuchspläne angewandt, so können die Wechselwirkungen zwischen x_n erfaßt werden

$$Y_K = \varphi(x_1 \cdots x_n)$$

Außerdem wird die notwendige Anzahl von Versuchen herabgesetzt. Als nachteilig wird der höhere Aufwand bei der Versuchsplanung und -auswertung angesehen.

Nach May (1974) ist die Methode der „orthogonalen lateinischen Quadrate“ für Planung und Auswertung von Flockungsversuchen gut geeignet. Diese Methode ist sinngemäß eine Weiterentwicklung der Einfaktorenversuchspläne zur Aufstellung von mathematischen Modellen. Unter Einbeziehung von Elementen der mathematischen Kombinatorik ist es möglich, die Auswirkungen der Einflußgrößen auf die Ausgangsgrößen getrennt zu erfassen (Lindner, 1969; Hartmann et al., 1973).

Im Idealfall können mit diesem Verfahren mathematische Modelle der Form

$$Y_K = \prod_{i=1}^{n} \varphi_i(x_i)$$

— 1, 2, ... n
$\varphi_i(x_i)$ — Teilfunktionen

formuliert werden, wobei die Teilfunktionen $\varphi_i(x_i)$ den maßstäblich verzerrten Einfluß von x_i auf Y_K darstellen. Durch den Produktansatz werden die Wechselwirkungen zwischen den Einflußgrößen x_i erfaßt.

Bei der komplexen Untersuchung des Flockungsprozesses ist es unumgänglich, die möglichen Einflußgrößen in

— konstante und
— variable Parameter

zu klassifizieren.

Im konkreten Fall (Kap. 5.4.2.2.) können solche Größen wie

— Dauer der Mischphase
— Rührerdrehzahl in der Mischphase
— Temperatur
— Alter der Chemikalienstammlösungen
— pH-Wert

konstant gehalten werden.

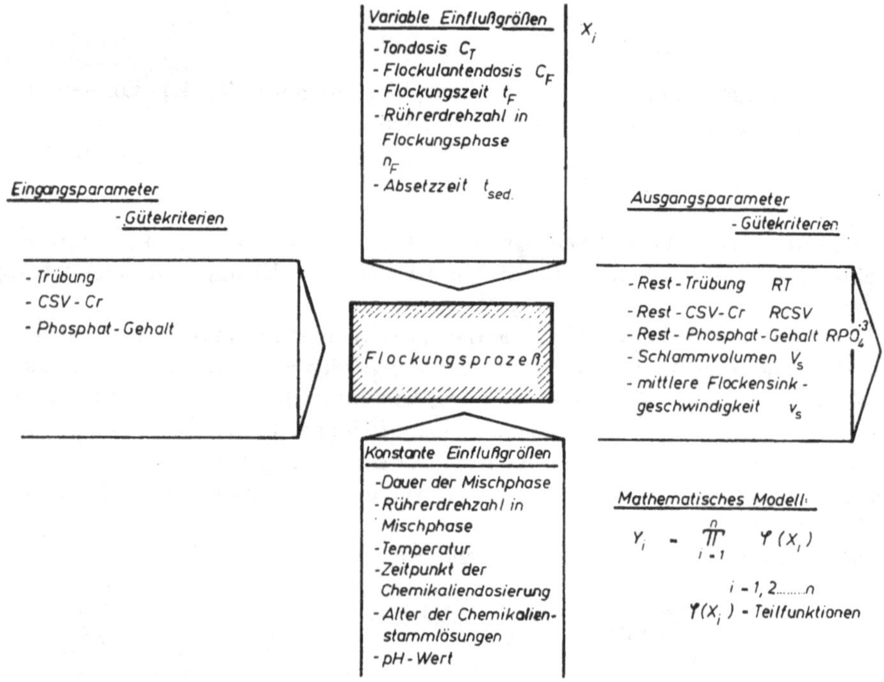

Abb. 57: Gütekriterien und Einflußgrößen im realen Flockungsprozeß.

Die ausgewählten variablen Parameter werden in je 5 Stufen unterteilt (Tab. 26, S. 182).

In Abb. 57 ist der Flockungsprozeß dargestellt. Die Auswahl der variablen und konstanten Einflußgrößen bezieht sich dabei auf die im Kap. 5.4.2.2. angewandte Versuchsplanung.

Eine wichtige Forderung ist die optimale Belegung des Versuchsraumes, da erst dadurch die Erfassung der Wechselwirkungen möglich wird.

Der Versuchsplan setzt sich aus geordneten und lateinischen Quadraten zusammen (Tab. 35). Geordnete Quadrate enthalten entweder spalten- oder reihenweise nur **eine** Größe, lateinische dagegen **alle** Größen in einer Reihe und Spalte. Eine Wiederholung tritt nicht auf. Die Spalten des Versuchsplanes werden aus den Spalten orthogonaler Kombinationsquadrate gebildet. Jeder Einflußgröße ist ein Quadrat zugeordnet, dessen Spalten im Versuchsplan aneinander gereiht werden. Die einzelnen Ziffern in den Kombinationsquadraten

Tabelle 35
Geordnete und lateinische Quadrate

a)	1	2	3	4	5	b)	1	1	1	1	1
	1	2	3	4	5		2	2	2	2	2
	1	2	3	4	5		3	3	3	3	3
	1	2	3	4	5		4	4	4	4	4
	1	2	3	4	5		5	5	5	5	5
c)	1	2	3	4	5	d)	1	2	3	4	5
	2	3	4	5	1		3	4	5	1	2
	3	4	5	1	2		5	1	2	3	4
	4	5	1	2	3		2	3	4	5	1
	5	1	2	3	4		4	5	1	2	3
e)	1	2	3	4	5	f)	1	2	3	4	5
	4	5	1	2	3		5	1	2	3	4
	2	3	4	5	1		4	5	1	2	3
	5	1	2	3	4		3	4	5	1	2
	3	4	5	1	2		2	3	4	5	1
g)	11	12	13	14	15						
	24	25	21	22	23						
	32	33	34	35	31						
	45	41	42	43	44						
	53	54	55	51	52						

a), b) — geordnete Quadrate
c), d), e), f) — lateinische Quadrate
g) — orthogonales Kombinationsquadrat aus b) und e)

geben die normierten Stufen der Einflußparameter an. Grundlage für die Auswertung der Versuche ist die Orthogonalität der Kombinationsquadrate. Zum Beispiel sind zwei Kombinationsquadrate zueinander orthogonal, wenn durch eine Überlagerung von entsprechenden Zeilen und Spalten sämtliche Zahlenkombinationen entstehen. Die dadurch gebildeten Kombinationen der verschiedenen Stufen von Einflußgrößen erfassen alle Wechselwirkungen zwischen diesen. In Tab. 36 ist ein derartiger Versuchsplan wiedergegeben. Er ist in 5 Blöcke aufgegliedert, wobei jeder Block eine Einflußgröße x_1 konstant hält,

Tabelle 36
Versuchsplan für $n = 5$ Einflußgrößen zur Ermittlung von $\varphi_1(x_1)$

Versuchs-bezeichnung j	r	l	Stufen der Einflußgrößen x_1	x_2	x_3	x_4	x_5	Ausgangs-größen y_k
1		1	*a*) 1	*b*) 1	*c*) 1	*d*) 1	*e*) 1	y_1
2		2	1	2	2	3	4	y_2
3	1	3	1	3	3	5	2	y_3
4		4	1	4	4	2	5	y_4
5		5	1	5	5	4	3	y_5
6		1	2	1	2	2	2	y_6
7		2	2	2	3	4	5	y_7
8	2	3	2	3	4	1	3	y_8
9		4	2	4	5	3	1	y_9
10		5	2	5	1	5	4	y_{10}
11		1	3	1	3	3	3	y_{11}
12		2	3	2	4	5	1	y_{12}
13	3	3	3	3	5	2	4	y_{13}
14		4	3	4	1	4	2	y_{14}
15		5	3	5	2	1	5	y_{15}
16		1	4	1	4	4	4	y_{16}
17		2	4	2	5	1	2	y_{17}
18	4	3	4	3	1	3	5	y_{18}
19		4	4	4	2	5	3	y_{19}
20		5	4	5	3	2	1	y_{20}
21		1	5	1	5	5	5	y_{21}
22		2	5	2	1	2	3	y_{22}
23	5	3	5	3	2	4	1	y_{23}
24		4	5	4	3	1	4	y_{24}
25		5	5	5	4	3	2	y_{25}

j — Versuchsnummer; r — Blocknummer l — Versuchsnummer im Block
Der Versuchsplan wurde aus den in der Tab. 35 dargestellten Quadraten zusammengestellt. Es gilt für

$x_1 \to a)$ $x_2 \to b)$ $x_3 \to c)$ $x_4 \to d)$ $x_5 \to e)$

während die übrigen $(n - 1)$ Einflußgrößen in allen Stufen variiert werden. Dadurch enthalten die Ausgangsgrößen den Einfluß von x_1 auf einer festgelegten Stufe und den der übrigen in allen Stufen. Durch eine arithmetische oder geometrische Mittelwertbildung der Ausgangsgrößen innerhalb der Blöcke werden

Tabelle 37
Umgeordneter Versuchsplan nach Tab. 36 zur Ermittlung von $\varphi_2(x_2)$

Versuchs-bezeichnung			Stufen der Einflußgrößen					Ausgangs-größen
j	r	l	x_1	x_2	x_3	x_4	x_5	y_k
1		1	1	1	1	1	1	y_1
2		2	2	1	2	2	2	y_6
11	1	3	3	1	3	3	3	y_{11}
16		4	4	1	4	4	4	y_{16}
21		5	5	1	5	5	5	y_{21}
2		1	1	2	2	3	4	y_2
7		2	2	2	3	4	5	y_7
12	2	3	3	2	4	5	1	y_{12}
17		4	4	2	5	1	2	y_{17}
22		5	5	2	1	2	3	y_{22}
3		1	1	3	3	5	2	y_3
8	3	2	2	3	4	1	3	y_8
13		3	3	3	5	2	4	y_{13}
18		4	4	3	1	3	5	y_{18}
23		5	5	3	2	4	1	y_{23}
4		1	1	4	4	2	5	y_4
9	4	2	2	4	5	3	1	y_9
14		3	3	4	1	4	2	y_{14}
19		4	4	4	2	5	3	y_{19}
24		5	5	4	3	1	4	y_{24}
5		1	1	5	5	4	3	y_5
10		2	2	5	1	5	4	y_{10}
15	5	3	3	5	2	1	5	y_{15}
20		4	4	5	3	2	1	y_{20}
25		5	5	5	4	3	2	y_{25}

Punkte für die Teilfunktion $\varphi_1(x_1)$ berechnet. Diese Funktion enthält dann den durch eine Konstante K_1 verzerrten Einfluß von x_1 auf die Ausgangsgröße y_K. In K_1 ist die Wirkung der übrigen Einflußgrößen zusammengefaßt. Nach der Ermittlung der Punkte für die Teilfunktion $\varphi_1(x_1)$ erfolgt eine Umordnung der Meßergebnisse, um die nächste Einflußgröße x_2 je Versuchsblock konstant zu halten (Tab. 37). Die gebildeten Mittelwerte stellen die Punkte für $\varphi_2(x_2)$ dar. Auf analoge Weise werden die Teilfunktionen $\varphi_n(x_n)$ ermittelt.

Die Teilfunktionen werden durch m Wertpaare $(y_r;\, x_r)$ wiedergegeben. x_r sind hierbei die Stufen der Variablen, nach denen der Versuchsplan geordnet wurde, und y_r die dazugehörigen Mittelwerte innerhalb der Blöcke. Im Prinzip können nun mit einer Regressionsrechnung die entsprechenden Funktionen bestimmt werden. Meist werden als analytische Funktionen Polynome benutzt. Da im allgemeinen nur die Signifikanz der Einflußgrößen und die Lage der lokalen Extrema interessiert, wird die Auswertung mit der graphischen Darstellung beendet, wie im Kap. 5.4.2.2. gezeigt wurde.

Vom Forschungszentrum Wassertechnik Dresden wurde ein Programm für den Rechnertyp SER 2d aufgestellt. Der Rechner übernimmt dabei die Umstellung und Auswertung der Meßergebnisse, wodurch eine graphische Darstellung der Teilfunktionen rasch möglich wird. Die damit gewonnenen Aussagen reichen im allgemeinen für praktische Zwecke, z. B. der Investvorbereitung, vollständig aus.

Ist die Gesamtfunktion $Y = f(x_i)$ zu ermitteln, so können die in Tab. 38 zusammengestellten Ansätze verwendet werden. Die Struktur der Gesamtfunktion bestimmt dabei die Art der Mittelwertbildung innerhalb der Blöcke, die Eigenschaften der Teilfunktionen und die Berechnung der Gesamtkonstanten.

Tabelle 38
Modellansätze nach MAY (1974)

lfd. Nr.	Gesamtfunktion	Mittelwerte innerhalb der Blöcke (Punkte der Teilfunktionen)	Gesamtkonstante
1	$Y = K + \sum_{i=1}^{n} \varphi_i(x_i)$	$\bar{y}_r = \frac{1}{m} \sum_{l=1}^{m} y_{rl}$	$K = -\frac{1}{m} \sum_{j=1}^{N} y_j$
2	$Y = \exp\left[K + \sum_{i=1}^{n} \varphi_i(x_i)\right]$	$\bar{y}_r^* = \frac{1}{m} \sum_{l=1}^{m} y_{rl}^*$	$K = -\frac{1}{m} \sum_{j=1}^{N} y_j^*$
3	$Y = k \prod_{i=1}^{n} \varphi_i(x_i)$	$\mathring{y}_r = \left(\prod_{l=1}^{m} y_{rl}\right)^{1/m}$	$K = \left(\prod_{j=1}^{N} y_j\right)^{-1/m}$
4	$Y = \exp\left[k \prod_{i=1}^{n} \varphi_i(x_i)\right]$	$\mathring{y}_r^* = \left(\prod_{l=1}^{m} y_{rl}^*\right)^{1/m}$	$K = \left(\prod_{j=1}^{N} y_j^*\right)^{-1/m}$

7.3. Arbeitsvorschriften für das Reihenrührwerk

Vom Forschungszentrum Wassertechnik wurden auf der Basis der dargelegten Versuchsplanung und -auswertung Arbeitsvorschriften für das Reihenrührwerk ausgearbeitet, mit denen eine rationelle Untersuchung des Flockungsprozesses unter praktischen Gesichtspunkten möglich wird. Unter Zugrundelegung eines umfangreichen experimentellen Materials wurden die rohwasserspezifischen Einflußgrößen ermittelt, die in den Optimierungsversuchen zu quantifizieren sind. Die anderen Parameter, die zur Versuchsdurchführung notwendig sind, hängen nur unwesentlich von der Qualität des Rohwassers ab und werden als konstante Größen vorgegeben. Selbstverständlich kann es bei besonderen extremen Wasserqualitäten Abweichungen davon geben, die durch geeignete Wahl der Versuchsparameter zu erfassen sind.

Die in Form eines Werkstandards zusammengestellten variablen und konstanten Einflußgrößen geben wichtige Anhaltspunkte zur rationellen Versuchsdurchführung. Der Werkstandard ist als Anhang (S. 226) beigefügt.

Literatur

Böhler, E.: Einsatz von Reihenrührwerken für verfahrenstechnische Untersuchungen auf dem Gebiet der Flockung. Wasserwirtsch. — Wassertechn. 22 (1972), 396—399.

Hartmann, K., Lezki, E., u. W. Schäfer: „*Statistische Versuchsplanung und -auswertung in der Stoffwirtschaft*". VEB Deutscher Verlag für Grundstoffindustrie, Leipzig 1974.

Lindner, A.: „*Planen und Auswerten von Versuchen*". Birkhäuser-Verlag, Basel—Stuttgart 1969.

May, E.: Zur Modellierung von Prozessen in der Wasseraufbereitung. Dissertation A, TU Dresden Fakultät für Bau-, Wasser- und Forstwesen 1974.

Anhang:

Auszüge aus dem Werkstandard WAPRO 1.49/01
„Arbeitsvorschriften für Reihenrührwerke", Übersicht und Methodik
(VEB Projektierung Wasserwirtschaft)

Dieser Standard gilt nur für Laborflockungsversuche mit dem in der DDR entwickelten standardisierten Reihenrührwerk mit Trübungsmeßkomplex!

1. Verwendete Flockungsmittel, Übersicht

1.49/02	Flockung mit Aluminiumsulfat mit und ohne Flockulanten
1.49/03	Flockung mit Eisensalzen mit und ohne Flockulanten
1.49/04	Flockung mit Kalkhydrat mit und ohne organischen Flockulanten
1.49/05	Flockung mit speziellen Adsorbentien und organischen Flockulanten

2. Bedeutung der Flockung

Die chemische Wasserbehandlung durch Flockung ist z. Z. neben der künstlichen Grundwasseranreicherung das wirkungsvollste Verfahren zur Entfernung des mikroskopischen Bereiches der grobdispersen Partikel, der Kolloide sowie einiger spezieller chemischer, auch molekularer gelöster Stoffe. Dieses Verfahren wird in der DDR vielfältig zur Aufbereitung von Trink- und industriellem Betriebswasser und zur Flockung von industriellem Abwasser (in Zukunft auch zur Reinigung von kommunalem Abwasser) eingesetzt. Der ständig steigende Bedarf an ausreichenden Mengen qualitätsgerechten Wassers für die erfolgreiche Durchsetzung des Wohnungsbauprogrammes, für Industrie und Landwirtschaft sowie die Notwendigkeit der weitergehenden Abwasserreinigung unterstreichen die wachsende Bedeutung der Flockung in den nächsten Jahren und Jahrzehnten. Der künftige Einsatz der Flockung erstreckt sich auf die Aufbereitung von

- Talsperrenwasser
- Wasser aus Flüssen und Seen
- Uferfiltration
- Infiltration
- oberflächennahes Grundwasser ohne Deckschichten

zu Trinkwasser und Betriebswasser für Industrie und Landwirtschaft sowie auf die Behandlung von industriellem und kommunalem Abwasser, ggf. in Kombination mit einer biologischen Reinigungsstufe.

3. Versuchsplanung und Auswertung

Die Planung und Auswertung erfolgt nach den in Kap. 7. dargestellten Prinzipien.

Beispielsweise werden 5 Einflußgrößen in 5 Stufen unterteilt, die entsprechenden Werte eingesetzt (Tab. 39 u. 40). Das somit erhaltene Programm wird entsprechend der durch den Aufbau der standardisierten Reihenrührwerkes gegebenen Zwangspunkte zum endgültigen Versuchsprogramm umgestellt (Tab. 41). Diese Zwangspunkte sind:

- es stehen nur 4 Rührkessel zur Verfügung,
- eine Versuchsreihe kann nur mit einer Drehzahl gefahren werden (beim 1. Rührkessel links kann die Drehzahl verdoppelt werden),
- der Zeitpunkt „Beginn der Langsamrührphase" muß bei allen Reaktoren gleich sein,
- beim schrittweisen Abstellen der einzelnen Rührkessel ist darauf zu achten, daß die Reaktoren 2 und 3 (innen) vor den Reaktoren 1 und 4 (außen) abgestellt werden müssen.
- Reaktor Nr. 4 (rechts) muß als letzter außer Betrieb genommen werden

Nach diesem Programm werden die Laborflockungsversuche durchgeführt. Die Auswertung erfolgt, indem von allen Versuchen, bei denen eine Einflußgröße in einer bestimmten Stufe gefahren wurde, die Mittelwerte gebildet und mit den Mittelwerten der anderen Stufen dieser Einflußgröße verglichen werden (z. B. wurde im gegebenen Beispiel die Einflußgröße 3 (t_F) in der 1. Stufe (5 min) in folgenden Versuchen gefahren: 3, 6, 14, 19 und 22 (Tab. 41).

Der große Zeitbedarf in der Phase der Versuchsauswertung ist durch Anwendung von EDVA zu senken. Dem Forschungszentrum Wassertechnik, Dresden, liegt ein Programm „Vesuchsauswertung" für den Rechnertyp SER 2d vor.

Auf einem Datenerfassungsblatt sind die 5 variablen Einflußgrößen in 5 Stufen zu variieren, die konstanten Einflußgrößen und das Versuchsprogramm gemäß Tab. 41 anzugeben. Auf einem zweiten Datenerfassungsblatt sind die Versuchsergebnisse anzugeben. Der Rechner übernimmmt die Umstellung der Versuchsergebnisse und ermittelt die arithmetischen und geometrischen Mittel. Die ermittelten Werte werden auf einem Druckformular angegeben (Tab. 43).

4. Versuchsdurchführung und Analytik

Die Laborflockungsversuche sind bei der gleichen Temperatur, die das Rohwasser während der Entnahme besaß, durchzuführen. Es ist darauf zu achten, daß während der Versuchsdurchführung keine Erwärmung eintritt.

Die Probestandzeit kann bei Oberflächenwasser 2 Tage und darf bei Abwasser maximal 6 Stunden betragen. In jedem Fall ist die Wasserprobe zu stabilisieren (z. B. mit Quecksilbernitrat oder mit Quecksilberchlorid — 5 mg $\times\ l^{-1}$ $Hg(NO_3)_2$ oder äquivalente Mengen anderer Verbindungen). Die Versuchsdurchführung erfolgt nach dem aufgestellten Programm. Es ist günstig, nach einem zuvor aufgestellten Zeitplan entsprechend Tab. 42 zu arbeiten. Bei der Zugabe von mehr als 50 m*l* Dosierflüssigkeit ist vor Versuchsbeginn eine äquivalente Menge Rohwasser abzuführen.

Bei einer erforderlichen pH-Wert-Korrektur ist die notwendige Dosis an Lauge/Säure zu bestimmen. Dazu sind 2 Varianten möglich:

a) Das Rohwasser wird mit entsprechender Dosis Flockungsmittel versetzt und sowohl mit Säure (HCl) als auch mit Lauge (NaOH) titriert. Aus der Titrationskurve sind die zur Einstellung des gewünschten pH-Wertes erforderlichen Mengen an Chemikalien abzulesen (gilt nur für eine FM-Dosis).

b) Vom Flockungsmittel (verschiedene Konzentrationen) werden Titrationskurven mit NaOH aufgenommen, vom Rohwasser Titrationskurven mit HCl und NaOH. Die Titrationskurven des Flockungsmittels werden umgestellt, daß die Abhängigkeit des pH-Wertes von der NaOH-Dosis bei verschiedenen FM-Konzentrationen zu sehen ist. Aus den somit abzulesenden Werten an NaOH zur Einstellung eines bestimmten pH-Wertes im Flokkungsmittel und der erforderlichen Dosis zur Einstellung dieses pH-Wertes im Rohwasser läßt sich die Gesamtmenge an Chemikalien ermitteln.

Bei der Behandlung von schwach gepufferten Wässern kann durch Entgasungserscheinungen bzw. durch den Energieeintrag während der Flockungs-

Tabelle 39
Einstellung der Einflußgrößen in Stufen

Einflußgröße	Stufe 1	Stufe 2	Stufe 3	Stufe 4	Stufe 5
$C_{Al^{3+}}$ (mg · l^{-1})	4	6	8	10	12
pH	5	5,75	6,5	7,25	8
t_F (min)	5	10	15	20	25
n_F (min^{-1})	20	30	40	60	80
t_M (min)	0	0,5	1	1,5	2

versuche eine merkliche Beeinflussung des pH-Wertes erfolgen. Das sollte bei der Titration zur Ermittlung der HCl- bzw. NaOH-Mengen für die pH-Wert-Korrektur berücksichtigt werden, z. B. durch sehr starkes Rühren während der Titration bzw. durch Titration im Flockungsreaktor.

Tabelle 40
Einsetzen der Werte anhand eines Beispiels

Programm Nr.	$C_{Al^{3+}}$ (mg · l^{-1})	pH	t_F (min)	n_F (min^{-1})	t_M (min)
1	4	5	5	20	0
2	4	5,75	10	40	1,5
3	4	6,5	15	80	0,5
4	4	7,25	20	30	2
5	4	8	25	60	1
6	6	5	10	30	0,5
7	6	5,75	15	60	2
8	6	6,5	20	20	1
9	6	7,25	25	40	0
10	6	8	5	80	1,5
11	8	5	15	40	1
12	8	5,75	20	80	0
13	8	6,5	25	30	1,5
14	8	7,25	5	60	0,5
15	8	8	10	20	2
16	10	5	20	60	1,5
17	10	5,75	25	20	0,5
18	10	6,5	5	40	2
19	10	7,25	10	80	1
20	10	8	15	30	0
21	12	5	25	80	2
22	12	5,75	5	30	1
23	12	6,5	10	60	0
24	12	7,25	15	20	1,5
25	12	8	20	40	0,5

Bei der Versuchsdurchführung ist darauf zu achten, daß bei Beginn oder Ende eines Reaktionsabschnittes jeweils ein Vermerk auf der Schreiberkurve (Trübungsmeßeinrichtung) zu erfolgen hat. Nach Versuchsende erfolgt die Klarwasserentnahme und der Schlammabzug. Bei Entnahme des Klarwassers aus dem Entnahmestutzen ist darauf zu achten, daß der dort angelagerte Schlamm die Analysenwerte des Klarwassers nicht verfälscht; ggf. muß der erste Teil der Klarwasserprobe verworfen werden.

Tabelle 41
Umgestelltes Versuchsprogramm

Versuchs-Nr.	Programm-Nr.	$C_{Al^{3+}}$ (mg · l^{-1})	pH	t_F (min)	n_F (min^{-1})	t_M (min)
1	16	10	5	20	60	1,5
2	7	6	5,75	15	60	2
3	14	6	7,25	5	60	0,5
4	5	4	8	25	60	1
5	23	12	6,5	10	60	0
6	22	12	5,75	5	30	1
7	6	6	5	10	30	0,5
8	20	10	8	15	30	0
9	9	5	7,25	25	40	0
10	8	6	6,5	20	20	1
11	24	12	7,25	15	20	1,5
12	17	10	5,75	25	20	0,5
13	12	8	5,75	20	80	0
14	10	6	8	5	80	1,5
15	19	10	7,25	10	80	1
16	21	12	5	25	80	2
17	3	4	6,5	15	80	0,5
18	2	4	5,75	10	40	1,5
19	18	10	6,5	5	40	2
20	11	8	5	15	40	1
21	25	12	8	20	40	0,5
22	1	4	5	5	20	0
23	15	8	8	10	20	2
24 (*W*)	8	6	6,5	20	20	1
25 (*W*)	7	6	5,75	15	60	2
26 (*W*)	6	6	5	10	30	0,5
27	4	4	7,25	20	30	2
28	13	8	6,5	25	30	1,5

W: Wiederholungsversuche, um die 3 freien Rührstellen auszulasten

Welche analytischen und anderen Bestimmungen im einzelnen durchzuführen sind, richtet sich nach den gegebenen Erfordernissen. Es sollte jedoch unbedingt bestimmt werden:

- pH-Wert
- Trübung
- p-Wert, m-Wert
- *CSV*-Mn (bzw. *CSV*-Cr)
- Absetzzeit des Flockenschlammes (s. Abb. 58)

Tabelle 42
Zeitablaufplan (alle Angaben in min)

Versuchs-Nr.	Programm-Nr.	Zeitpkt. der pH-Korrekt.	Zugabe *FM*	Beginn der Langsamrührphase	Ende der Langsamrührphase	Ende des Versuchs	Zugabe HCl/NaOH	Zugabe *FM* (m*l*)
1	16	0,5	1,5	3	23	38	m*l* HCl	10
2	7	0	1	3	18	33	m*l* HCl	6
3	14	1,5	2,5	3	8	23	m*l* NaOH	8
4	5	1	2	3	28	43	m*l* NaOH	4
5	23	1	2	2	12	27	—	12
6	22	0	1	2	7	22	m*l* HCl	12
7	6	0,5	1,5	2	12	27	m*l* HCl	6
8	20	1	2	2	17	32	m*l* NaOH	10
9	9	1,5	2,5	2,5	27,5	42,5	m*l* NaOH	6
10	8	0,5	1,5	1,5	22,5	37,5	—	6
11	24	0	1	2,5	17,5	32,5	m*l* NaOH	12
12	17	1	2	2,5	27,5	42,5	m*l* HCl	10
13	12	2	2,5	3	23	30	m*l* HCl	8
14	10	0,5	1,5	3	8	23	m*l* NaOH	6
15	19	1	1	3	13	28	m*l* NaOH	10
16	21	0	2	3	28	43	m*l* HCl	12
17	3	1,5	3	3	18	23	—	4
18	3	0,5	1,5	3	13	28	m*l* HCl	4
19	18	0	2	3	8	23	—	10
20	11	1	1	3	18	33	m*l* HCl	8
21	25	1,5	2,5	3	23	38	m*l* NaOH	12
22	1	2	3	3	8	23	m*l* HCl	4
23	15	0	1	3	13	28	m*l* NaOH	8
24	8	1	2	3	23	38	—	6
25	7	0	1	3	18	33	m*l* HCl	6
26	6	1,5	1,5	3	13	28	m*l* HCl	6
27	4	0	1	3	23	38	m*l* NaOH	4
28	13	0,5	2	3	28	43	—	8

Tabelle 43
Beispiel für die Auswertung — variable Einflußgröße Flockungszeit t_F

Stufe min	Nr.	pH	*p*-Wert	*m*-Wert	Ca^{2+}	Mg^{2+}	*CSV*-Mn	Fe	Mn	Rest-trübung	Schlamm-Volumen
4	14	9,40	1,70	2,90	8,50	6,90	26,20	2,48	0,46	74,00	5,00
	18	9,50	1,10	1,60	7,50	8,80	30,60	3,00	0,67	74,00	0,75
	21	10,00	1,50	2,00	11,60	2,00	20,50	1,22	0,44	89,00	25,00
	22	10,10	1,00	2,50	8,75	8,30	30,40	0,65	0,10	64,50	0,25
	26	9,50	1,00	1,70	8,75	4,00	23,10	1,15	0,10	66,00	10,00
arithmetisches Mittel		9,70	1,26	2,14	9,02	6,00	27,16	1,70	0,35	73,50	8,20
geometrisches Mittel		9,69	1,23	2,09	8,92	5,26	26,65	1,47	0,27	73,00	2,98
8	10	9,50	1,10	1,60	10,00	4,10	34,00	1,42	0,26	87,00	11,50
	13	10,50	1,50	2,00	8,80	3,20	18,30	0,30	0,19	79,00	6,00
	17	8,50	0,90	2,80	10,20	7,00	33,20	3,36	0,89	63,00	0,50
	23	9,90	0,80	1,70	8,60	3,60	25,30	0,66	0,12	88,00	7,00
	27	9,60	0,60	1,70	7,90	11,50	32,90	3,00	0,24	50,00	0,50
arithmetisches Mittel		9,60	0,98	1,96	9,10	5,88	28,74	1,75	0,34	73,40	5,10
geometrisches Mittel		9,58	0,93	1,92	9,06	5,20	27,99	1,23	0,26	71,76	2,61

— Schlammvolumen (30 min im IMHOFF-Trichter)
— PO_4^{3-} (im Abwasser)
— Eisen und Mangan

Die Absetzzeit des anfallenden Flockenschlammes wird ermittelt, indem an der *s*-förmigen Schreiberdiagrammkurve die Tangenten an den abfallenden und auslaufenden Ast entsprechend der Darstellung angelegt werden. Der Schnittpunkt beider Tangenten charakterisiert die effektive Absetzzeit (t_{eff}). Die

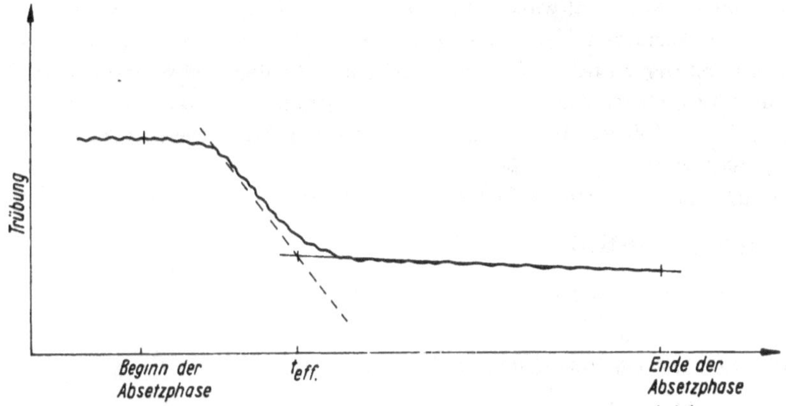

Ermittlung der Absetzzeit des Flockenschlammes

Abb. 58

Charakterisierung der effektiven Absetzzeit erlaubt Rückschlüsse auf die Flockensinkgeschwindigkeit. Ein steil abfallender Ast, verbunden mit einer geringen Absetzzeit, charakterisiert eine große Sinkgeschwindigkeit, ein schwach abfallender Ast mit großer Absetzzeit eine niedrige Flockensinkgeschwindigkeit.

Auszüge aus dem Werkstandard WAPRO 1.49/02 bis 05 „Arbeitsvorschriften für Reihenrührwerke"

(VEB Projektierung Wasserwirtschaft)

1. Flockung mit Aluminiumsulfat mit und ohne Flockulanten

Vorbemerkung

Aluminiumsulfat ist ein Metallsalzflockungsmittel, das zur Zeit in der DDR und im internationalen Maßstab am häufigsten eingesetzt wird. Es eignet sich sowohl zur Aufbereitung von Grund- und Oberflächenwasser als auch zur Reinigung von industriellem und kommunalem Abwasser.

1.1. Flockung mit Aluminiumsulfat

Im Rahmen von Laborflockungsversuchen zur objektspezifischen Optimierung des Aluminiumsulfateinsatzes sind folgende Einflußgrößen zu untersuchen:

- Dosis des Flockungsmittels (mg · l^{-1} Al^{3+})
- pH-Wert

Diese Parameter sind rohwasserspezifisch. Die anderen zur Versuchsdurchführung erforderlichen Versuchsparameter sind nicht von der Qualität des Rohwassers abhängig und nachfolgend als feste Größen vorgegeben. Dabei kann die Dauer der Arbeitsphase bei extremen Bedingungen (tiefe Temperaturen) die angegebenen Werte überschreiten. In diesem Fall müssen die Werte operativ festgelegt werden (Tab. 44).

Als Flockungsmittel ist technisches Aluminiumsulfat

$$Al_2(SO_4)_3 \cdot 18\,H_2O$$

mit einer Molmasse von 666 g · mol^{-1} einzusetzen.

1.2. Flockung mit Aluminiumsulfat und Flockulanten

Die Kombination Aluminiumsulfat und Flockulanten wird angewandt, wenn der alleinige Einsatz von Aluminiumsulfat nur unzureichende Effekte zeigt. Das kann vor allem bei tiefen Wassertemperaturen der Fall sein. Die Zugabe organischer Flockulanten, sowohl bei der Behandlung von Grund- und Oberflächenwasser als auch bei der Abwasserflockung, bewirkt folgende Verbesserungen gegenüber dem alleinigen Einsatz von Aluminiumsulfat:

- Erhöhung der Flockensinkgeschwindigkeit
- Verringerung des Schlammvolumens
- Verbesserung der Abwasserqualität

Im Rahmen von Laborversuchen zur Optimierung des kombinierten Einsatzes von Aluminiumsulfat und Flockulanten sind folgende Einflußgrößen zu untersuchen:

- Dosis des Flockungsmittels (mg · l^{-1} Al^{3+})
- Art des Flockulanten
- Dosis des Flockulanten (mg · l^{-1} AS)
- pH-Wert

Diese Parameter sind rohwasserspezifisch. Die anderen zur Versuchsdurchführung erforderlichen Versuchsparameter sind nicht von der Qualität des Rohwassers abhängig und nachfolgend als feste Größen vorgegeben (Tab. 44).

Als Flockungsmittel sind technisches Aluminiumsulfat

$$Al_2(SO_4)_3 \cdot 18\,H_2O$$

mit einer molaren Masse von 666 g · mol^{-1} sowie die Flockulanten

- Stipix® AD
- Stipix® ADK
- Stipix® KMN
- Stipix® A 40
- aktivierte Kieselsäure (*AK*)

einzusetzen.

2. Flockung mit Eisensalzen mit und ohne Flockulanten

Vorbemerkung

Eisensalze sind, ebenso wie Aluminiumsulfat, zur Aufbereitung von Grund- und Oberflächenwasser und zur Behandlung von kommunalem und industriellem Abwasser geeignet. In der DDR werden Eisensalze überwiegend zur Betriebswasseraufbereitung eingesetzt. Die gebräuchlichsten Vertreter der als Flockungsmittel genutzten Eisensalze sind Eisen(III)-chlorid und Eisen(II)-sulfat. Letzteres muß gegebenenfalls durch Einsatz eines Oxydationsmittels (Cl_2) oxydiert werden.

2.1. Flockung mit Eisensalzen

Im Rahmen von Laborversuchen zur Optimierung des Einsatzes von Eisensalzen als Flockungsmittel sind folgende Einflußgrößen zu untersuchen:

- Art des Flockungsmittels
- Dosis des Flockungsmittels (mg · l^{-1} Fe^{3+})
- pH-Wert
- Zeitpunkt der pH-Wert-Korrektur

Diese Parameter sind rohwasserspezifisch. Die anderen zur Versuchsdurchführung erforderlichen Versuchsparameter sind nicht von der Qualität des Rohwassers abhängig und nachfolgend dargestellt (Tab. 45). Dabei kann die Dauer der Absetzphase unter extremen Bedingungen (tiefe Temperaturen) die angegebenen Werte überschreiten. Die Werte müssen in diesem Fall operativ festgelegt werden.

Als Flockungsmittel sind Eisen(III)-chlorid

$$FeCl_3 \cdot 6\,H_2O$$

Tabelle 44
Zusammenstellung der Einflußgrößen und Angabe der Werte der konstanten Parameter und der zu erwartenden Bereiche der rohwasserspezifischen Einflußgrößen

Einflußgröße	Bezeichnung	optimaler Wert (bzw. optimaler Bereich)	Bemerkungen
Dosis des *FM*	$C_{Al^{3+}}$	4 bis 20[1]) 5 bis 40[2])	*RW*-spezifisch; muß am konkreten Wasser untersucht werden
Alter des *FM*	$t_{Al^{3+}}$	1 bis 7 d	*FM*-Lösung sollte mind. 2 h vor Vers.-beg. angesetzt werden
Zustand des *FM*	$Z_{Al^{3+}}$	aufgeschüttelt	zur Entnahme nur Dosierlösung aufschütteln
Konzentration des *FM*	$K_{Al^{3+}}$	2,5% bezogen auf Salz	1 ml = 2 mg Al^{3+}
pH-Wert	pH	5,5 bis 6,5[1]) 6 bis 7[2])	*RW*-spez.; muß am konkreten Wasser untersucht werden
Zeitpunkt der pH-Korrektur	Δt_{pH}	1 min vor *FM*	—
Dauer Mischen	t_M	2 min	Beginn der Mischphase = Zeitpunkt der *FM*-Zugabe
Drehzahl Mischen	n_M	200 min^{-1}	—
Dauer Langsamrührphase	t_F	15 min	bei Wasser mit extrem geringer Verunreinigung t_F evtl. länger
Drehzahl Langsamrührphase	n_F	40 min^{-1}	—
Absetzzeit	t_{ab}	30 min[4]) 20 min[5])	—
Temperatur	T	wie Rohwasser bei Probenahme	außer t_{ab} keine Beeinflussung der genannten Einflußgrößen
Bei Zugabe von Flockulanten:			
Dosis der Flockulanten	C_{Flock}	—	ist abhängig von Art des eingesetzten Flockulanten, vom *RW* und von der FM-Dosis
Alter der Flockulanten	t_{Flock}	1 bis 10 h	bei kühler Lagerung ggf. auch nach 4 d Einsatz noch möglich
Konzentration der Flockulanten	K_{Flock}	1 g · l^{-1} *AS*	Lösung mit 1,25% Handelsprodukt beim Einsatz von Stipix-Produkten
Zeitpunkt der Flockulantenzugabe	Δt_{Flock}	1 min nach *FM*[3])	—

mit einer Molmasse von 270 g · mol^{-1} oder Eisen(II)-sulfat

$$FeSO_4 \cdot 7\,H_2O$$

mit einer Molmasse von 278 g · mol^{-1} in chlorierter oder nichtchlorierter Form einzusetzen.

2.2. *Flockung mit Eisensalzen und Flockulanten*

Der Einsatz der Kombination Eisensalze und Flockulanten dient

- der Verringerung des Schlammvolumens
- der Erhöhung der Flockensinkgeschwindigkeit
- der Verbesserung der Klarwasserqualität

gegenüber dem alleinigen Einsatz von Eisensalzen, besonders unter extremen Bedingungen (tiefen Temperaturen). Analog den Eisensalzen ist diese Kombination für den Einsatz zur Flockung von Grund- und Oberflächenwasser und zur Abwasserbehandlung geeignet.

Im Rahmen von Laborversuchen zur Optimierung des Einsatzes von Eisensalzen und Flockulanten sind folgende rohwasserspezifischen Einflußgrößen zu untersuchen:

- Art des Flockungsmittels
- Dosis des Flockungsmittels
- Art der Flockulanten
- Dosis des Flockulanten
- pH-Wert
- Zeitpunkt der pH-Wert-Korrektur

Erfolgt die pH-Wert-Korrektur nach der *FM*-Zugabe, ist folgende Dosierungsreihenfolge einzuhalten:

1. Flockungsmittel
2. Flockulant (1 min nach *FM*)
3. pH-Wert-Korrektur

---

[1]) Bezieht sich auf die Flockung von Oberflächenwasser
[2]) bezieht sich auf die Flockung von komm. Abwasser
[3]) beim Einsatz von *AK* ist auch Zugabe zum Zeitpunkt der *FM*-Dosierung möglich
[4]) bei *RW*-Temperatur von 0···5 °C
[5]) bei *RW*-Temperatur von 10···25 °C

FM – Flockungsmittel
RW – Rohwasser
AS – Aktivsubstanz
AK – Aktivierte Kieselsäure

Tabelle 45
Zusammenstellung der Einflußgrößen und Angabe der Werte der konstanten Parameter und der zu erwartenden Bereiche der rohwasserspezifischen Einflußgrößen

Einflußgröße	Bezeichnung	Optimaler Wert (bzw. optimaler Bereich)	Bemerkungen
Dosis des *FM*¹)	$C_{Fe^{3+}}$	5 bis 20 mg · l^{-1} Fe^{3+} ³) 5 bis 30 mg · l^{-1} Fe^{3+} ⁴)	*RW*-spezifisch, muß am konkreten Wasser untersucht werden
Alter des *FM*¹)	$t_{Fe^{3+}}$	1 h bis 7 d	—
Zustand des *FM*¹)	$Z_{Fe^{3+}}$	aufgeschüttelt	—
Konzentration des *FM*¹)	$K_{Fe^{3+}}$	2% bezogen auf Salz	1 *ml* · 4 mg Fe^{3+}
Dosis des *FM*²)	$C_{Fe^{2+}}$	5 bis 20 mg · l^{-1} Fe^{2+} ³) 5 bis 30 mg · l^{-1} Fe^{2+} ⁴)	*RW*-spezifisch, muß am konkreten Wasser untersucht werden
Alter des *FM*²)	$t_{Fe^{2+}}$	2 d	Oxydationserscheinungen von Fe¨ zu Fe¨˙ nicht vermeidbar
Zustand des *FM*²)	$Z_{Fe^{2+}}$	aufgeschüttelt	—
Konzentration des *FM*²)	$K_{Fe^{2+}}$	2% bezogen auf Salz	1 m*l* = 4 mg Fe^{2+}
Dosis Chlor	C_{Cl_2}	6,35 mg Cl_2 · (10 mg Fe^{2+})$^{-1}$	entspricht 3,18 m*l* einer 0,2%igen Cl_2-Lösung
Zeitpunkt der Chlorzugabe	Δt_{Cl_2}	1 min vor Dosierung	stimmt mit optimaler Reaktionszeit der Chlorierung überein
pH-Wert	pH	5 bis 6³;⁴)	*RW*-spezifisch, muß am konkreten Wasser untersucht werden
Zeitpunkt der pH-Korrektur	Δt_{pH}	1 min nach *FM*³) 1 min vor *FM*⁴)	abhängig vom *RW* und Art der Reaktion, die *FM* eingeht. *OF*-Wasser: Δt_{pH} 1 min nach FM muß im konkreten Fall untersucht werden
Dauer Mischen	t_M	2 min	erfolgt pH-Wert-Korrektur, erhöht sich die Mischzeit auf 3 min
Drehzahl Mischen	n_M	200 min^{-1}	—

Tabelle 45 (Fortsetzung)

Einflußgröße	Bezeichnung	optimaler Wert (bzw. optimaler Bereich)	Bemerkungen
Dauer Langsamrührphase	t_F	15 min	—
Drehzahl Langsamrührphase	n_F	40 min^{-1}	—
Absetzzeit	t_{ab}	25 min[6]) 15 min[7])	
Temperatur	T	wie Rohwasser bei Probenahme	—
Zugabe von Flockulanten:			
Dosis der Flockulanten	C_{Flock}	—	ist abhängig von Art des eingesetzten Flockulanten, vom *RW* und von der Art und Dosis des *FM*
Alter der Flockulanten	t_{Flock}	1 bis 10 h	bei kühler Lagerung, ggf. auch nach 4 d Einsatz noch möglich
Konzentration der Flockulanten	K_{Flock}	1 g · l^{-1} *AS*	Lösung mit 1,25% Handelsprodukt beim Einsatz von Stipix-Produkten
Zeitpunkt der Flockulantenzugabe	$\Delta t_{\mathrm{Flock}}$	1 min nach *FM*[5])	—

[1]) bezogen auf Eisen(III)-chlorid
[2]) bezogen auf Eisen(II)-sulfat
[3]) bezieht sich auf die Flockung von Oberflächenwasser
[4]) bezieht sich auf die Flockung von kommunalem Abwasser
[5]) beim Einsatz von *AK* ist auch Zugabe zum Zeitpunkt der *FM*-Dosierung möglich
[6]) bei *RW*-Temperaturen von 0···5 °C
[7]) bei *FM*-Temperaturen von 10···25 °C

FM — Flockungsmittel
OF — Oberflächen
RW — Rohwasser
AK — Aktivierte Kieselsäure

Tabelle 46

Zusammenstellung der Einflußgrößen und Angabe der Werte der konstanten Parameter und der zu erwartenden Bereiche der rohwasserspezifischen Einflußgrößen

Einflußgröße	Bezeichnung	Optimaler Wert (bzw. optimaler Bereich)	Bemerkungen
Dosis *FM*	C_{Kalk}	50 bis 500 mg · l^{-1}	Rohwasserspezifische Dosis als techn. Produkt angeben. Ebenfalls CaO-Gehalt des Kalkes angeben.
Alter des *FM*	t_{Kalk}	1 d bis 10 d	gilt nur für Laborversuche
Konzentration des *FM*	K_{Kalk}	10% bezogen auf Produkt	1 ml = 110 mg techn. Produkt
Zustand des *FM*	Z_{Kalk}	aufgeschüttelt	sehr stark schütteln, da sehr schnelle Sedimentbildung
pH-Wert	pH	8 bis 10 > 10,5	entsprechend Reaktionsmechanismus
Dosis der Flockulanten	C_{Flock}	—	ist abhängig von Art der eingesetzten Flockulanten sowie von *RW* und von Ansetzung und Dosis des Kalkes
Alter der Flockulanten	t_{Flock}	1 bis 10 h	bei kühler Lagerung ggf. Einsatz auch nach 4 d möglich
Konzentration der Flockulanten	K_{Flock}	1 g · l^{-1} *AS* 12,5 g · l^{-1} *HP*	Lösung mit 1,25% Handelsprodukt beim Einsatz von Stipix-Produkten
Zeitpunkt der Flockulantenzugabe	$\Delta t_{\mathrm{Flock}}$	1 min nach *FM*	—
Dauer Mischen	t_M	2 min	—
Drehzahl Mischen	n_M	200 min^{-1}	—
Dauer Langsamrührphase	t_F	15 min	—
Drehzahl Langsamrührphase	n_F	60 min^{-1}	—
Absetzzeit	t_{ab}	15 min[1])	—
Temperatur	T	wie Rohwasser bei Probenahme	—

[1]) Bei tiefen Temperaturen können Nachreaktionen auftreten, z. B. eine verzögerte Ausfällung von $CaCO_3$ (Erhöhung der Trübung). Eine Erhöhung der Absetzzeit ist jedoch nicht zu empfehlen.

RW — Rohwasser; *HP* — Handelsprodukt; *FM* — Flockungsmittel

Tabelle 47
Zusammenstellung der Einflußgrößen und Angabe der Werte der konstanten Parameter und der zu erwartenden Bereiche der rohwasserspezifischen Einflußgrößen

Einflußgröße	Bezeichnung	Optimaler Wert (optimaler Bereich)	Bemerkungen
Dosis der Adsorbentien	C_{Ads}	10 bis 300 mg · l^{-1} *HP*	*RW*-spezifisch, muß im konkreten Fall untersucht werden
Konzentration der Adsorbentienstammlösung	K_{Ads}	10 g · l^{-1} (1%ig)	
Zustand der Adsorbenzienstammlösung	Z_{Ads}	aufgeschüttelt (ständig rühren!)	zuvor 48 h rühren!
Alter der Adsorbentienstammlösung	t_{Ads}	2 bis 14 d	—
Dosis der Flockulanten	C_{Flock}	0,5 bis 2 mg · l^{-1} *AS*	abhängig von Art und Dosis des eingesetzten Flockulanten und Adsorbens, vom *RW*, Kosten und Aufbereitungsziel
Konzentration der Flockulanten	K_{Flock}	1 g · l^{-1} *AS*	Lösung mit 1,25% Handelsprodukt beim Einsatz von Stipix-Produkten
Alter der Flockulanten	t_{Flock}	1 bis 10 h	bei kühler Lagerung ggf. Einsatz nach 4 d noch möglich
Zeitpunkt der Flockulantenzugabe	t_{Flock}	1 min vor Adsorbens	—
Dauer Mischen	t_M	2 min	Beginn Mischen — Zugabezeitpunkt der Flockulanten
Drehzahl Mischen	n_M	200 min^{-1}	—
Dauer Langsamrührphase	t_F	15 min	—
Drehzahl Langsamrührphase	n_F	40 min^{-1}	—
Dauer Absetzzeit	t_{ab}	10 min	—
Temperatur	T	wie Rohwasser bei Entnahme	

RW — Rohwasser; *HP* — Handelsprodukt; *AS* — Aktivsubstanz

Die Dauer der Mischphase erhöht sich in diesem Fall auf 3 Minuten. Alle anderen Parameter sind entsprechend Tabelle 45 konstant zu halten.

Als Flockungsmittel sind Eisen(III)-chlorid $FeCl_3 \cdot 6\,H_2O$ mit einer Molmasse von 270 g · mol^{-1} oder Eisen(II)-sulfat $FeSO_4 \cdot 7\,H_2O$ mit einer molaren Masse von 278 g · mol^{-1} in chlorierter oder unchlorierter Form sowie die Flokkulanten Stipix® AD, Stipix® ADK, Stipix® KMN, Stipix® A 40, aktivierte Kieselsäure (*AK*) einzusetzen.

3. Flockung mit Kalkhydrat mit und ohne Flockulanten

Kalkhydrat kann in der Wasserbehandlung zur Reinigung von Grund- und Oberflächenwasser, kommunaler Abwässer und saurer industrieller Abwässer, bei denen neben der Eliminierung bestimmter Wasserinhaltsstoffe durch Flockung noch eine Neutralisation zu erfolgen hat, eingesetzt werden.

Beim Einsatz von Kalkhydrat findet bei pH-Werten von 9···10,5 neben der Flockung eine reine Entcarbonisierungsreaktion statt. Bei pH-Werten über 10,5 findet nahezu vollständige Ausfällung von $CaCO_3$ und $Mg(OH)_2$ statt. Bei der Fahrweise Entcarbonisierung (pH 9···10,5) wirkt sich die Zugabe von Flockulanten bezüglich Verbesserung der Effektivität der Flockung, Erhöhung der Sinkgeschwindigkeit und Verdichtung des Schlammvolumens aus.

Bei Laborversuchen zur Optimierung des Einsatzes von Kalkhydrat sind folgende rohwasserspezifische Einflußgrößen zu untersuchen:

- Dosis Kalkhydrat
- pH-Wert
- Art der Flockulanten
- Dosis des Flockulanten

Die anderen Versuchsparameter werden entsprechend Tabelle 46 konstant gehalten. Als Flockungsmittel ist Kalkhydrat (technisch) einzusetzen. Bei Kombination mit organischen Flockulanten sind

- Stipix® AD
- Stipix® ADK
- Stipix® KMN
- Stipix® A 40

einzusetzen.

4. Flockung mit speziellen Adsorbenzien und organischen Flockulanten

Der Einsatz von speziellen Adsorbenzien in Kombination mit organischen Flokkulanten ist dadurch charakterisiert, daß diese Chemikalien ein räumliches Netzwerk bilden. In dieses Netzwerk können kleinere Teilchen hineindiffundieren und adsorbiert werden, größere Partikel werden außen adsorbiert. Da der Reaktionsmechanismus fast ausschließlich auf Adsorptionsvorgängen beruht, ist die Einsatzmöglichkeit dieser Flockungsmittel begrenzt. Die entsprechenden Wässer, bei denen der Einsatz von Adsorbenzien in Kombination mit Flockulanten möglich ist, sind in Laborversuchen zu ermitteln.

In Laborversuchen zur Optimierung des Einsatzes der Kombination von speziellen Adsorbenzien mit organischen Flockulanten sind folgende rohwasserspezifischen Einflußgrößen zu untersuchen:

- Art und Dosis der Adsorbenzien
- Art und Dosis der Flockulanten.

Die restlichen Parameter sind entsprechend Tabelle 47 konstant zu halten.

Als spezielle Adsorbenzien sind bestimmte Tone, z. B.

- Friedländer Tonmehl
- Ungarischer Bentonit

einzusetzen, für den Einsatz als Flockulanten sind

- Stipix® AD
- Stipix® ADK
- Stipix® KMN
- Stipix® A 40

vorgesehen.

Register

FSC
www.fsc.org
MIX
Papier | Fördert
gute Waldnutzung
FSC® C083411

Kolibri 360 GmbH
Ferdinand-Jühlke-Straße 7
99095 Erfurt, Deutschland
produktsicherheit@kolibri360.de